矿物加工工程卓越工程师人才培养项目系列教材

铜资源开发项目驱动实践教学教程

主　编　吴彩斌

副主编　冯　博　周贺鹏　石贵明　夏　青

北京

冶金工业出版社

2019

内 容 提 要

本书以铜矿资源开发为例，围绕"铜矿石→铜矿物组成→铜矿物加工原理和方法→实践与应用"这条主线，结合矿物加工工程专业中"矿石学""粉体工程""矿物加工学""研究方法实验""矿物加工工程设计"等核心课程，构建了以铜矿资源开发项目驱动为背景的课程教学、实验教学、专业实践等方面的实践教学体系，并重点提供了实践教学案例。

本书可作为高等院校矿物加工工程本科生和研究生的实践教学教材，也可供从事矿物加工的技术人员和管理人员参考。

图书在版编目（CIP）数据

铜资源开发项目驱动实践教学教程/吴彩斌主编 . —北京：冶金工业出版社，2019.4

矿物加工工程卓越工程师人才培养项目系列教材

ISBN 978-7-5024-8064-6

Ⅰ.①铜… Ⅱ.①吴… Ⅲ.①铜矿资源—矿产资源开发—高等学校—教材 Ⅳ.①TD982

中国版本图书馆 CIP 数据核字（2019）第 058619 号

出 版 人 谭学余
地　　址 北京市东城区嵩祝院北巷 39 号　邮编　100009　电话　(010)64027926
网　　址 www.cnmip.com.cn 电子信箱 yjcbs@ cnmip.com.cn
责任编辑 杨盈园 美术编辑 彭子赫 版式设计 禹 蕊
责任校对 郑 娟 责任印制 李玉山
ISBN 978-7-5024-8064-6
冶金工业出版社出版发行；各地新华书店经销；三河市双峰印刷装订有限公司印刷
2019 年 4 月第 1 版，2019 年 4 月第 1 次印刷
787mm×1092mm　1/16；16 印张；383 千字；242 页
36.00 元

冶金工业出版社　投稿电话　(010)64027932　投稿信箱　tougao@cnmip.com.cn
冶金工业出版社营销中心　电话　(010)64044283　传真　(010)64027893
冶金工业出版社天猫旗舰店　yjgycbs.tmall.com
（本书如有印装质量问题，本社营销中心负责退换）

矿物加工工程卓越工程师人才培养项目系列教材

编 委 会

主　编：邱廷省

编　委：吴彩斌　艾光华　石贵明　夏　青

余新阳　匡敬忠　周贺鹏　方夕辉

陈江安　冯　博　李晓波　邱仙辉

前　言

铜是人类最早使用的金属之一。早在 4000 多年前我国古代人民就开始采掘露天铜矿，并用获取的铜来制造武器、工具和其他器皿。铜的使用对早期人类文明的进步影响深远。

铜作为一种基础金属，其相对原子量为 63.54，密度为 8.92g/cm³，熔点为 1083℃，沸点为 2567℃，是全球使用最广泛、最重要的金属之一。铜具有良好的物理化学特性，如热导率和电导率高、化学稳定性强、抗张强度大，以及具有抗蚀性、可塑性和延展性。铜易熔接，还可以与钴、锌、锡、铅、锰、镍、铝、铁等其他金属形成合金。因此，铜也被称为战略金属，广泛应用于电气、电子、机械制造、建筑工业、国防工业等各个领域。

世界上铜资源最为丰富的地区是美洲地区，占世界铜储量的 60% 以上。智利铜资源储量稳居世界第一，占全球铜储量的 29.2%。我国铜资源储量仅占世界总储量的 3.9%，排在世界第 7 位，我国铜资源量主要分布于西藏、江西、云南、内蒙古、新疆、安徽和黑龙江等省份。在东部省区，江西、安徽、黑龙江 3 省占我国铜储量的 44%；我国大型铜矿主要有江西德兴铜矿、黑龙江多宝山铜矿、西藏普朗铜矿、西藏玉龙铜矿和新疆阿舍勒铜矿。我国铜资源量十分紧缺，人均铜资源拥有量不足世界平均水平的 24%，铜精矿对外依存度高达 85% 以上。

铜矿经过近百年的大幅开采，很多矿山资源接近枯竭，入选含铜品位也是越来越低，很多大型矿山开采的含铜品位甚至降至 0.3%。合理开发与利用铜资源及其伴生资源，降低选矿过程成本，实现矿山与环境、生态的可持续发展，是现代矿业开发的发展趋势和必由之路。在这个过程中，培养出具有现代矿业开发精神的矿物加工卓越工程师人才非常关键。基于这个思想，本书以铜矿资源开发为例，围绕"铜矿石→铜矿物组成→铜矿物加工原理和方法→实践与应用"这条主线，结合矿物加工工程专业中"矿石学""粉体工程""矿物加工学""研究方法实验""矿物加工工程设计"等核心课程，构建了以铜矿资源开发项目驱动为背景的课程教学、实验教学、专业实践等方面的实践教学体系，并提供了实践教学案例。

本书由吴彩斌、冯博、周贺鹏、石贵明、夏青等教师共同编写。其中第1章由石贵明和吴彩斌撰写，第2章由吴彩斌、冯博和周贺鹏撰写，第3章由吴彩斌和周贺鹏撰写，第4章由吴彩斌和夏青撰写。全书由吴彩斌统稿，邱廷省审核。博士生廖宁宁参与了资料的整理、归纳和校稿。

本书的出版，得到了教育部与江西省矿物加工工程卓越工程师试点专业、中国高等教育学会高等教育科学研究"十三五"规划课题（2018GCLZD05）和江西理工大学教材出版基金的立项资助。本书大部分教学案例来源于教师的科学研究报告，设计案例来源于中国瑞林工程技术股份有限公司，在此，向对本书的编写工作给予支持和帮助的单位、个人和有关参考文献作者表示衷心的感谢！

由于作者水平所限，书中若有不足之处，衷心希望读者批评指正。

作　者

2018 年 10 月

目　　录

1 铜资源概况

本章介绍了世界铜资源储量和铜产量分布情况，我国铜资源中铜矿床、硫化铜矿和氧化铜矿的分布情况，铜矿物基本性质，铜矿选矿方法，铜矿选矿工艺流程及其选矿药剂，铜矿伴生金银、铅锌、镍、钼等资源回收方法。

1.1 世界铜资源分布

1.1.1 全球铜资源储量分布

美国资源调查局发布的统计数据显示，全球铜资源总量约为 56 亿吨，其中已探明资源量为 21 亿吨，待探测的资源量为 35 亿吨。斑岩型铜矿、砂页岩型铜矿、黄铁矿型铜矿和铜镍硫化物型铜矿的总储量占所有储量的 97% 以上。其中斑岩型铜矿达到总储量的约 55%，主要包括环太平洋斑岩铜矿成矿带（美国、智利、秘鲁和加拿大等），阿尔卑斯—喜马拉雅斑岩铜矿带（伊朗、中国和巴基斯坦等），特提斯斑岩铜矿成矿带以及中亚—蒙古斑岩铜矿成矿带（乌兹别克斯坦、中国和蒙古等）。砂页岩型铜矿占总储量的约 29%，该类型特大矿床有 11 座，主要分布在智利、刚果、德国、波兰和俄罗斯等国家；黄铁矿型铜矿占总储量的约 9%，集中在北美、亚欧和西欧地区，如美国、俄罗斯、西班牙和中国等；铜镍硫化物型铜矿相对较少，占总储量的 4% 左右，但该类型铜矿床品位高、多种贵重金属共生，主要分布在西伯利亚铜镍硫化物矿区和北美铜镍硫化物集中区。

根据美国资源调查局统计数据，2016 年全球铜矿储量（金属量）为 7.2 亿吨，其中美洲地区铜资源最为丰富，占世界铜储量的 60% 以上，而非洲和亚洲各约占为 15%。按国家分布来看，目前智利以 2.1 亿吨铜储量稳居世界第一，占全球铜储量的 29.2%，其次是澳大利亚（0.89 亿吨）和秘鲁（0.81 亿吨）。我国以 0.28 亿吨储量排在世界第 7 位，占世界总储量的 3.9%。铜资源的世界分布特点和地区经济发展形势对国际铜市场的供需格局起着至关重要的影响。表 1-1 为 2016 年世界铜储量分布情况。

表 1-1　2016 年世界铜储量分布情况　　　　　　　　　　　　　　　（万吨）

国家	储量	占比/%	国家	储量	占比/%
智利	21000	29.2	中国	2800	3.9
澳大利亚	8900	12.4	刚果（金）	2000	2.8
秘鲁	8100	11.3	赞比亚	2000	2.8
墨西哥	4600	6.4	加拿大	1100	1.5
美国	3500	4.9	其他国家	15000	20.8
俄罗斯	3000	4.2	合计	72000	100

1.1.2　全球铜产量分布

目前，全球有40多个国家和地区在开采铜矿，1000万吨级以上的特大型铜矿山有30多座，其中仅智利就占11座，包括世界上最大的丘基卡马塔（Chu Kika Mata）铜矿（矿石Cu品位为0.56%，铜储量为6935万吨），以及排名第二的埃斯康迪达（Escondida）铜矿（矿石Cu品位为0.68%，铜储量为6776万吨；年产量全球最高，达到100万吨铜）。澳大利亚的奥林匹克坝（Olympic Dam）铜金铀型矿床中铜储量为3200万吨，平均Cu品位为1.6%，富矿聚集地Cu品位达6.7%，为世界第三大铜矿。秘鲁大型铜矿山主要有赛罗贝尔德铜矿（铜储量为900万吨，平均Cu品位为0.76%）和特罗莫克铜矿（铜储量为1500万吨，Cu品位为0.48%）。美国特大型铜矿至少有5个，最大的宾厄姆（Bingham）铜矿铜储量为2121万吨，平均Cu品位为0.9%；比尤特（Butte）斑岩型铜矿铜储量为1800万吨，Cu品位为0.8%；德卢斯（Duluth）硫化铜镍型矿床铜储量为2000万吨，Cu品位为0.5%。我国国内生产规模最大的露天铜矿为德兴铜矿，累计探明铜储量为966万吨，Cu品位为0.5%；而储量最大的铜矿是驱龙铜矿，已探明资源量超过1000万吨，品位在0.65%~1.39%之间。表1-2列出了2016年世界铜产量分布情况。

表1-2　2016年世界铜产量分布情况　　　　　　　　　　（万吨）

国　家	产　量	国　家	产　量
智利	555.26	中国	182.13
澳大利亚	94.83	刚果（金）	102.37
秘鲁	236.67	赞比亚	82.77
墨西哥	68.87	加拿大	70.76
美国	143.10	其他国家	461.23
俄罗斯	74.00	合计	2071.99

随着铜矿的大量开采，铜资源储量面临严峻问题。以2016年全球铜资源储量7.2亿吨、产量2071万吨计，全球铜矿资源的静态保障年限仅为35年，其中我国仅为15.4年，上游铜矿资源的稀缺性日渐凸显。为了保障资源量的充足，世界各国不断加大勘探力度，2013年智利国家铜业公司投资6000万美元用于资源勘探，近几年已在Cerro Negro矿场、El Teniente矿场和Copa Sur矿场附近发现近18.75亿吨铜储量；2011年德国研究人员在马达加斯加矿区以东海域发现丰富的铜矿储量，铜含量高达24%；2011年玻利维亚在科罗发现了一个储量近1亿吨的大型铜矿。

1.2　我国铜资源分布

我国铜资源储量占全球第七位，虽然相对丰富，但是人均铜资源拥有量不足世界平均水平的24%，铜资源量十分紧缺。尤其是随着我国经济连续近20年的高速发展，我国又是全球最大的精炼铜消费国，现有的铜产量远远不能满足国内铜产业需求，因而我国又是全球最大的铜进口国。据国家统计局数据显示，2017年我国全年铜精矿金属量180万吨，同比下降4.25%；2017年铜精矿进口1734万吨，同比增长1.7%。我国铜精矿对外依存度高达85%以上。

我国铜资源分布广泛，已查明的矿产地除天津以外的所有省、市、自治区均有不同程度的分布。其中，铜储量主要集中在东部省区，江西、安徽、黑龙江 3 省占我国铜储量的44%；我国铜矿资源散布的地域有 900 余处，主要分布于西藏（22.61%）、江西（14.03%）、云南（13.97%）、内蒙古（7.24%）、新疆（5.94%）、安徽（5.04%）和黑龙江（4.7%）。国内大型铜矿山主要有江西德兴铜矿、黑龙江多宝山铜矿、西藏普朗铜矿、西藏玉龙铜矿和新疆阿舍勒铜矿。铜精矿生产主要集中在江西、云南、安徽、内蒙古和甘肃等地区。铜产业基地主要有江西铜基地、云南铜基地、白银铜基地、东北铜基地、铜陵铜基地、大冶铜基地、中条山铜基地、西藏铜基地等。

我国铜资源的特点如下：

（1）贫矿多、富矿少。在现有查明的铜资源量中，铜含量大于 1% 的富矿仅占 21%。若以其中的基础储量来看，铜含量大于 1% 的富矿占 24%；若以资源量来看，铜含量大于 1% 的富铜矿仅为 39%。

（2）铜矿资源保证程度低。虽然铜查明资源量不少，但储量不足，铜储量只占铜查明资源量的 13.6%，储量的保证程度较低。目前我国铜矿储采比为 34.7。

（3）我国铜矿的开发利用程度较高，但条件较好的后备基地严重不足。在现有的查明铜资源量中，已开发利用的占 48.1%，可规划利用的占 39.8%；若以基础储量来看，已开发利用的占 65%，可规划利用的只有 20%。西部地区虽然勘查取得了很大进展，但勘探程度不足，基础设施薄弱，生态环境脆弱，开发利用难度较大，短期内难以提高我国铜矿资源的保证程度。

1.2.1 我国铜矿床分布

根据铜矿床的地质形成条件、成矿方式可以把铜矿床工业类型分为斑岩型、砂页岩型、火山成因块状硫化物型、岩浆铜镍硫化物型、铁氧化物铜金型、矽卡岩型、脉型等，以前四类最为重要，分别占世界储量的 55.3%、29.2%、8.8% 和 3.1%。在这些工业类型铜矿床中，斑岩铜矿床中储存的铜金属量在各类型排名第一，在各个铜的工业矿床类型中是最重的。世界上超过 500 万吨铜金属储量的超大型铜矿有 60 多个，其中有斑岩型铜矿床 38 个、砂页岩型铜矿床 15 个。

我国铜矿床有如下几种类型：

（1）斑岩铜矿床。产于中生代、新生代花岗闪长斑岩、二长斑岩、闪长斑岩等及其围岩中。矿体呈似层状、透镜状。矿石矿物以黄铜矿为主。Cu 品位一般小于 1%。矿床规模常为大中型，分布于江西德兴、黑龙江多宝山、西藏玉龙、西藏驱龙等地区。

（2）岩浆熔离型铜矿床。产于下古生代纯橄岩、辉橄岩、橄辉岩岩体的中下部。矿体呈似层状、透镜状。矿石矿物以黄铜矿、镍黄铁矿为主。Cu 品位一般小于 1%。矿床规模常为中型，分布于甘肃金川、新疆喀拉通克、新疆哈密、吉林红旗岭、吉林赤柏松等地区。

（3）矽卡岩型铜矿床。产于中酸性侵入岩体和碳酸盐岩的接触带内外。矿体以似层状、透镜状、扁豆状为主。矿石矿物主要为黄铜矿、黄铁矿。Cu 品位一般大于 1%。矿床规模常为中型，分布于湖北大冶、安徽铜陵、江西城门山、江西武山等地区。

（4）变质岩层状铜矿床。产于中元古代白云岩、大理岩、片岩片麻岩中，沿层产出。

矿体呈层状、似层状、透镜状。矿石矿物以黄铜矿、斑铜矿为主。Cu 品位一般大于 1%，主要分布于云南东川、山西中条山、内蒙古乌拉特后旗等地区。

此外还有陆相火山气液型铜矿床、海相火山气液型铜矿床、陆相沉积铜矿床、热液型铜矿床、砂岩型铜矿床等类型。

我国铜矿床的分布特点如下：

（1）中小型矿床多，大型、超大型矿床少。国际上将铜金属资源及储量小于 100 万吨规模称为小型矿床，介于 100 万~500 万吨之间规模称为中型矿床，介于 500 万~2000 万吨之间规模称为大型、超大型矿床，大于 2000 万吨以上规模称为超级矿床。目前我国尚没有超级矿床。全球 24 座超级铜矿床分布在智利、秘鲁、美国、墨西哥、俄罗斯、波兰、哈萨克斯坦、刚果（金）、澳大利亚、印度尼西亚、蒙古和巴基斯坦等 12 个国家，我国紫金矿业集团公司作为股东参与刚果（金）Kamoa 铜矿开发。

我国探明的矿产地中，大型、超大型规模仅占 3%，中型占 9%，小型占 88%。大型矿床仅有江西德兴铜矿床、西藏玉龙铜矿床、金川铜镍矿床、云南东川铜矿床、黑龙江多宝山铜矿床、西藏普朗铜矿、新疆阿舍勒铜矿等地。

（2）铜矿床中贫矿多，富矿少。国内铜矿床中，已经探明的储量中，平均含 Cu 品位为 0.87%，平均含 Cu 品位超过 1% 的矿床占总储量的 36%，且大部分已经开采殆尽。我国绝大部分铜矿床平均含 Cu 品位已经下滑至 0.5% 左右，有的铜矿山对于含 Cu 品位 0.3% 的铜矿石也在开采。

（3）铜矿床中共伴生矿多，单一矿少。国内已经探明的 900 多处矿床中，单一矿床仅占 27.1%，综合矿床占 72.9%。如斑岩型铜矿床中，多数矿床共生钼，伴生金、银、铟、铼等元素；岩浆型铜镍硫化物矿床中铜镍共生，伴生钴、铂族、金、银、镓、锗等；矽卡岩型铜及多金属矿床中，铜、铁、铅、锌、钨等常共生在一个矿床中，并伴生钴、锡、钼、金、银、镓、锗、铼、镉、硒、碲等；在海相火山岩型铜多金属矿床中，铜、铅、锌和黄铁矿常共生，并伴生金、银、钼等；在沉积岩中层状铜矿床中常伴生铅、锌、钛、钒、镍、钴、锡、金、银等。

铜矿床中共伴生组分具有较大综合利用价值。除了主产品铜精矿外，还能生产出钼精矿、铅精矿、锌精矿、镍精矿、铋精矿、钨精矿、硫精矿、铁精矿等副产品，同时生产的铜精矿中还含有金、银、铂和铟、镓、锗、铊、铼、硒、碲等元素，可以在选冶过程中得到回收。

总之，我国铜资源的特点是贫矿多、嵌布粒度细、共伴生关系复杂，有的铜资源处于生态脆弱地区，环保要求高、开发难度大，对矿物加工工艺和技术水平的要求也越来越高。

自然界中含铜矿物有 200 多种，其中常见的并具有经济利用价值的只有十几种，主要是黄铜矿、辉铜矿、斑铜矿、黝铜矿、赤铜矿、孔雀石等。这些铜矿大抵可分为三大类：自然铜、硫化铜矿物、氧化铜矿物。下面分类介绍这些铜矿分布。

1.2.2 我国自然铜分布

自然铜化学式为 Cu，理论含 Cu 量 100%，但常含 Ag 和 Au 等，自然界中分布占 10%。属等轴晶系，晶体呈立方体，但少见。一般呈树枝状、片状或致密块状集合体。自然铜为铜红色，表面易氧化成褐黑色，如图 1-1 所示。硬度为 2.5~3，密度为 8.5~8.9g/cm³，具有强的延展性，为电和热的良导体。

自然铜在地表及氧化环境中不稳定，易转变为铜的氧化物和碳酸盐，如赤铜矿、孔雀石、蓝铜矿等矿物。故自然铜常见于含铜硫化物矿床氧化带内，一般是铜的硫化物转变为氧化物时的中间产物；热液成因的原生自然铜常呈浸染状见于一些热液矿床中；含铜砂岩中亦常有自然铜产出，大量积聚时可作铜矿石利用。湖南麻阳县九曲湾铜矿床是以自然铜为主要铜矿物，湖北大冶、江西德兴、安徽铜陵、云南东川、四川会理及长江中下游等地的铜矿床氧化带中皆有自然铜产出。世界上著名的自然铜产地有美国的上湖（Lake Superior），俄罗斯图林斯克和意大利的蒙特卡蒂尼。

1.2.3 我国硫化铜矿分布

常见的硫化铜矿物主要有黄铜矿（含 Cu34.6%，指铜含量，习惯称品位，下同）、斑铜矿（63.3%）、辉铜矿（79.9%）、铜蓝（66.5%）、方黄铜矿（23.4%）、黝铜矿（46.7%）、砷黝铜矿（52.7%）、硫砷铜矿（48.4%）等，也是主要的铜矿物开采类型。目前世界上 80%的铜资源均来自硫化铜矿开采。

1.2.3.1 黄铜矿

黄铜矿是硫化铜矿石中的主要铜矿物之一，化学式为 $CuFeS_2$，晶体结构为四方晶系，与闪锌矿、黝锡矿相似，阴离子硫分布在配位四面体中心，阳离子分布在角顶，从而构成四方体晶系。黄铜矿色泽为黄铜色，表面常因氧化呈暗黄或斑状锖色，条痕绿黑色；硬度为 3~4，密度为 4.1~4.3g/cm³，具有良好的导电性和反射黄的光学性质，如图 1-2 所示。单晶体黄铜矿较少见，集合体多呈粒状或致密块状。在地表风化作用下，黄铜矿常氧化为孔雀石或蓝铜矿，呈现蓝绿色，且常与黄铁矿、磁黄铁矿伴生，并含有微量的 Au 与 Ag，但硬度比黄铁矿小。

图 1-1 自然铜

图 1-2 黄铜矿

黄铜矿是散布非常宽泛的金属矿物，主要形成在热液矿床和矽卡岩矿床中，也经常形成在硫化铜镍岩浆矿床中。经过长时间的风蚀变化后可以转化变成孔雀石等。通常鉴定较大颗粒的黄铜矿还是较为简单的，主要是观察黄铜矿的色泽和硬度。如果要鉴定颗粒较小的黄铜矿，那么或许会误以为是黄铁矿。区分黄铜矿与黄铁矿主要的方法除了通过铜的焰色反应以外，最好的办法就是把矿物颗粒放在锌板上滴加盐酸，观察矿物的表面是否会被染成褐黑色，被染为褐黑色的，就是黄铜矿。

黄铜矿是分布最广的铜矿物，主要产于铜镍硫化物矿床、斑岩铜矿、矽卡岩铜矿以及某些沉积成因（包括火山沉积成因）的层状铜矿中。在风化作用下，黄铜矿转变为易溶于水的硫酸铜，后者与含碳酸根的溶液作用时便形成孔雀石、蓝铜矿。在我国主要产地集中在长江中下游地区、川滇地区、山西南部中条山地区、甘肃的河西走廊以及西藏高原等，其中以江西德兴、西藏玉龙等铜矿最著名。

1.2.3.2 辉铜矿

辉铜矿成分为 Cu_2S，晶体属于正交（斜方）晶系的硫化铜矿物。自然界还发现辉铜矿六方晶系的高温同质多象变体，称为六方辉铜矿。辉铜矿呈暗铅灰色，风化表面呈黑色，有金属光泽。硬度为 2~3，略具延展性，密度为 5.5~5.8g/cm³，如图1-3所示。

辉铜矿常呈致密块状见于某些铜矿床中。也常呈烟灰状产出，是由铜的硫化矿床氧化带下渗的硫酸铜溶液交代黄铜矿、斑铜矿及其他硫化物后形成。辉铜矿在地表易风化成赤铜矿或孔雀石、蓝铜矿。

在所有铜的硫化物中以辉铜矿的含铜量最高，达到79.9%，是提炼铜的重要矿物原料。在我国云南东川等铜矿床中均有大量辉铜矿产出。

1.2.3.3 斑铜矿

斑铜矿化学式 Cu_5FeS_4，等轴晶系。通常呈粒状或致密块状集合体，新鲜断口呈铜红色，表面因氧化而呈蓝紫斑状的锖色，故而得名。条痕灰黑色，硬度为3，密度为4.9~5.0g/cm³，如图1-4所示。

图1-3 辉铜矿

图1-4 斑铜矿

斑铜矿在许多铜矿床广泛分布。内生成因的斑铜矿常含有显微片状黄铜矿的包裹体，为固溶体离溶的产物；次生斑铜矿形成于铜矿床的次生富集带，也是炼铜的主要矿石矿物之一。我国德兴铜矿、云南东川等铜矿床中有大量的斑铜矿产出。

1.2.3.4 铜蓝

铜蓝化学式 CuS，六方晶系。通常呈薄片状、被膜状或烟灰状集合体，靛蓝色，条痕灰色至黑色，金属光泽，薄片稍具弹性，硬度为 1.5~2，密度为 $4.59~1.67g/cm^3$，如图1-5 所示。

铜蓝主要是外生成因，是含铜硫化物矿床次生富集带中最为常见的矿物，由硫酸铜溶液交代黄铜矿、斑铜矿等硫化物而成。常与辉铜矿伴生，组成含铜很富的矿石，代表性产地为俄罗斯乌拉尔的勃利亚文。热液型成因的铜蓝较为罕见，美国蒙大拿州的比尤特、南斯拉夫的博尔等铜矿床中有产出。

1.2.3.5 方黄铜矿

方黄铜矿化学式 $CuFe_2S_3$，斜方晶系。晶体常为拉长的扁平棱柱体，有时形成 V 形双晶或放射状六连晶或片状集合体，块状少见，铜黄色，条痕黑色，金属光泽，不透明，解理不完全，断口贝壳状，具纵向条纹，硬度为 3.5~4，密度为 $4.1g/cm^3$，如图1-6 所示。常与黄铜矿、石英、自然金、菱铁矿、方解石、黄铁矿、磁黄铁矿及其他铜硫化物共生，为次要的少见铜矿物。

图1-5 铜蓝

图1-6 方黄铜矿

方黄铜矿主要产于与基性和超基性岩有关的铜镍矿床中。如甘肃金川、新疆哈密东黄山、吉林通化县赤柏松和青海玛沁县德尔尼矿区等。此外在新疆哈巴河县阿舍勒矿区和安徽铜陵市冬瓜山矿区也偶见。

1.2.3.6 硫砷铜矿

硫砷铜矿化学式 Cu_3AsS_4，斜方晶系。晶体常呈柱体，但通常呈块状或致密粒状集合体，钢灰至铁黑色，条痕灰黑色，金属光泽，硬度为 3.5，密度为 $4.4~4.5g/cm^3$，如图1-7 所示。主要见于中温热液铜矿床中，与黄铜矿、黝铜矿等共生，富集时可作炼铜的矿石。

福建上杭县紫金山金铜矿区产出有硫砷铜矿；此外，在辽宁省和安徽省铜矿床中也有硫砷铜矿的报道。

1.2.3.7 黝铜矿

黝铜矿的化学式为 $Cu_{12}Sb_4S_{13}$，与砷黝铜矿 $Cu_{12}As_4S_{13}$ 构成类质同象系列。一般所见的黝铜矿均含有一定数量的砷黝铜矿分子。等轴晶系，晶体呈四面体，但通常呈粒状或致密块状集合体；钢灰至铁黑色，新鲜断口呈黝黑色，条痕与颜色相同；半金属光泽；硬度为 $3\sim4$，密度为 $4.4\sim5.1g/cm^3$，如图 1-8 所示。见于各种成因的含铜热液矿床中，常与其他含铜矿物一起作为铜矿石利用。

图 1-7 硫砷铜矿

图 1-8 黝铜矿

1.2.4 我国氧化铜矿分布

氧化铜矿物主要有赤铜矿（88.8%）和黑铜矿（79.9%）。通常根据铜矿石中氧化铜和硫化铜的比例，分为三个类型，即硫化铜矿石，其含氧化铜小于10%；氧化铜矿石，含氧化铜大于30%；混合铜矿石，含氧化铜10%~30%。一般铜的硫酸盐、碳酸盐和硅酸盐等铜矿物，如孔雀石（57.5%）、蓝铜矿（55.3%）、硅孔雀石（36.2%）、水胆矾（56.2%）、氯铜矿（59.5%），也作为氧化铜矿处理。

1.2.4.1 赤铜矿

赤铜矿化学式 Cu_2O，等轴晶系。晶体呈细小八面体，有时呈针状或毛发状，称为针赤铜矿，集合体呈致密块状、粒状或土状，暗红色，条痕褐红色，金刚光泽或半金属光泽，硬度为 $3.5\sim4$，密度为 $6g/cm^3$，如图 1-9 所示。

赤铜矿形成于外生条件下，主要见于铜矿床的氧化带，是含铜硫化物氧化后的产物，可作为铜矿石利用。法国、智利、玻利维亚、南澳大利亚、美国等地为世界主要赤铜矿矿区，我国也是世界上赤铜矿较多的国家之一，主要产地为云南、江

图 1-9 赤铜矿

西、甘肃等地铜矿区，总保有储量铜 6243 万吨，居世界第 7 位，探明储量中富铜矿占 35%。

1.2.4.2 黑铜矿

黑铜矿化学式 CuO，单斜晶系。黑或灰黑色，条痕灰黑色，半金属光泽，性脆，硬度 3.5，密度 $5.8 \sim 6.4 g/cm^3$，如图 1-10 所示。主要见于铜矿床的氧化带，是含铜硫化物氧化后的产物，我国云南、西藏等地有产出。

1.2.4.3 孔雀石

孔雀石化学式 $Cu_2[CO_3](OH)_2$，单斜晶系。晶体呈针状，通常呈放射状或钟乳状集合体，绿色，玻璃光泽，遇盐酸起泡，硬度为 $3.5 \sim 4$，密度为 $3.9 \sim 4.0 g/cm^3$，如图 1-11 所示。块大色美的孔雀石是工艺雕刻品的材料，粉末用制颜料，称石绿；亦可作中药药用，称绿青；大量聚积时可作为铜矿石利用。

图 1-10 黑铜矿

图 1-11 孔雀石

孔雀石是原生含铜硫化物氧化后形成的次生矿物，产于含铜硫化物矿床氧化带中，经常与蓝铜矿、辉铜矿、赤铜矿、自然铜等共生。它们的出现可作为寻找原生铜矿床的标志。我国主要产地有广东阳春、湖北黄石，世界著名产地有赞比亚、澳大利亚、纳米比亚、俄罗斯、刚果（金）、美国等。

1.2.4.4 蓝铜矿

蓝铜矿化学式 $Cu_3[CO_3]_2(OH)_2$，单斜晶系。晶体呈短柱状或厚板状，集合体通常呈粒状、块状或放射状，以及土状或

图 1-12 蓝铜矿

皮壳状，深蓝色，土状或皮壳状者淡蓝色，玻璃光泽，遇盐酸起泡，硬度为 $3.5 \sim 4$，密度为 $3.7 \sim 3.9 g/cm^3$，如图 1-12 所示。其粉末用制蓝色颜料，称石青；药用称扁青，大量聚积时可作为铜矿石利用。

蓝铜矿是原生含铜硫化物氧化后形成的次生矿物，产于含铜硫化物矿床氧化带中，经常与孔雀石共生，可作为寻找原生铜矿床的标志。当地质工作人员在野外找矿的时候，只

要看到蓝铜矿（滚石或原生的），就知道附近一定有铜矿体的存在，在其附近进行更详细的勘察工作，就能找到原生矿体。

1.2.4.5　硅孔雀石

硅孔雀石化学式（Cu，Al）$_2$H$_2$Si$_2$O$_5$(OH)$_4$·nH$_2$O，隐晶质或胶状集合体，呈钟乳状、皮壳状、土状、绿色、浅蓝绿色，含杂质时可变成褐色、黑色，蜡状光泽，具陶瓷状外观者呈玻璃光泽，土状者则呈土状光泽。硬度为 2~4，密度为 2.0~2.4g/cm^3，如图 1-13 所示。

硅孔雀石为一种次生的含铜矿物，主要产在含铜矿床的氧化带中，常与孔雀石、蓝铜矿、赤铜矿、自然铜共生，此外，也常和玉髓相伴一起出现，为部分蓝色或绿色玉髓的重要内含物。可提炼铜，但更多的被用作宝石。硅孔雀石产于我国台湾地区金瓜石的金铜矿床中，美国、墨西哥、英国、捷克、俄罗斯、以色列、赞比亚、澳大利亚、智利也有产出。

1.2.4.6　绿松石

绿松石化学式 Cu(Al，Fe)$_6$(PO$_4$)$_4$(OH)$_8$·4H$_2$O，三斜晶系，隐晶质。呈天蓝色、淡蓝色、绿蓝色、绿色、带绿的苍白色，含铜的氧化物时呈蓝色，含铁的氧化物时呈绿色，条痕白色或绿色，抛光面为油脂玻璃光泽，断口上为油脂暗淡光泽，通常呈现致密块状、肾状、钟乳状、皮壳状等集合体，硬度为 5~6，密度为 1.9~2.4g/cm^3，如图 1-14 所示。绿松石是铜和铝的磷酸盐矿物集合体，从含矿热液中沉淀而形成，多被用作宝石。

图 1-13　硅孔雀石

图 1-14　绿松石

我国是绿松石的主要产出国之一。湖北、安徽、陕西、河南、新疆和青海等地均有绿松石产出，其中以湖北郧县、郧西、竹山一带的优质绿松石为我国著名产品。云盖山上的绿松石因山顶的云盖寺命名，为云盖寺绿松石，是世界著名的松石雕刻艺术品的原石产地。此外，江苏、云南等地也发现有绿松石。伊朗、埃及、美国、墨西哥、阿富汗、印度和俄罗斯等国家也有绿松石产出。

还有一些矿物，如水胆矾（Cu$_4$SO$_4$(OH)$_6$）、氯铜矿（Cu$_2$Cl(OH)$_3$）、五水硫酸铜（CuSO$_4$·5H$_2$O），也产于铜矿的次生氧化带中。

1.3 铜矿选矿方法

1.3.1 自然铜矿选矿方法

当铜矿石中自然铜是大块和粗颗粒自然铜含量高时，原矿的破碎和破碎后自然铜的回收都比常规的硫化铜矿石更为复杂。其原因是铜具有良好的延展性，采用传统的圆锥破碎机进行第二段破碎时，大块的自然铜容易被压成片状黏附于破碎机破碎腔内，造成破碎机的损坏，影响正常的生产运行。而在半自磨、球磨过程中，自然铜又可能附着在磨机衬板上排不出来，从而造成整个生产过程瘫痪。所以，应尽可能在磨矿前先回收自然铜，然后再进行其他硫化铜矿物的回收。

针对自然铜延展性好、不易破碎和可能附着在破碎、磨矿设备上的特点，一般情况下大块自然铜采取破碎-筛分回收工艺和粗、细粒自然铜的重选回收工艺，即对粒度大于40mm 的大块自然铜在破碎过程中通过筛分进行回收，对小于 40mm 的粗、细粒自然铜采用重选方法进行回收，如图 1-15 所示。

1.3.2 硫化铜矿选矿方法

硫化铜矿一般使用浮选方法进行分选，在硫化铜矿的浮选中，根据选别的有用成分不同，与铜有关的矿石可分为单一铜矿、铜硫矿、铜硫铁矿、铜钼矿、铜镍矿、铜钴矿以及砷硫化铜矿等。但由于单一硫化铜矿很少，常与其他金属矿物共生，所以硫化铜矿的浮选主要是解决铜和这些共生金属矿物的分离问题。通常通过采用不同的工艺流程与药剂制度来实现。

主要硫化铜矿物的可浮性差异如下：辉铜矿>铜蓝>斑铜矿>黄铜矿>砷黝铜矿。

典型的硫化铜矿浮选原则工艺流程如图 1-16 所示。

近年来不断有硫化铜浮选新工艺流程被提出，如快速浮选、异步浮选、分支串流浮选、电化学控制浮选和原生电位调控浮选等，这些新工艺以"快收、早收、早丢"为原则，这些新工艺主要表现在多碎少磨，并日益受到广泛重视和推广应用。

1.3.2.1 快速浮选工艺

快速浮选是芬兰奥托昆普公司研制出的一种新的浮选方法，它利用 Skim-Air 新型浮选机在磨矿回路中浮选粗粒有用矿物。其特点是处理旋流器沉砂，给矿粒度、浓度高的单槽浮选，其优点是快速选出已经单体解离的粗粒矿物，减少有用矿物的过粉碎，提高有用矿物的回收率。大姚铜矿通过采用分级溢流粗粒闪速浮选工艺，尽快、尽早地选择回收已解离粗粒矿物，解决了因不断扩产带来的"台效作业低—入选细度低—造成选矿回收率较低"这些年来一直困扰选矿厂选矿技术管理的难题。江西城门山铜矿和新疆宝地矿业有限公司选矿厂等都采用了快速浮选工艺，并获得了良好的技术指标和经济效益。

M. D. Research Company 也开发出一种快速浮选方法，可用于从细磨的细粒复合矿石中分选有用矿物。这种浮选工艺是利用一种高速水射流系统进行充气，使颗粒泡沫接触和使固体颗粒悬浮。水射流以大于 50m/s 的高速度不停地喷出，以加快从混合喷嘴中低速喷入的位于两层矿浆之间的空气包层和水夹层的运动速度。两个速度之差产生一个切变速率，导致极细气体扩散，射流骤然减速，促使小颗粒产生惰性碰撞。

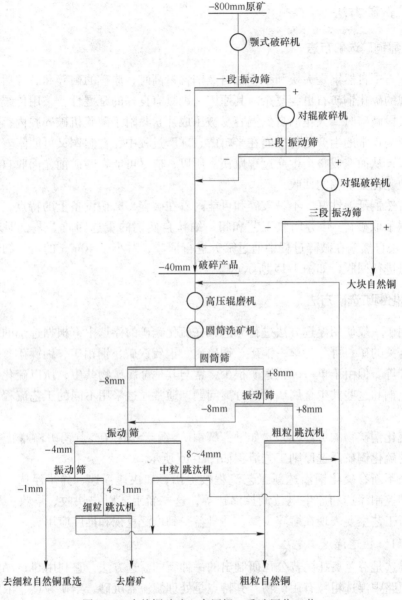

图 1-15　自然铜破碎—高压辊—重选回收工艺

1.3.2.2　铜分步优先浮选

　　江西德兴铜矿为世界级特大型斑岩型铜矿床，最初的选矿工艺流程为一段磨浮工艺，在不断探索与实践的基础上，该矿选矿工艺流程不断调整、优化、革新，先后经历过低碱度铜硫浮选工艺、异步混合浮选工艺和分步优先浮选新工艺。2001 年 9 月开始采用分步优先浮选工艺：一段磨矿产品，采用选择性捕收剂，优先回收已充分解离的铜金矿物，低碱度下经过两次精选得到 Cu 品位 28% 左右的铜精矿，然后采用捕收能力强的药剂从浮选铜金矿物后的尾砂中回收铜硫连生体，再磨后铜硫分离，得到另一 Cu 品位 22% 左右的铜精矿。几年的实践证明，该工艺的应用使铜精矿品位由原来的 24% 提高到 25% 以上，同时

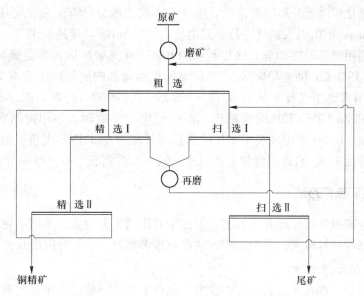

图 1-16 典型硫化铜矿浮选原则工艺流程

Mo 的富集比由原来的 30 倍左右提高到 45 倍以上，Mo 回收率由 50% 左右提高到 60%~65%。该工艺在江西铜业、安徽铜陵、大冶有色、武汉钢铁等数十家大中型选矿厂获得了工业应用。生产实践表明，新工艺浮选过程稳定、易于操作，选 Cu 回收率有较大程度的提高。

1.3.2.3 电化学浮选

硫化矿电化学选矿实质是通过电势-pH 值的匹配、调节和控制，使硫化矿物表面疏水化或亲水化，从而达到浮选与分离。电化学调控可使浮选过程选择性显著提高，适用于多金属矿和混合精矿的分离浮选。调节和控制矿浆电势的方法有两种：外控电势法是在浮选槽中加入电极，制成外控电势浮选槽，如芬兰奥托昆普公司研制了外控电势浮选机，成功地应用于浮选低品位铜镍硫化矿石。由于采用外控电势法不能均匀控制矿浆中的电势值，目前在现场实施尚有一定困难。

用化学法进行硫化矿物浮选矿浆电势的调控，是向浮选矿浆中加入一些氧化还原剂调节矿浆电势。化学法更容易在工业上实现，但药剂的种类与浓度选取不合适，将会引起高的氧化-还原剂消耗。巴西 Salobo 铜矿石中含有辉铜矿、斑铜矿和蓝辉铜矿（$Cu_{2-x}S$）等次生铜矿物，表面氧化使得这些硫化矿物的浮选变得相当困难和需要使用很高的浮选药剂用量。因此，有学者研究了降低捕收剂和起泡剂用量的两种可能的途径。这两种途径就是在浮选之前先对矿浆进行硫化处理，以及在浮选过程中使用氮气替代空气作为浮选气体。硫化处理需要控制矿浆电位，以使它保持在 0~+100mV 的范围内，因为在这样的矿浆电位范围内，才能在捕收剂（90g/t）和起泡剂（60g/t）用量最低的条件下达到很高的 Cu 回收率。在氮气气氛中进行浮选时，可减少为使矿浆电位保持在最佳范围内所需的硫化钠用量。

中南大学欧乐明认为在解决了矿浆电位和化学药剂添加的自动控制等问题后，用化学药剂进行电位调控浮选将会在工业生产中发挥巨大的作用。电化学和浮选柱技术的良好结合是解决复杂硫化矿浮选分离的新途径。电化学浮选在国外已有工业化应用，Anavena 报道智利 Chquicamata 矿山引入氮气进行矿浆电位调控，NaHS 耗量减少48%，应用电极测量控制后，抑制剂用量又节省21%。保加利亚的 Rudozem 选矿厂铜锌多金属矿石的浮选中，给矿中含有 21.19% Cu 和 6.13% Zn，电化学处理后得到的铜精矿中含有 24.18% Cu 和 1.19% Zn。应用常规浮选技术从含 3.18% Cu 和 11.14% Zn 的矿石中浮选可以得到含 Cu 24%~25% 和 Zn 10%~12% 的铜精矿；而经过电化学处理，不用抑制剂就能使 Zn 矿物得到有效抑制。Ihanti 矿山安装了奥托昆普公司开发的 OKJ2PCF 电位监测系统，使石灰和捕收剂用量降低 2/3，自采用电位监测以来，选矿厂的利润增加 10%~20%。

1.3.3　氧化铜矿选矿方法

氧化铜矿选矿也是以浮选方法为主。但由于氧化铜矿类型多，不同矿物的可浮性和对浮选药剂的选择性差异较大，因而选矿方法也有很多类型。主要有以下几种。

1.3.3.1　硫化浮选法

硫化浮选法是处理孔雀石和蓝铜矿这类氧化铜矿石的一种最简单、最普遍的方法。硅孔雀石和赤铜矿的硫化比较困难，因此当矿石中氧化铜矿物主要为孔雀石和蓝铜矿时，可采用硫化浮选法。硫化时硫化钠用量可达 1~2kg/t。由于硫化生成的薄膜不稳固，经强烈搅拌容易脱落，而且硫化钠本身易于氧化，所以在使用硫化钠时应分批加入。

另外，孔雀石和蓝铜矿的硫化速度较快，故在实践中进行硫化时不需要预先搅拌，而将硫化剂直接加入浮选第一槽，根据泡沫状态调整硫化剂用量，使第一槽出现明显的抑制现象，而在第二槽呈现良好的矿化泡沫。矿泥中含泥较多时须加分散剂，一般用水玻璃。

浮选捕收剂一般用丁基黄药，或丁基黄药与黑药混合应用，浮选矿浆的 pH 值通常保持在 9 左右。若硫化钠用量较少，不足以保持 pH 值时，在磨矿作业可加些石灰。硫化时加入适量硫酸铵、硫酸铝或硫酸等有助于矿物的硫化，改善浮选指标。

1.3.3.2　脂肪酸浮选法

脂肪酸及其皂类捕收剂能很好地浮选孔雀石及蓝铜矿。对脉石矿物非碳酸盐类的氧化铜矿石时可以考虑采用此法。当矿石中含有碳酸盐矿物或含有可被浮选的铁、锰氧化矿物时，此浮选法将失去选择性。

国外有混合应用硫化法与脂肪酸法的实践。先用硫化钠及黄药浮起硫化铜及一部分氧化铜，以后再用脂肪酸浮选残余氧化铜。如赞比亚的恩昌加选矿厂，处理的矿石含Cu 4.7%，加入石灰 500g/t（pH 为 9~9.5），甲酚（起泡剂）10g/t，乙黄药 60g/t，戊黄药 35g/t，硫化钠 1kg/t，棕榈酸 40g/t，燃料油 75g/t，浮选精矿含 Cu 品位达 50%~55%。

1.3.3.3　酸浸—沉淀—浮选法

矿石磨细后先用 0.5%~3% 的硫酸稀溶液浸出（对于某些较难浸出的矿石，浸出时需加温到 45~70℃），铜的氧化矿物便溶解生成硫酸铜，然后用铁屑置换，使铜离子还原为金属铜沉淀析出。反应式为：

$$CuCO_3 \cdot Cu(OH)_2 + 2H_2SO_4 == 2CuSO_4 + CO_2 + 3H_2O$$
$$CuSiO_3 \cdot nH_2O + H_2SO_4 == CuSO_4 + H_2SiO_3 + nH_2O$$
$$CuSO_4 + Fe == FeSO_4 + Cu\downarrow$$

最后将金属铜及不溶解于硫酸的硫化铜矿物一起浮起得到铜精矿。此法在实践中已得到应用。但是，当矿石中含大量碱性脉石时，酸的耗量太大，成本太高，此法不适用。实践中还可用考虑采用氨浸法或浮选—水冶法。

1.3.3.4 氨浸法

用氨和碳酸铵的溶液为溶剂，在温度为150℃，压力约为1.91~2.03MPa，溶液浓度为12.5%的条件下浸出2.5h。氨和碳酸铵溶液对铜的碳酸盐及氧化物的反应如下：

$$CuCO_3 \cdot Cu(OH)_2 + 6NH_4OH + (NH_4)_2CO_3 === 2Cu(NH_3)_4CO_3 + 8H_2O$$
$$CuO + 2NH_4OH + (NH_4)_2CO_3 === Cu(NH_3)_4CO_3 + 3H_2O$$

浸出的母液在90℃时通蒸汽蒸馏，即可将氨和CO_2分出，收集于水中待循环使用，而铜则呈黑色的氧化铜粉末从溶液中沉淀出来。

1.3.3.5 磁选法

大部分氧化铜矿石都含有一定量的褐铁矿和硬锰矿。如非洲刚果（金）氧化铜钴矿，基本上这种矿石总是含有大量的Fe，有时含有大量的Mn，电子探针检测证明了这一点。随着磁选技术的不断发展，高梯度高场强的磁选机也日渐成熟，因此，采用磁选法回收氧化铜也有了大规模的应用，如刚果（金）SICOMINES铜钴矿、西藏玉龙铜矿等均采用磁选回收氧化铜矿。

1.3.3.6 浮-磁联合法

氧化铜矿的选矿是一个难题，科技人员在此领域进行了长期选矿试验研究，充分发挥浮选与磁选的选矿优势和特点，创造性地开发了浮选-磁选深度联合的原则工艺，高效解决了氧化铜钴矿难选回收的技术难题。刚果（金）KAMA氧化铜钴矿具有氧化率高、泥化严重、云母及滑石含量大等特点，采用单一浮选工艺难以获得较好的选矿指标。依据原矿性质，试验制定了先浮云母、滑石等可浮性好的脉石矿物，后浮易选氧化矿，最后采用磁选回收难浮的含铜钴矿物的原则流程。云南怒江地区某难选铜铁矿，采用"浮选-强磁选"联合工艺流程，可获得含Cu 23.37%、回收率为49.45%的铜精矿，含Fe 53.15%、回收率为90.92%的铁精矿。徐其红针对某氧化率高达99.37%的氧化铜矿，采用脱泥重选—浮选—磁选联合工艺，获得含Cu 19.86%，回收率为76.94%的铜精矿。

1.3.3.7 浮-磁-冶联合法

由于部分氧化铜矿物与铁、锰等结合不够紧密，单纯磁选法难以分离，浮选具有很好的选别效果，因此采用浮选法获得高品位精矿，尾矿采用磁选保证铜的回收率，磁选精矿进行湿法冶炼，这一工艺很好地将浮-磁-冶工艺结合在一起，大幅增加了回收率，降低了选矿成本。阿尔玛雷克矿山冶金公司拥有大储量的含贵金属的难选氧化铜矿石，处理这种矿石采用的是就是浮选、磁选和冶炼相结合的联合工艺。如云南某低品位有价多金属尾矿，采用氯化离析—浮选—弱磁选—重选的冶选联合工艺综合回收其中的有价金属铜、锡、铁，得到的分选指标为：Cu品位为19.87%，回收率为83.25%的铜精矿；Fe品位为58.31%，回收率为61.58%的铁精矿；Sn品位为40.12%，回收率为47.02%的锡精矿。

1.3.3.8 水热硫化—浮选工艺

水热硫化—浮选工艺是在常规浮选的基础上强化了矿石的预处理-预先硫化过程，并在温水中浮选。矿浆与硫粉混合（少量添加液氨作为添加剂），在180℃、压力0.6~

1.0MPa 条件下元素硫由歧化反应生成 S^{2-} 和 $S_2O_3^{2-}$，并与氧化铜发生硫化反应，使氧化铜颗粒表面乃至整个颗粒内部转化成新生的疏水性强的"人工硫化铜"。在东川，水热硫化—浮选扩大工业试验表现出来了一系列问题：高压的端面密封及维修保养困难，管道、闸阀磨蚀严重，硫化温度对浮选指标影响大，能耗高，难用于大规模工业生产。

1.3.3.9 细菌浸出法

微生物细菌浸矿技术是近代湿法冶金工艺中的一种新工艺，它是利用细菌自身的氧化还原特性及代谢产物，如有机酸、无机酸和三价铁等，使金属矿物的某些组分氧化或还原，进而使有用组分以可溶性或沉淀形式与原物质分离，最终得到有用组分的过程。虽然细菌浸出具有许多优点，但也存在菌种选择及培养困难、浸出周期相对较长、对环境要求高、浸出率不高等缺点。白银集团公司露天矿采用生物浸出技术，平行实验研究均取得了重大突破。目前，生物浸出采用 BioMetal SM-3 中等嗜热嗜酸菌，可在较短的时间内获得较高的铜浸出率：-15mm 粒级含 Cu 废石，浸出（柱浸）190 天，铜浸出率60.68%。铜官山铜矿采用矿坑水细菌培养基对采场的废矿石进行堆浸，经过 20 多天的浸出，Cu 的浸出率在 80% 以上。2000 年紫金矿业集团建成300t/a 电铜规模的铜矿石细菌堆浸—萃取—电积工业试验厂，用于紫金山低品位铜矿的开发利用。

1.4 铜矿选矿药剂

1.4.1 铜矿捕收剂

常用的硫化铜矿浮选捕收剂包括黄药、黑药和硫氨酯等。结合矿石性质，根据环境保护和资源综合利用等要求，还开发和应用了许多新型高效的捕收剂。

黄药是硫化铜矿浮选最主要的捕收剂，也可以与其他选择性捕收剂联合使用。黄药能很好地将硫化物（包括黄铁矿）无选择性地回收到硫化矿物混合精矿中。其中丁基黄药的表面活性大，乙基黄药选择性好，采用丁基黄药和乙基黄药混合捕收剂可获得高品位、高回收率的选矿技术指标。黑药类捕收剂是第二位重要的硫化矿物捕收剂。黑药对硫化矿物捕收能力相对较弱，浮选速度较慢，但是黑药对硫化铁矿物的选择性比黄药要好。硫氨酯（硫代氨基甲酸酯）是第三类重要的捕收剂，与黄药和黑药相比具有更高的选择性和稳定性，一般作为硫化铜矿物的弱捕收剂使用。硫氨酯已成为多金属硫化矿浮选时铜矿物、锌矿物的有效捕收剂。

其他常用的捕收剂有黄原酸甲酸酯、巯基苯并噻唑、硫醇或二硫化物、二硫代亚磷酸盐以及三硫代碳酸盐等。黄原酸甲酸酯可在酸性和中性矿浆中混合浮选硫化矿物；巯基苯并噻唑可在酸性介质中浮选含金矿石，或与其他捕收剂混用在中性介质中混合浮选硫化矿物；硫醇和二硫化物（硫醇反应产物）有时作为捕收剂的辅助剂，以增强矿物表面的疏水性；二硫代亚磷酸盐比黑药的捕收能力强，有时用它取代黄药，其选择性较好；三硫代碳酸盐的捕收能力比黄药强，在中性矿浆中它的用量比黄药低。

新型捕收剂的应用范围较窄，但是表现出卓越的性能，对 pH 不敏感，选择性高。新型黄药类捕收剂主要为 Y-89 系列，它们属于长碳链和带支链的黄药类捕收剂。它们是硫化铜矿石中铜和硫的强捕收剂，可提高硫化铜中伴生金的回收率，但它们的选择性较丁基黄药差，铜硫分离消耗的石灰量大，且铜精矿中 Cu 品位有所下降。新型黑药类捕收剂以二烷基单硫代磷酸盐和单硫代膦酸盐为代表。前者为真正的酸性流程捕收剂，而后者则在中性和弱碱性条件下才有效，均是硫化铜和金银矿物的有效捕收剂。新型硫醇类捕收剂为硫醇衍生物硫醚类捕收剂，其消除了低级硫醇的臭味，在冷水中能溶解，对铜矿物的选择性优于黄药，有工业应用前景。新型硫氮类有二硫代氨基甲酸-α-羰基丁酯及二硫代氨基甲酸-α-羰基乙酯，对铜的捕收能力较强，对黄铁矿及未活化的闪锌矿捕收能力弱，可用于铜硫浮选分离，浮选指标高于丁基黄药，也可减少石灰用量，取得很好的铜硫分离效果。新型硫氨酯以烯丙基硫代氨基甲酸异丁基酯（Aero5100）和乙氧基羰基硫代氨基甲酸异丁基酯（Aero5415）以及烷氧羰基硫脲为代表。用这些药剂与戊基黄药混用，对硫化铜等矿石进行浮选试验有较好指标。美国氰胺公司用黑药和 N-丙烯基-O-异丁基硫代氨基甲酸酯混合物浮选 Cu、Au、Ag 及铂族金属矿物，用二甲基、丙基、异丙基和二丁基的二硫代氨基甲酸酯浮选硫化铜矿石，也有应用芳酰基硫代氨基甲酸酯衍生物浮选硫化铜等硫化矿的报道。北京矿冶研究总院栾和林等研制的 PAC 系列捕收剂属于烯丙基硫氨酯类的硫化矿浮选药剂，能有效地捕收 Cu、Au、Pt 和 Pd 等矿物，对铜捕收力强，对硫捕收力弱，有利于铜硫分离。中南大学从硫化铜矿石中 Cu、Fe、Au、Ag 等元素和黄铜矿等铜矿物、黄铁矿等硫矿物的地球化学特性，以及黄铜矿和黄铁矿等矿物在碱性溶液中的表面特性出发，运用 Pearson 软硬酸碱理论和分子轨道理论，开发出新型硫化铜特效捕收 T-2K、Mac-12、Mac-10，可显著提高 Cu、Au、Ag 的回收率。

硫化铜矿石浮选捕收剂正向着提高捕收能力和选择性两个方面发展。铜硫矿石浮选捕收剂选择性的提高，有助于降低铜硫分离时石灰的用量，降低矿浆 pH 值，减弱 OH^-、Ca^{2+} 等对 Cu、Au、Ag 以及 S 的抑制作用。AP 捕收剂是一种高选择性捕收剂，流动性好、化学性质稳定，对硫化铜矿物具有良好的选择捕收能力，而对黄铁矿捕收能力弱，可以在部分优先浮选作业或快速浮选作业实现对单体解离的铜矿物早收，获得大部分高品位铜精矿，从而能提高最终铜精矿品位。新型复合浮选药剂 SK-9011 对 Cu、Pb 具有良好的捕收性，同时具有极好的选择性能，对多金属矿伴生 Au、Ag 的回收十分有效。新型捕收起泡剂 NXP-1 是硫化铜矿石有效的捕收剂兼起泡剂。在弱碱性条件下（pH 值为 8.5~9.5），优先浮铜取得了较好指标。烷基/烯丙基和乙氧羰基硫代氨基甲酸酯和乙氧羰基硫脲是铜的选择性捕收剂，在黄铜矿和被铜离子活化的闪锌矿与黄铁矿的浮选分离中具有良好的应用潜力，其捕收能力与乙基黄药相当，但选择性更好，它对黄铁矿的捕收能力较弱，特别是在中性 pH 值条件下更为明显。

硫化铜矿石捕收剂应用主要以基本常规药剂为主线，捕收剂研究强调高选择性。很多捕收剂兼有起泡性能，可降低或减少药剂用量。

1.4.2 铜矿活化剂

铜矿活化剂主要是指氧化铜矿的活化剂，常见的氧化铜矿活化剂分为无机活化剂和有机活化剂。

1.4.2.1 无机活化剂

无机活化剂主要是一些硫化剂和硫酸铵。氧化铜矿浮选的常用硫化剂有硫化钠、硫氢化钠、硫化氢等，其中最常用的是硫化钠。硫酸铵在氧化铜矿浮选中主要起促进硫化的活化作用。硫化剂的主要组分是 H^-、S^{2-}，这些离子可使氧化铜矿物表面生成类似硫化物表面的疏水膜，使其具有类似硫化矿的可浮性。但是，硫化剂过量后，会使被硫化好的矿物又受到抑制。因此，硫化浮选法的过程难以控制。为了防止或减轻硫化剂的抑制作用，在使用硫化剂时应严格控制硫化剂用量，通常采用分批加药的方式来控制浮选矿浆中硫化剂的浓度。硫酸铵在氧化铜矿浮选过程中表现为促进硫化的活化作用。具体作用在于加快化学反应的速率、提高硫化膜的密度和稳定性及增加捕收剂的吸附量、吸附稳定性，从而增强氧化铜矿物的疏水性。

1.4.2.2 有机活化剂

目前氧化铜矿浮选中的有机活化剂主要是一些有机螯合剂。有机螯合剂按其作用机理不同分为两大类。

第一类是与金属离子作用形成可溶性化合物的螯合剂，它对矿物的活化作用表现为表面溶解作用。常见的这类螯合剂有乙二胺磷酸盐、邻二氮菲、乙醇胺、三乙醇胺等。乙二胺磷酸盐对矿物表面具有较强的溶解作用，对孔雀石和硅孔雀石均具有活化作用，但由于氧化铜矿物表面的溶解性不同，因此具体活化过程不同。乙二胺磷酸盐对难溶性氧化铜矿物硅孔雀石的活化过程为：矿物经乙二胺磷酸盐作用微溶解后，吸附在矿物表面的金属离子螯合物和捕收剂在矿物表面形成较为致密的多层吸附，从而使矿物表面被活化；对易溶性矿物孔雀石的活化过程为：对矿物表面有较强的溶解作用，溶解产物易进入矿浆，若对矿浆进行脱水，可消除其不利影响，而溶解后产生的新鲜表面，亦能在矿物表面形成较为致密的多层吸附，使矿物表面被活化。邻二氮菲也对矿物表面有较强的溶解作用，但难溶性氧化铜矿物硅孔雀石经该药剂溶解后，吸附在矿物表面的金属离子螯合物不能和捕收剂在矿物表面形成较为致密的多层吸附，因此不能活化硅孔雀石等难溶氧化铜矿物。邻二氮菲可以成功活化易溶性矿物孔雀石，且活化过程与乙二胺磷酸盐相同。乙醇胺、三乙醇胺对矿物表面具有较弱的溶解作用，仅对孔雀石等易溶性矿物产生活化作用，其活化是使易溶性矿物弱溶解后产生一定的新鲜表面，能够使黄药在矿物表面的吸附量和强度明显增强。因此，选择这类与金属离子形成可溶物的螯合剂作氧化铜矿活化剂时，需考虑活化剂的溶解性及矿物表面的溶解性。

第二类是与金属离子作用形成难溶化合物的螯合剂，它对矿物的活化作用表现为初步疏水活化作用。研究和应用较多的这类有机螯合剂主要是一些亲铜螯合剂。按照螯合剂键合原子类型不同可分为 "S-S" 型螯合剂：二硫酚硫代二唑（D_2 药剂）、苯并三唑（简称 D_3 或 BTA）、二乙基二硫代氨基甲酸（DDTC）等；"O-O" 型螯合剂：铜铁试剂、α-亚硝基-β-萘酚等；"N-O" 型螯合剂：8-羟基喹啉（8-HQ）、邻氨基苯甲酸等；肟类化合物：钽试剂、羟肟酸、水杨氧肟、α-安息香肟活化剂等。这类螯合剂的键合因素、疏水性、分子结构等对氧化铜矿物孔雀石和硅孔雀石的活化效果为：钽试剂>羟肟酸>铜铁试剂>邻氨基苯甲酸等>α-安息香肟。这类螯合剂对难溶类矿物硅孔雀石的活化需要较大用量才能起作用，而且活化效果明显不如对易溶类矿物孔雀石的活化效果，其原因可能是在易溶矿物表面活化剂和捕收剂间的协同作用较难溶矿物表面差。因此，这类螯合剂主要用于活化以孔雀石、蓝铜矿为主的易溶类氧化铜矿石的浮选回收。

1.4.3 铜矿抑制剂

铜矿抑制剂通常指硫化矿抑制剂，可分为无机与有机抑制剂两大类。

1.4.3.1　无机抑制剂

A　硫化钠及其他可溶性硫化物

硫化钠和其他可溶性硫化物是有色金属氧化矿的活化剂，但用量过多时被活化的矿物又会被抑制。硫化矿物浮选时加入硫化钠，很多矿物受到抑制。研究表明，硫化矿物的抑制作用取决于硫化钠本身的浓度和介质的 pH 值，即主要和溶液中 HS^- 浓度有关。通常硫化钠的抑制作用在于 HS^- 在硫化矿和黄药阴离子间进行竞争，HS^- 浓度达到临界值时，矿物被抑制。硫化钠在矿浆中易氧化，浓度不易控制，对矿物的抑制往往带有时间性，故实践上很少采用单一的硫化钠作为硫化矿物的选择性抑制剂。目前硫化钠主要用于下述三种情况：（1）多金属硫化矿混合精矿的脱药；（2）铜钼分离时用于抑制黄铜矿及其他硫化物，用煤油浮选辉钼矿；（3）铜铅混合精矿的分离。

B　氰化物

氰化物是闪锌矿、黄铁矿和黄铜矿的有效抑制剂。过去广泛应用于铜锌、铅锌及铜铅锌多金属硫化矿石的浮选。近年由于环保，很多已放弃使用，仅极少数分离工艺复杂的尚在选矿厂使用。常用的有氰化钾（KCN）和氰化钠（NaCN）。氰化物毒性很强，易溶于水，其水解产物 HCN 易挥发，剧毒。在浮选过程中起抑制作用的是 CN^-。所以氰化物只能在碱性矿浆中使用，不仅能降低其耗量和毒性，并能增强抑制作用。氰化物对矿物的抑制作用可以归纳为如下几个方面：（1）消除矿浆中的活化离子，防止矿物被活化。（2）除去矿物表面活化离子，降低捕收剂的作用能力。（3）CN^- 吸附在矿物表面，增强矿物的亲水性，并阻止矿物表面与捕收剂作用。（4）溶解矿物表面的磺酸盐捕收剂薄膜。因氰化物有剧毒，保存、使用必须有严格的制度，尾矿水排放必须符合国家标准。

C　硫酸锌（$ZnSO_4 \cdot 7H_2O$）

硫酸锌是白色晶体，易溶于水，是闪锌矿的抑制剂，只有在碱性矿浆中才有抑制作用，矿浆 pH 值越高其抑制作用也就越强。硫酸锌在碱性矿浆中生成氢氧化锌 $Zn(OH)_2$ 胶体，一般认为硫酸锌的抑制作用主要是由于生成的氢氧化锌亲水胶粒吸附在闪锌矿表面，阻碍了矿物表面与捕收剂的作用。单独使用硫酸锌对闪锌矿的抑制作用较弱，通常与其他抑制剂配合使用。实践上硫酸锌常与氰化物联用，不仅可加强抑制作用，而且可节省氰化物用量。一般常用的氰化物与硫酸锌的用量比为 $1:2 \sim 1:10$。

近代无氰（不用氰化物）工业的发展，使硫酸锌与氰化物联合应用制度已很少采用，目前的应用主要有：（1）在碱性介质中单独应用硫酸锌；（2）硫酸锌与碳酸钠合用；（3）硫酸锌与亚硫酸合用作为闪锌矿与黄铁矿的抑制剂。

D　二氧化硫、亚硫酸及其盐类

这类药剂包括二氧化硫气体（SO_2）、亚硫酸（H_2SO_3）、亚硫酸钠（Na_2SO_3）和硫代硫酸钠（NaS_2O_3），主要作为闪锌矿和硫化铁的抑制剂。用这类药剂代替氰化物也是目前研究的重要课题。由于这类药剂无毒，不溶解金等贵金属，所以应用日益广泛。目前主要应用于以下几种情况：

（1）铅-锌分离：二氧化硫或亚硫酸和石灰、硫酸锌配合，抑制闪锌矿，浮选方铅矿；（2）锌-硫分离：用亚硫酸盐抑制硫化铁，活化闪锌矿，进行锌-硫分离；（3）铜-铅分离：但铜-铅混合精矿的分离通常是一个困难的问题；（4）铜-锌分离：用亚硫酸或其盐抑制闪锌矿，浮选铜矿物应用广泛。为提高对闪锌矿的抑制，常配合少量氰化物或硫酸锌，使用时注意用量：量少抑制作用不充分，量多又会抑制方铅矿与黄铜矿。因 SO_3^{2-} 或 $S_2O_3^{2-}$ 会氧化生成 SO_4^{2-} 而失效，一般采用分段加药。亚硫酸法对于一般不含或少含次生铜矿物的多金属铜-锌或铅-锌矿石的分离是一种有前途的方法。

E　重铬酸盐

重铬酸钾 K_2CrO_7 或重铬酸钠 Na_2CrO_7 是方铅矿的有效抑制剂，对黄铁矿也有抑制作用。在多金属硫化矿浮选中，重铬酸盐主要用于铜-铅混合精矿分离时抑铅浮铜。例如重铬酸盐在弱碱性矿浆中生成铬酸离子，铬酸离子化学吸附在方铅矿表面生成难溶而亲水的铬酸铅薄膜，使方铅矿受到抑制。重铬酸盐或铬酸盐都是强氧化剂，为促使方铅矿表面的氧化，要进行较长时间搅拌（30~60min），由于铬盐对环境的污染，目前已限制使用。

1.4.3.2　有机抑制剂

A　小分子量有机抑制剂类

按照分子结构特点，可以分为各种有机羧酸、羟基酸类：

（1）草酸。草酸常用做各种硅酸盐的抑制剂，常在稀有金属矿的分离，如稀土矿、钽铌矿、独居石、锡石等浮选时应用。据报道，草酸钠抑制高岭石。

（2）琥珀酸。应用与草酸大致相同。

（3）乳酸。在选矿中，乳酸用做各种硅酸盐矿物的抑制剂，如云母、石英等。

（4）柠檬酸。浮选用柠檬酸抑制硅酸盐矿物，如云母、长石、石英以及碳酸盐矿物、重晶石、高岭石和一水硬铝石等矿物。

（5）焦性没食子酸。在用油酸作捕收剂浮选分离萤石和方解石时，用它抑制方解石而浮出萤石。使用焦性没食子酸作抑制剂，据称能有效地抑制赤铁矿而不影响锡石浮选。

（6）巯基乙酸（$HSCH_2COOH$）。巯基乙酸作抑制剂，在 pH 为 10.5 可以有效地实现黄铜矿和闪锌矿浮选分离。

（7）氨基酸类及苯胺类。比较著名的有乙二胺四乙酸盐，及其他胺羧络合剂，用做浮选过程的抑制剂，可提高硫化矿及非硫化矿浮选时的选择性，消除矿浆中难免离子对浮选的干扰。

苯胺类有机物质用做抑制剂，做脉石、矿泥及碳质矿物的抑制剂。二乙烯三胺（DETA）和三乙烯四胺（TETA）是一种很强的螯合剂，这种多胺能在矿浆中控制金属离子的浓度。当进行镍黄铁矿和磁黄铁矿浮选分离时，如有这种多胺存在，黄药对磁黄铁矿的吸附会大量减少，使磁黄铁矿受到抑制。将这种多胺与具有协同效应的抑制剂 SO_2 + SMBS（$Na_2S_2O_5$）配合使用，镍黄铁矿与磁黄铁矿浮选分离效果更好。

（8）各种含 S 有机抑制剂。二硫代碳酸乙酸二钠盐（$NaSSCOCH_2COONa$），用于抑制硫化铅，铜矿。

二甲基二硫代氨基甲酸酯（DMDC）具有双重作用的药剂，在某种程度上可抑制闪锌矿和硫化铁矿，还是方铅矿和银矿物的活化剂，与氰化物在实验室和工业试验中都具有较高的银回收率，并减少污染，提供了安全的环境。

羟基烷基二硫代氨基甲酸盐用于铜钼混合精矿的分离浮选，在碱性矿浆中抑制黄铜矿和黄铁矿浮选辉钼矿。据报道，多羟基黄原酸根可以与黄铁矿、白铁矿以及有机硫化物等脉石表面发生反应，生成表面亲水膜，使脉石受到抑制。

一些多极性基的有机抑制剂，实际上属于络合剂，其中胺羧络合剂是典型螯合剂，其他类型的络合剂用做抑制剂的也有报道，例如水杨酸（盐）、磺基水杨酸（盐）、及茜素红。水杨酸铵可用做油酸浮选钽铌铁矿时长石的抑制剂；当用阳离子胺类捕收剂浮选含锂辉石和钽铌铁矿时，可用磺基水杨酸及茜素红抑制有用矿物，实现长石的反浮选。

B 栲胶（单宁类）

单宁类抑制剂，主要用于萤石的浮选、白钨矿浮选、磷灰石浮选等，抑制方解石等脉石矿物，也是含钙、镁矿物的有效抑制剂，可提高精矿品位；在硫化矿浮选中，有时也使用。关于单宁抑制方解石的机理，一种观点：单宁酸借助于羧基吸附在方解石表面，羟基向外，同水分子借氢键力而形成水膜；另一种观点：单宁酸借助于酚基离子以物理或化学吸附方式固着在方解石表面。

栲胶的一个重要的用途是作为赤铁矿的抑制剂，应用于阴离子捕收剂反浮选过程中，在 pH 值为 8~11 范围内，对铁矿能有效抑制，pH 值为 12 以上时失去抑制作用。研究表明，栲胶的作用机理首先是以化学吸附、氢键力及双电层静电力等方式与矿物表面作用，在矿物表面与捕收剂发生强烈的竞争吸附，或使捕收剂从矿物表面解析；其次吸附于矿物表面的栲胶有强的亲水性，因为单宁酸类分子含有大量的—OH 和—COOH 基团，可使矿物表面亲水。

C 木质素类

木素经过磺化、硫化、氯化、碱处理等加工，可以得到水溶性的磺化木素、氯化木素、碱木素等各种加工产品：

（1）木素类抑制剂，主要用于硅酸盐矿物、稀土矿物等。在从伟晶岩中浮选云母时，用脂肪类捕收剂，采用磺化木素做抑制剂取得一定的效果；可从含 10.63% 的 TR_2O_3 的产品得到含稀土氧化物品位 30%~60% 的富精矿。

（2）木素磺酸盐也用作铁矿物的抑制剂，用于阴离子捕收剂石英反浮选流程中；在细粒铁矿预先分散脱泥时，木素磺酸盐被用作分散剂，与水玻璃共用，有一定的效果。

（3）木素磺酸盐还被用作辉铜矿的抑制剂，用于铜-钼分选及钼粗精矿的反浮选精选。在特温比尤特选矿厂铜钼混合精矿用硫化钠抑铜浮钼，由于钼精矿中含有云母、滑石等天然可浮性好的脉石矿物，采用木素磺酸盐抑制辉钼矿反浮选脉石，使得含 Mo 30%~36% 的粗精矿经过反浮选得到含 Mo 45% 的精矿，Mo 总回收率仍达 91%。

此外，木素磺酸盐在浮选钾盐矿时，可作为脱泥剂，脱除不溶解的矿泥。

D 腐植酸类

腐植酸可做选择性絮凝剂，也可以做抑制剂用于浮选中。具体有：

（1）用做铁矿石的抑制剂。铁坑铁矿石属矽卡岩型褐铁矿和高硅型褐铁矿，金属矿物除褐铁矿外，有少量的赤铁矿和碳酸铁，非金属矿物主要为石英，其次有少量的黏土、石榴子石、绿泥石、磷灰石等。腐植酸钠做铁矿物的抑制剂，塔尔油为石英的捕收剂。经过一粗一精一扫，可获得品位 50.29%~52.24%，回收率 88.52%~83.48% 的铁精矿。

（2）用于抑硫浮选。陈建华、刘建国等以德兴铜矿矿石为研究对象，采用以腐殖酸钠为主的有机抑制剂 CTP 实现了铜硫浮选分离。

黄腐酸：腐殖物质用碱提取，可溶部分用酸处理，沉淀部分为腐植酸，不沉淀部分为黄腐酸。用丁黄药作捕收剂，黄腐酸作抑制剂，浮选分离黄铜矿与毒砂，取得了良好效果。当给矿含 Cu 2.83%、含 As 26.78%和含 Ag 411.3g/t 时，获得含 Cu 22.5%、含 Ag 2987g/t，Cu 回收率为 92.6%的铜精矿，且铜精矿中含 As 降至 0.73%的水平；采用石灰和黄腐酸混合的方法，浮选分离铜镍混合精矿，也取得良好效果。

E　纤维素类

纤维素不溶于水，但经过化学加工，纤维素得到改性成为水溶性的纤维衍生物，比较重要的有羧甲基纤维素（CMC）、羟乙基纤维素等：

（1）羧甲基纤维素（CMC，1 号纤维素）：先用纤维素和固体氢氧化钠作用，在 40~60℃下，用一氯乙酸进行醚化，最后将醚化产物中和、洗涤、干燥得到羧甲基纤维素。据研究认为，醚化度高则水溶性好，抑制能力强，醚化度在 0.45 以上即可满足浮选抑制剂的要求。

我国早于 1965 年就开始研究羧甲基纤维素的抑制作用，并成功地应用于浮选工业，取得了显著的效果。抑制锌矿物分离铜铅精矿、铜铅混合精矿含 Pb>60%、含 Cu>3%，均以硫化矿为主，浮铜铅后的尾矿浮锌。采用相同的选矿流程抑铅浮铜，结果表明，用重铬酸钾所得指标与用羧甲基纤维素指标接近。羧甲基纤维素是辉石、角闪石、蛇纹石、绿泥石、碳质页岩及其他含钙、镁矿物的抑制剂，对提高镍精矿、铜精矿品位都产生良好效果。

羧甲基纤维素的抑制机理经过研究，认为是羧甲基纤维素的羧基阴离子与矿物晶格表面的阳离子发生静电吸引，羧甲基纤维素分子中的羟基与水通过氢键而形成水膜，从而起到抑制作用。还有人认为，羧甲基纤维素在水介质中不完全电离成为羧甲基纤维素阴离子，是呈分子胶絮状态，这种胶束是带负电的，容易与带正电的矿物发生静电吸引，因而矿物被吸附到胶束而受到抑制。

（2）羟乙基纤维素（3 号纤维素）：学名为 α-羟基乙基纤维素，作抑制剂使用没有羧甲基纤维素广泛。在浮选过程中有起泡现象，羟乙基含量在 6%~7%之间选矿效果最好，在 5%以下的选矿效果较差。羟乙基纤维素能有效地抑制闪石类的脉石矿物，对绿泥石和云母类脉石矿物也有显著的抑制效果。如含钴黄铁矿的浮选实验，其主要脉石为绿泥石、角闪石、变质长石，进行钴黄铁矿浮选实践结果表明，处理该矿石，羟乙基纤维素比水玻璃和氟硅酸钠的抑制效果好。

（3）其他纤维素衍生物抑制剂：硫酸纤维素酯是纤维素分子中的醇基被酸式硫酸根取代而成。化工厂生产的硫酸纤维素酯的钠盐称 T2-6，冶山铁矿在浮选铜时，原用羧甲基纤维素做抑制剂，后改用 T2-6，浮选指标得到改进。使用羧甲基纤维素时，铜精矿含 Cu 品位为 29.56%，含 MgO 2.92%，Cu 回收率为 76.13%；使用 T2-6 的铜精矿含 Cu 品位为 31.14%，含 MgO 3.33%，Cu 回收率为 80.97%。

F　树胶类

树胶与淀粉、纤维素都是从天然植物提取的主要含聚糖的高分子物质。树胶醚化物，主要用做硅酸盐脉石，特别是滑石、云母、蛇纹石、绿泥石等脉石矿泥的抑制剂，在硫化镍矿，其他有色硫化矿及钾盐、硼盐等非硫化矿浮选过程中也有使用；也可用做絮凝剂，选择性絮凝铁矿。

1.4.4 铜矿 pH 值调整剂

常用的铜矿调整剂有水玻璃、各种聚偏磷酸盐、羧甲基纤维素钠、苏打（碳酸钠）、苛性钠（氢氧化钠）、石灰等。

水玻璃是一种无机胶体，是浮选硫化矿的一种调整剂，主要用以抑制石英、硅酸盐等脉石矿物。六偏磷酸钠是方解石、石灰石的有效抑制剂，在铜矿浮选过程中，添加六偏磷酸钠作为脉石矿物的抑制剂和矿泥的分散剂。

石灰是浮选中常用的 pH 值调整剂，是黄铁矿的抑制剂。在铜硫分离过程中，石灰一方面可以调节 pH 值至碱性，在碱性条件下，黄铁矿的可浮性下降；另一方面石灰在矿物表面生成氢氧化亚铁和氢氧化铁亲水薄膜，可以有效抑制黄铁矿的浮选，从而实现抑制黄铁矿的目标，有利于铜硫分离。

1.4.5 铜矿起泡剂

矿山浮选用起泡剂主要以松醇油为主，其他可供选择的品种较少。近年来人工合成起泡剂已有取代天然起泡剂的趋势，并具有一定的优势，主要是高级醇、醚及醚醇化合物。人工合成起泡剂的性能优于天然起泡剂，来源稳定，生产量大，浮选效率高并且价格低。这些新型起泡剂在矿山企业正得到推广应用。

1.4.5.1 730 系列起泡剂

730 系列起泡剂是由昆明冶研新材料股份有限公司研制开发的。730 系列产品的组分主要有 α，α，4-三甲基-3-环己烯-1-甲醇、1，3，3-三甲基双环庚-2-醇、樟脑、C6-8 醇、醚、酮等。根据矿石性质，通过调整起泡剂中各组分的比例，来调整起泡剂的起泡能力、起泡速度和泡沫黏度，形成不同的起泡剂产品。

730 系列起泡剂原料来源广泛，气味比松醇油小，价格比松醇油低，符合价廉、低毒、原料来源广、气味小、使用效果好等作为优良浮选药剂的基本条件。如系列中新型起泡剂 730A 可提高铜、锡和锌的回收率，并提高铅精矿产率。在个旧某重选—浮选矿厂进行试验的结果表明，在相同的用量下，730A 与松醇油相比，精矿品位提高 0.51%，而 Cu 回收率提高 3.98%。另一工业应用试验在易门某浮选矿厂进行，试验结果表明，使用 730A 不仅提高了 Cu 精矿品位和回收率，而且起泡剂用量也由 53.49g/t 降为 35.28g/t。730E 起泡剂在高氧化、高结合铜矿石和碳质板岩铜矿时使用，与使用松醇油相比，可提高 Cu 回收率 1%~3%，铜精矿品位略有提高；在金矿石浮选中使用，能完全代替松醇油，用量降低 30% 以上。

1.4.5.2 醇类起泡剂

醇的化学通式为 R-OH，当 R 为脂肪族烃基时均属脂肪醇类，其 R 基碳链 C4~C10 的脂肪醇部分溶于水，可明显降低水的表面张力，使气泡稳定，所以可作为浮选起泡剂。已经试验研究过或已应用于生产实践的醇类起泡剂有 C5~C7 和 C7~C9 脂肪族混合醇、甲基异丁基甲醇（MIBC）和仲辛醇等。C5~C7 的称混合六碳醇，C7~C9 的称混合八碳醇。它们的合成原料多采用轻烯烃（$R-CH=CH_2$），经硫酸水合法合成。

OΦC 起泡剂是废杂醇油氧化得到的醇类起泡剂，它的起泡性能强，泡沫稳定性差，形成的泡沫脆。OΦC 起泡剂在铅铜矿石铅铜浮选回路中应用，铅精矿中 Pb 和 Ag 回收率保持不变，Cu 和 Au 回收率分别提高 1.3% 和 4.5%。OΦC 起泡剂在铜锌矿石铜浮选回路中应用，所获得的铜精矿中 Cu 和 Ag 回收率保持不变，Au 的回收率提高 3.8%。

145 混合醇是以来源较广的石油化工副产品制成，是以 C5~C7 直链 α2 烯烃为原料经硫酸加成后水解而成的 C5~C7 醇的混合物，其平均碳原子数与 MIBC（甲基异丁基甲醇）相近。145 混合醇为淡黄色油状液体，微溶于水，性质稳定，不含悬浮物或机械杂质。醇含量 70% 左右，密度为 0.82g/m³。该起泡剂化学结构是直链（支链）仲醇化合物，容易生物降解。铜录山铜矿的小型浮选试验和工业试验表明，在该厂氧化铜浮选系统使用，铜精矿含 Cu 品位提高了 0.224%，回收率提高了 3.83%，药剂消耗减少了 23.97%；在硫化矿浮选系统中使用，铜精矿含 Cu 品位提高了 1.06%，回收率提高了 1.19%，药剂耗量降低了 19%。

MPA 是中国科学院大连化物所利用合成甲氰菊酯的副产品混合六碳烯烃，经水合制取的混合六碳醇-MPA 浮选起泡剂。在金矿、铜矿、铅锌矿、滑石矿等的浮选中应用，起泡性能好，与 MIBC 相当，好于 2 号油，且对环境污染小，经济效益明显。MPA 是带有特殊醇香味的淡黄色液体，微溶于水，并可与有机溶剂混溶。长沙矿冶研究院对 MPA 起泡剂用于铜录山铜矿选铜进行试验，发现 MPA 起泡剂代替 2 号油效果显著，用量比 2 号油少 20g/t，而所得铜精矿含 Cu 品位提高 6.5%，回收率提高 6.2%，与此同时还能降低其他药剂用量，1 号药剂减少 1kg/t，2 号药剂减少 200g/t。德兴铜矿石中主要铜矿物为黄铜矿，主要脉石为石英，磨矿粒度-200 目 76%，采用两次粗选一次精选，结果表明：MPA 起泡剂与 2 号油相比，铜精矿产率提高 0.4%，含 Cu 品位提高 1%，回收率提高 0.4%。

甲基异丁基甲醇，简称 MIBC，是一种高效的合成脂肪醇类起泡剂，是无色透明液体，略具香味，其特点是纯度高、组分单一、毒性低、起泡能力强、用量少（一般情况下，用量仅为松节油或 2 号油用量的 1/2~1/3）、选择性好、适应性强。与大多数普通有机溶剂互溶，20℃溶解度 1.7%，微溶于水，密度 0.813g/cm³，化学性质稳定。使用 MIBC，能够形成大小均匀、光滑清爽的气泡，从而降低泡沫的夹杂程度，有利于提高产品的精矿品位。MIRC 是有色金属和非金属矿的优良起泡剂，主要用于有色金属氧化矿或含泥量大的细粒级硫化矿分离时的起泡剂，也可作为煤泥浮选时的起泡剂。在世界各地铅锌矿、铜钼矿和铜 Au 矿选矿中广泛应用，对提高精矿质量特别有效。

辽宁铁岭选矿药剂厂开发的起泡剂矿友-321，其主要成分是复合醇类，密度为 0.935~0.95g/cm³。在红透山铜矿的应用研究表明，铜精矿含 Cu 品位降低了 0.897%，但回收率提高了 1.26%，所得技术指标与使用松醇油时基本一致。试验中还发现，矿友-321 起泡性能良好，泡沫层稳定，黏度略高于松醇油，用量与松醇油基本相当。在获各琦铜矿的应用结果表明，该起泡剂各项性能优于松醇油，工业试验精矿含 Cu 品位提高至 14.52%，回收率为 69.82%。矿友-322 是继矿友-321 之后推出的又一新型起泡剂，矿友-322 是以石油化工产品为主要原料研制开发的新型起泡剂，外观为红棕色油状液体，密度 0.936~0.94g/cm³，冬季流动性好，泡沫大小适中，黏度略大，泡沫层稳定，是选硫和金的优良起泡剂。红透山铜矿选矿厂使用新型起泡剂矿友-322，起泡剂用量平均减少 9.84g/t，Cu 回收率平均提高了 1.65%。

1.4.5.3 醚醇类起泡剂

醚醇属于人工合成的起泡剂，是由环氧丙烷以氢氧化钠为催化剂与醇类进行反应制得。根据合成原料所用的醇类区别，又分为乙基醚醇、丁基醚醇、仲丁基醚醇、异丁基醚醇和混丁基醚醇等。一般用量为松醇油的1/3~2/3，能辅助强化Au、Ag等贵金属的综合回收。株洲选矿药剂厂生产的价格较低的丁基醚醇起泡剂，醚醇产品为淡黄色油状透明液体，具有流动性好、易溶于水、稳定性好、不易燃不腐蚀、略带醇香气味和毒性低等优点，泡沫结构致密，不黏，消泡较快，气泡量大细小均匀，药剂用量小等，是一类很好的起泡剂。

1.4.5.4 其他合成起泡剂

合成起泡剂还有醋类、醚类、磺酸类和松醇油等。如北京矿冶研究总院生产的BK-201、BK-204起泡剂、沈阳有色金属研究院生产的11号油起泡剂、湖北桃花选矿药剂厂生产的RB系列起泡剂和株洲选矿药剂厂生产的4号油起泡剂等。BK系列起泡剂主要成分是高级脂肪醇，是一种具有轻微香气的淡棕色液体，具有与松醇油同等的起泡性能。使用中证实了该药剂发泡力强、泡沫大小均匀、发泡速度快的特点。在多种矿石浮选中应用都得到较好结果。在处理易门小木奔选矿厂硫化铜矿和狮子山西部铜矿石浮选试验中，获得了精矿品位分别为26.15%和28.45%，回收率分别为88.43%和87.15%的浮选指标。

昆明冶金研究所根据云南省原料情况研制的新型起泡剂P-8201，具有原料来源较为丰富、经济、起泡性能和松醇油相同的特点。P-8201采用林业化工食用香料下脚为原料制得，其原料组分主要有莰烯和蒎烯两种，分子式为$C_{10}H_{10}$。呈乳黄色油状液体，气味较小，不溶于水，密度0.907g/cm³。在同一条件下，起泡性能与松醇油相似或稍好，但泡沫稍脆。P-8201与松醇油比较，用药量相同，为52g/t，精矿品位相同，为29.18%；选矿回收率使用松醇油时为87.79%，使用P-8201为88.40%，比松醇油高0.61%。

12号油是一种采用化工原料人工合成的起泡剂，原材料来源广泛，该起泡剂起泡能力较强，其性能略优于或相当于松醇油，但价格仅为松醇油的2/3~3/4倍。

在铜钼矿石浮选中应用ФРИМ型亲脂性高的起泡剂既可代替选择性高的MIBC起泡剂，也可与主捕收剂和主起泡剂混合应用，提高精矿回收率和品位，减少捕收剂和起泡剂的用量。ФРИМ-8c、ФРИМ-9c和ФРИМ-9c-1起泡剂的价格只为MIBC起泡剂的30%，用ФРИМ-10c-1起泡剂获得的精矿中Cu和Mo回收率较高；而且Cu品位也较高；同时，与标准试验相比，主捕收剂和MIBC起泡剂的用量降低了。

1.5 铜矿共生资源综合回收

铜矿易与其他多金属共伴生，常见有铜铅锌、铜镍、铜钼、铜金银等共伴生。下面介绍这些铜矿共生资源的综合回收方法与技术。

1.5.1 铜共生铅锌矿综合回收

1.5.1.1 铜铅混合浮选—铜铅分离—尾矿选锌

铜共生铅锌矿的经典浮选工艺流程为：铜铅混合浮选—铜铅分离—尾矿选锌，其选矿工艺流程如图1-17所示。

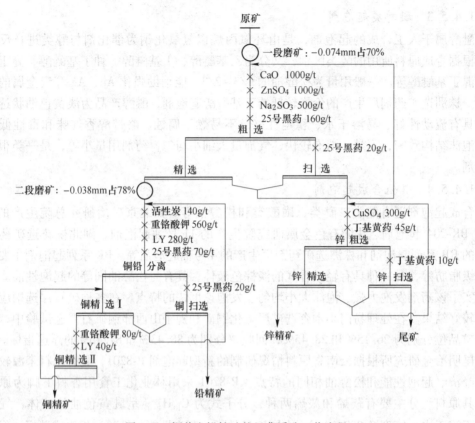

图 1-17 铜共生铅锌矿的经典浮选工艺流程

某铜铅锌多金属硫化矿中有用矿物种类多、结构构造复杂、嵌布粒度细、分选难度极大。针对该矿石特点，采用铜铅混合浮选—铜铅分离—尾矿选锌的工艺流程，在原矿含 Cu 0.20%、Pb 0.78%、Zn 1.64%、Au 1.60g/t、Ag 65g/t 的条件下，最终可获得含 Cu 20.12%、Cu 回收率 72.32%，含 Au 79.27g/t、Au 回收率40.61%，含 Ag 3488.93g/t、Ag 回收率为 41.73% 的铜精矿，以及含 Pb 50.26%、Pb 回收率 86.69%，含 Au 28.46g/t、Au 回收率 27.29%，含 Ag 1720.75g/t、Ag 回收率为 38.53% 的铅精矿和含 Zn 51.20%、回收率为 83.64% 的锌精矿。

某铜多金属矿含 Cu 0.54%、Pb 1.75%、Zn 10.44%，嵌布粒度细，互相交代关系复杂，在浮选分离过程中互含严重，且矿石中存在大量的长石、白云石等易浮脉石，磨矿过程中极易泥化，恶化浮选环境，因此难以获得合格的产品。针对该矿石的特征，在铜铅优先混合浮选—铜铅分离—铜铅浮选尾矿选锌的原则工艺流程基础上，采用选择性药剂 BKW 和 BKN 组合，作为铜铅优先浮选的捕收剂，铜铅混合精选时采用组合抑制剂 BKFN 和 BKFA 强化对含锌矿物及脉石矿物的抑制，铜铅分离采用新型抑制剂 BK503 抑铜浮铅，分别获得较好的铜、铅、锌产品。实验室小型闭路试验结果为铜精矿含 Cu 18.12%、Cu 回收率为 60.66%，铅精矿含 Pb 48.27%、Pb 回收率为 68.95%，锌精矿含 Zn 48.76%、Zn 回收率为 91.10%。

西藏某铜铅锌多金属矿，采用铜铅混选再分离—锌浮选工艺，闭路试验获得了含

Cu 26.40%、回收率为 83.75% 的铜精矿，含 Pb 65.42%、回收率 89.50% 的铅精矿，含 Zn 54.65%、回收率为 63.01% 的锌精矿；Au 在铜精矿和铅精矿中的总回收率为 56.06%；Ag 在铜精矿和铅精矿中的总回收率为 62.05%。试验采用无毒无污染铜铅分离抑制剂 BK556，为高原生态脆弱地区矿产开发提供了新途径。

1.5.1.2 铜铅混合浮选—粗精矿再磨—铜铅分离—混浮尾矿选锌

廖德华等对某铜铅锌多金属硫化矿铜、铅分离效果较差且铜、铅矿物嵌布粒度较细，分离困难的问题进行了研究，结果表明：（1）铜铅混浮粗精矿需再磨才能使黄铜矿、方铅矿充分单体解离；（2）采用重铬酸钾+LY 组合抑制剂抑铅浮铜，有效解决了铜、铅浮选分离困难的问题；（3）原矿经磨矿（-0.074mm 占 70%）——粗一精一扫铜铅混合浮选—混浮粗精矿再磨（-0.038mm 占 78%）——粗两精一扫铜、铅分离浮选-混浮尾矿—粗一精一扫选锌全流程闭路试验选别，可得到铜精矿含 Cu 品位 17.15%、回收率为 89.12%，铅精矿含 Pb 品位 49.84%、回收率为 90.32%，锌精矿含 Zn 品位 56.83%、回收率为 76.52% 的良好指标。

1.5.1.3 铜铅锌优先浮选工艺

云南某铜铅锌多金属矿石 Cu、Pb、Zn 含量分别为 1.08%、1.51% 和 2.36%，当磨细至 -0.075mm 占 72.50% 时，以硫酸锌+EMT-12 为抑制剂、EMS-602 为捕收剂经一粗三精一扫优先选铜，选铜尾矿以石灰为调整剂、硫酸锌+EMT-12 为抑制剂、EMS-001 为捕收剂经一粗三精一扫选铅，选铅尾矿以硫酸铜为活化剂、丁基黄药+乙基黄药为捕收剂经一粗三精一扫选锌、选锌尾矿以 EMH104+硫酸铜为活化剂、丁基黄药为捕收剂经一粗一扫选硫，可以得到含 Cu 品位为 20.33%、回收率为 86.29% 的铜精矿，含 Pb 品位 55.68%、回收率为 84.35% 的铅精矿，含 Zn 品位 46.83%、回收率为 86.97% 的锌精矿，含 S 品位为 38.96%、回收率为 71.92% 的硫精矿，达到了 Cu、Pb、Zn、S 综合回收的目的。

辽宁某铜铅锌多金属硫化矿石，其有用矿物嵌布关系复杂，嵌布粒度粗细不均。采用一次磨矿、电位调控优先浮选工艺对 Cu、Pb、Zn 的选矿工艺条件进行了试验研究。结果表明，在电位约 -35mV、pH=9.1 情况下，以 SN-9 号+苯胺黑药为捕收剂、Na_2SiO_3+$ZnSO_4$+CMC 为铅锌及脉石矿物的抑制剂优先选铜，接着在电位为 -225.6mV、pH=11.4 情况下，仍以 SN-9 号+苯胺黑药为捕收剂浮选铅，最后以 $CuSO_4$ 为活化剂、乙基黄药为捕收剂选锌，最终获得了 Cu 品位 23.68%、回收率 85.61 的铜精矿，Pb 品位 51.26%、回收率为 70.68% 的铅精矿，Zn 品位 52.13%、回收率为 82.13% 的锌精矿。

江西省七宝山铅锌矿，含 Cu 0.27%、含 Pb 2.07%、含 Zn 3.80%，矿石矿物组成复杂，脉石矿物种类繁多，同时铜铅锌嵌布特征复杂，嵌布粒度极不均匀，单体解离差，并且铅锌矿物都存在不同程度的氧化，本质上属低品位铜铅锌多金硫化矿石类型。在"铜-铅-锌优先浮选"为主体流程的情况下，采用铅粗精矿再磨工艺方案，并以铜高效捕收剂 LP-01 为铜矿物捕收剂，LP-11 为铅矿物捕收剂，硫酸锌+亚硫酸钠为锌矿物抑制剂，丁基黄药为锌矿物捕收剂，$CuSO_4$ 为锌矿物活化剂，获得含 Cu 19.84%、回收率为 60.25% 的铜精矿，含 Pb 72.34%、回收率为 73.04% 的铅精矿，含 Zn 50.55%、回收率为 88.46% 的锌精矿，实现了 Cu、Pb、Zn 的浮选分离。

1.5.1.4　铜铅锌混合浮选—铜铅部分混合浮选—铜铅分离

福建某铜铅锌多金属硫化矿难选矿石，各金属矿物交代现象频繁，嵌布关系复杂。采用 "铜铅锌全混合浮选—铜铅部分混合浮选—铜铅分离" 的工艺，以氧化钙和碳酸钠抑制硫化铁矿物，硫化钠和硫酸锌抑制闪锌矿，$FeSO_4 + Na_2S_2O_3 + CMC + Na_2SiO_3$ 的组合抑制方铅矿，有效实现了 Cu、Pb、Zn、硫化矿的分离。闭路流程可得含 Cu 品位为 22.53%、回收率为 87.23% 的铜精矿，含 Pb 品位为 48.62%、回收率为 93.00% 的铅精矿，含 Zn 品位为 46.38%、回收率为 91.91% 的锌精矿。

根据西藏某富银难选铜铅锌矿石中硫化矿物共生关系密切、嵌布粒度细且不均匀、相互包裹严重，采用铜铅锌混浮—精矿再磨—铜铅混浮—铜铅分离的浮选流程进行了选矿试验。通过条件试验，确定了矿石最佳磨矿细度和浮选药剂制度。在此基础上进行了闭路试验，最终获得含 Cu 品位为 14.48%、回收率为 59.72% 的铜精矿；含 Pb 品位为 53.74%、回收率为 88.78% 的铅精矿；含 Zn 品位为 57.18%、回收率为 84.57% 的锌精矿。同时铜精矿中 Au 品位为 73.30g/t、Au 回收率为 41.47%，Ag 品位为 12507g/t、Ag 回收率为 83.12%。矿石中 Cu、Pb、Zn、Au、Ag 等有价元素都得到有效的回收。

1.5.2　铜伴生金银矿综合回收

铜伴生金银矿综合回收途径主要是将金、银等贵金属尽量富集在铜精矿中。其特点是铜的回收率越高，金、银回收率就越高；铜的品位越高，金、银品位往往也越高。因此提高铜的选别指标意义重大。常用的浮选工艺流程如图 1-18 所示。

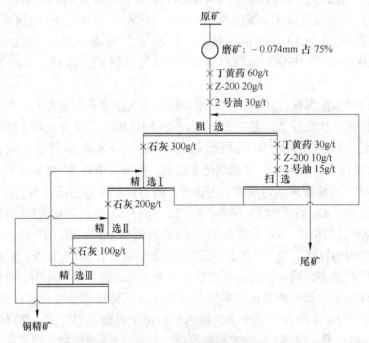

图 1-18　铜伴生金银综合回收工艺流程

武山铜矿伴生金银赋存情况复杂，嵌布粒度细，一般 Au 回收率为 32%~43%，Ag 回收率为 50%~65%。采用铜硫混合浮选—再磨—铜硫分离流程，应用 PN4055 捕收起泡剂与 ZY-111 黄药搭配优先浮选硫化铜矿石取得良好指标；对比现场药方，在提高精矿含 Cu 品位的同时，Cu 回收率提高 1.176%，伴生 Au 回收率提高 7.27%，Ag 回收率提高 6.47%，降低选矿药剂成本 0.0274 元/t 原矿，具有显著的经济效益和社会效益。

针对大红山铜矿伴生金银浮选回收率较低的问题，在工艺矿物学研究基础上，以 Y89+ CSU-A 为捕收剂，CTP-1 为调整剂，采用中矿分级再磨新工艺流程处理该矿石，Au 回收率提高了 16.4%，Ag 回收率提高了 10.71%。

钟宏等研究了新型捕收剂的作用机理，认为 T-2K 捕收剂与黄铜矿形成正配键和反馈键的能力很强，而与黄铁矿的作用弱。工业试验结果表明，T-2K 捕收剂对硫化铜矿物具有优异的捕收能力和选择性，能在弱碱性介质中实现铜的优先浮选，克服了黄药混浮工艺铜硫分离时高碱对部分 Cu、Au、Ag 的抑制。与黄药混浮工艺相比，T-2K 全优先浮选工艺使铜精矿品位提高 0.42%，Cu 回收率提高 2.54%；硫精矿品位提高 1.37%，S 回收率提高 4.17%；铜精矿中 Au、Ag 回收率也分别提高 3.73% 和 5.73%。

庄涛针对某铜金银矿比较了三种工艺流程，第一种重选+浮选流程试验及全浮选流程试验，取得了较好的试验结果，但 Cu 和 Ag 的品位偏低，全浮选流程的试验指标稍好于重选+浮选流程。第二种选矿试验工艺流程更为合理，精矿中 Cu、Au、Ag 的品位较高，但 Au、Ag 的回收率偏低。第三种选矿试验确定了合理的药剂用量，丁黄药为 65g /t，起泡剂 T-92 为 100g /t。通过对三种试验结果的综合比较，确定某铜金矿的选别工艺选择二段磨矿+一粗两精一扫的浮选工艺流程。

焦江涛等采用 Y89 黄药为捕收剂强化新疆阿舍勒铜矿中铜及伴生金银的回收，取得了较好指标，Au 品位提高 0.11%，Ag 品位提高 4.07%，Au、Ag 回收率分别提高 6.91% 和 6.26%。陈金中等针对某铜矿尾矿库堆存的老尾矿铜氧化率高及部分硫化铜表面存在不同程度的氧化等特点，采用表面处理与活化及高效捕收剂浮选技术强化表面（半）氧化硫化铜浮选。闭路试验获得了 Cu 品位 12.02%、含 Au9.02g/t、含 Ag82.72g/t、Cu 回收率 51.22%、Au 回收率 54.72%、Ag 回收率 23.87% 的铜精矿。

福建某银铜多金属矿石，由于 Cu 品位较低，现场采用单一浮银工艺获得银精矿，Au、Cu 仅作为伴生元素回收。由于 Cu 在氰化浸 Au、Ag 过程中的消极作用较大，因此铜的计价系数仅为 0.1，且 Au、Ag 的计价系数也受到影响。为提高矿山和湿法冶金企业的经济效益，为工艺完善与改造提供依据，对该矿石进行了部分优先快速浮铜—金银混合浮选研究。结果表明：在现场磨矿细度下，采用一粗两精快速选铜、一粗两精一扫选银工艺处理该矿石，取得的铜精矿含 Cu、Au、Ag 品位分别为 22.03%、32.21g/t、2360.00g/t，回收率分别为 46.51%、32.21% 和 12.54%，银精矿含 Cu、Au、Ag 品位分别为 1.49%、4.12g/t、1236.00g/t，回收率分别为 40.23%、52.69% 和 84.01%，使矿石中 Au、Ag、Cu 的经济价值均得到显著提高。

1.5.3 铜共生镍矿综合回收

1.5.3.1 铜镍混合浮选—铜镍分离

铜共生镍矿的经典浮选工艺流程为：铜镍混合浮选—铜镍分离，可以分别得到铜精矿和镍精矿，其选矿工艺流程如图 1-19 所示。

四川某铜镍矿含 Cu 0.35%、含 Ni 0.78%，脉石以滑石、蛇纹石类易浮、易泥化的富

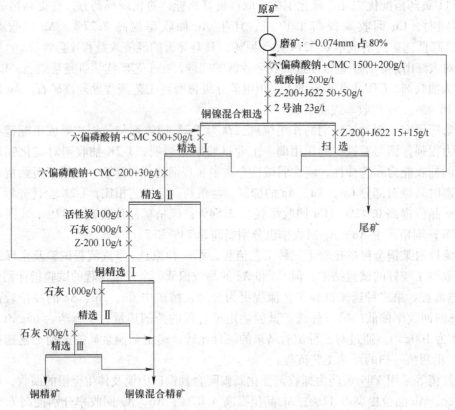

图 1-19　铜共生镍矿浮选工艺流程

镁硅酸盐矿物为主。由于不能对脉石进行有效抑制，只能采用预先脱泥工艺，不仅造成铜镍损失严重，且流程复杂。采用新型有机抑制剂 WY-03 后，获得了镍精矿含 Ni 品位为 6.36%、回收率为 82.02%，铜精矿含 Cu 品位为 23.97%、回收率为 72.96%的优异指标。

新疆哈密某低品位铜镍硫化矿矿石结构多样、嵌布粒度较细、嵌布特征复杂、单体解离度较差，对浮选选别不利，矿石中含 Cu 0.21%、含 Ni 0.49%，含 Mg 18.5%，属高镁低品位难选铜镍硫化矿。针对该矿矿石性质，采用"铜镍分步混合浮选-铜镍分离"工艺，最终获得含 Cu 22.07%、回收率为 73.23%的铜精矿；含 Ni 6.01%、回收率为 82.11%的镍精矿。铜精矿中含 Ni 0.49%、Ni 占有率 0.70%，含氧化镁 2.65%、氧化镁占有率 0.10%；镍精矿中含 Cu 0.61%、Cu 占有率 19.32%，含氧化镁 5.51%、氧化镁占有率 2.07%，Cu、Ni 互含率低。

杨伟等对某含 Cu 0.24%、Ni 0.40%、Mg 25.04%镍矿，在工艺矿物学的研究基础上，采用铜镍混浮工艺流程，粗选、扫选中采用多点加药，多段浮选的工艺提高铜镍混浮的选别效果，通过活性炭脱药，石灰法抑镍浮铜，获得含 Cu 21.15%、回收率为 52.4%的铜精矿和含 Ni 8.76%、回收率为 85.6%的镍精矿，取得了较满意的结果。

1.5.3.2　铜镍混合浮选—铜镍精矿

一些低品位铜镍矿，很难通过浮选得到单一的铜精矿或镍精矿，只能得到铜镍粗精矿产品。巴布新几内亚马当省某铜镍矿含 Cu 0.26%、含 Ni 0.63%，采用一次粗选、两次扫选、一次精选铜镍混合浮选，中矿顺序返回的闭路浮选试验流程。在磨矿细度为−0.074mm占80%，六偏磷酸钠用量为1500g/t，CMC用量为400g/t，丁基黄药200g/t，Z-200用量为40g/t，松醇油用量10g/t条件下，获得了较好的选矿指标。所得铜镍混合精矿含Cu品位为4.50%、Ni品位为9.22%，Cu回收率为86.52%、Ni回收率为72.73%。

云南某低品位铜镍矿中Ni、Cu品位分别为0.54%和0.38%，镍主要以硫镍矿、铜以黄铜矿赋存状态存在。在磨矿细度为−200目80%，水玻璃、CMC用量各为200g/t，$CuSO_4$用量为400g/t，戊黄药100g/t，2号油30g/t，浮选时间5min的浮选条件下，通过一粗一精两扫的浮选工艺，获得混合精矿中镍铜的品位分别为4.14%和3.81%，回收率为73.9%和85.0%。

四川甘孜某极低品位复杂铂铜镍矿石，采用分支（三支）浮选工艺流程，可获Ni品位为3.17%、Ni回收率为43.49%的镍精矿；而且镍精矿中Cu、Co、Pt、Pd等元素均有一定程度的富集，随Ni一起得到综合利用。

新疆某低品位高氧化镁铜镍矿，采用铜镍混合浮选工艺流程，在不预先脱泥的条件下，选用硅酸钠加羧甲基纤维素组合作分散剂及脉石矿物的抑制剂，获得的铜镍混合精矿含Cu品位7.28%、Cu回收率80.28%，Ni品位4.35%、Ni回收率66.78%，氧化镁品位6.13%。

1.5.3.3 铜镍优先浮选

庄杜鹃针对新疆哈密某低品位铜镍硫化矿的矿石性质，使用氟硅酸钠、木质素磺酸钠和瓜尔胶三种药剂组合，采用"铜镍优先浮选"工艺得到合格的铜镍单精矿，保证了镍精矿中含MgO<6.5%。

某低品位硫化铜镍矿，含Cu品位为0.25%，含Ni品位为0.47%，蚀变程度强，铜镍矿物嵌布不均匀，有用矿物致密共生，脉石矿物主要为含MgO的矿物，且泥化严重。针对该矿石性质，采用了阶段磨矿、优先浮铜再活化浮选镍矿物的工艺流程，得到含Cu 20.11%、Cu回收率为65.16%，含Ni 0.86%、Ni占有率1.42%的铜精矿；含Ni 5.46%、Ni回收率75.99%，含Cu 0.29%、Cu占有率7.91%的镍精矿。

某高铜低镍硫化铜镍矿，采用部分优先浮铜-铜镍混浮-铜镍分离的原则流程。在磨矿细度−0.074mm72%的条件下将部分铜矿优先浮出，选用BY-5作为镍的抑制剂，Z-200为捕收剂，得到了质量较高的铜粗精矿。使用该浮选流程，最终得到的综合铜精矿含Cu 32.26%、Cu/Ni为47.44，Cu回收率达91.66%；镍精矿含Ni 4.66%，Ni/Cu达11.37，Ni回收率为80.63%。

1.5.4 铜共生钼矿综合回收

1.5.4.1 铜钼混合粗选—粗精矿再磨—铜钼分离

铜钼混合粗选—粗精矿再磨—铜钼分离是铜共生钼矿的经典浮选工艺流程，可以分别得到铜精矿和钼精矿，其选矿工艺流程如图1-20所示。

对连城低品位难选斑岩型铜钼矿石，以煤油为辉钼矿的捕收剂，硫化钠为黄铜矿的抑制剂，采用铜钼硫混合浮选，混合精矿再磨再分离的阶段磨浮流程，即在一段磨矿细度−0.074mm占70%时混合浮选硫化矿，丢弃尾矿；二段磨矿细度为−0.043mm占90%时

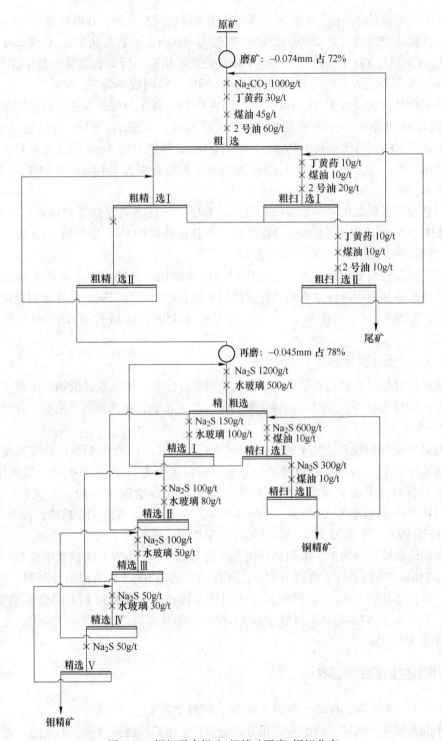

图 1-20 铜钼混合粗选-粗精矿再磨-铜钼分离

进行混合精矿再磨再分离，分别获得钼精矿、铜精矿和硫精矿。当试样含 Cu 品位 0.17%，Mo 品位 0.05% 时，全浮流程小型闭路试验获含 Mo 45.82%、含 Cu 0.44%、回收率为

71.38%的钼精矿；铜精矿含 Cu 24.25%、Cu 回收率为 83.62%；同时综合回收了硫，硫精矿含 S 39.30%、S 回收率为 81.52%，达到并超过了预期目标。

某低品位铜钼多金属复杂硫化矿，采用异步混合浮选工艺流程，得到铜钼混合精矿、铜精矿和硫化矿，然后再对铜钼混合精矿进行再磨浮选分离，通过优化和控制异步混合浮选工艺中的磨矿细度，最终获得含 Cu 品位 22.85%、回收率为 87.17%的铜精矿和含 Mo 品位 48.85%、回收率为 68.96%的钼精矿。

安徽省某钼矿石，其主要有价元素为 Mo 和 Cu，平均品位分别为 0.11%和 0.068%。根据矿石性质，采用铜钼混浮—再磨后铜钼分离—钼五次精选的工艺流程，获得了含 Mo 45.21%、回收率为 93.62%的钼精矿和含 Cu 6.81%、回收率为 87.52%的铜精矿。

藏东某低品位斑岩型铜钼矿石 Cu、Mo 品位分别为 0.62%和 0.028%，矿石中的主要金属矿物有黄铜矿、蓝辉铜矿、铜蓝、黝铜矿、孔雀石、黄铁矿和辉钼矿，主要脉石矿物为石英。在磨矿细度为-0.074mm 占 65%的情况下，进行一粗三精两扫铜钼混浮，铜钼混合精矿在磨至-0.045mm 占 85%的情况下进行一粗四精两扫铜钼分离浮选，可获得含 Cu 品位为 26.70%、回收率为 87.23%的铜精矿和含 Mo 品位 47.59%、回收率为 84.18%的钼精矿，高效地实现了矿石中铜、钼的回收与分离。

云南某斑岩型铜钼矿，其主要矿物为黄铜矿与辉钼矿，嵌布粒度较细。矿石经过原矿粗磨，粗精矿再磨，一粗两精两扫、中矿顺序返回进行铜钼混浮；铜钼精矿进行脱药再磨，一粗五精一扫、中矿顺序返回进行铜钼分离，最终得到了含 Cu 品位 25.91%、回收率为 78.68%的铜精矿，含 Mo 品位 45.79%、回收率为 77.49%的钼精矿。

某大型斑岩型低品位铜钼矿物主要以硫化物形式存在，且嵌布关系密切，嵌布粒度微细。为高效开发利用该贫矿资源，研究确定了铜钼混浮适宜的磨矿细度为-0.074mm 占 70%，铜钼分离适宜的磨矿细度为-0.043mm 占 80%；采用一粗两精一扫、中矿顺序返回闭路流程混浮铜钼，一粗五精两扫、中矿顺序返回闭路流程分离铜钼，最终获得了含 Cu 品位为 17.51%、回收率为 81.25%的铜精矿，含 Mo 品位 42.41%、回收率为 88.35%的钼精矿。

1.5.4.2 铜钼优先浮选

某难选铜钼精矿，其有价金属矿物主要为黄铜矿和辉钼矿，以及少量的辉铜矿、砷黝铜矿、铜蓝、斑铜矿等。主要脉石矿物为石英、伊利石和白云母。经一次粗选、六次精选、三次扫选、中矿顺序返回的闭路实验，得到含 Mo 品位 46.32%、回收率为 95.11%的钼精矿，含 Cu 品位 21.17%、回收率为 99.92%的铜精矿。钼精矿含 Cu 仅为 0.88%，铜精矿含 Mo 仅为 0.07%，铜钼分离效果非常显著。

某钨矿山属多金属硫化矿，采用钼铜混合浮选—浮铋—浮锌的全流程工艺，可获得含 Mo 53.50%、回收率为 92.72%的钼精矿，含 Bi 11.30%、回收率为 58.71%的铋精矿，含 Cu 22.89%、回收率为 87.62%的铜精矿，含 Zn 55.28%、回收率为 73.22%的锌精矿；而且铋精矿中含 Ag 9000g/t、含 Pb 58.23%，回收率分别为 66.89%和 77.40%；同时浮选尾矿进一步回收可获得含 WO_3 38.52%、回收率为 79.57%的钨精矿，实现了钼、铋、铜、锌、铅和钨的综合回收。

宁化行洛坑钨矿为提高伴生钼铜铋硫化矿的浮选分离指标，进行优先浮钼—铜铋混浮—铜铋分离—铋粗精矿再浸出收铋新工艺试验研究，获得了含 Mo 品位为 45.37%、回收率为

90.46%的钼精矿，含 Cu 品位为 23.01%、回收率为 91.03%的铜精矿及含 Bi 品位为 62.37%、回收率为 60.09%的铋精矿。与现场原来采用的钼铜铋依次优先浮选工艺相比，试验新工艺使钼精矿 Mo 回收率提高了 4 个百分点以上、铜精矿 Cu 回收率提高了 8 个百分点以上、铋精矿 Bi 回收率提高了 52 个百分点以上，效果显著。

1.5.4.3　铜钼部分优先浮选—铜钼硫混合浮选—铜钼分离

内蒙古某钼矿石最主要的有价元素为 Mo 和 Cu，其品位分别为 0.032%和 0.165%，Fe、S 的品位分别为 3.05%和 1.05%，其他金属元素如 Pb、Zn 等的品位则相对较低。根据矿石的性质，采用铜钼部分优先浮选—铜钼硫混合浮选—铜钼分离流程，小型闭路试验获得的指标为：含 Cu 品位为 21.66%、回收率为 84.69%的铜精矿，含 Mo 品位为 46.78%、回收率为 80.89%的钼精矿，含 S 品位为 41.27%，回收率为 63.67%的硫精矿。

谭鑫等对传统黄药进行改性，合成了一种新型高效的酯类捕收剂 DTC，并以此捕收剂对某铜钼尾矿进行了浮选工艺条件实验和闭路实验。在磨矿细度为-0.074mm 占75%，石灰用量 500g/t，水玻璃用量 1000g/t，捕收剂 DTC 用量 24g/t，起泡剂 2 号油用量 48g/t 的最佳条件下，闭路实验采用"预先脱泥—铜钼部分优先浮选—铜钼硫混合浮选再分离"的浮选工艺流程，获得了铜钼混合精矿 1 含 Cu 18.53%、含 Mo 4.03%，Cu、Mo 回收率分别为 22.30%和 45.20%；铜钼混合精矿 2 含 Cu 2.39%、含 Mo 0.20%，Cu、Mo 回收率分别为 3.12%和 2.43%的浮选指标。

1.5.4.4　铜钼等可浮选

德兴斑岩型铜钼矿等可浮研究表明：在一段磨矿条件下进行铜钼的等可浮选，粗选的磨矿细度为-0.074mm 为 65%，可获得含 Mo 0.294%、含 Cu 15.32%的钼铜粗精矿，Mo 回收率达 79.43%，Cu 回收率为 83.23%。铜钼混合精矿精选试验表明：硫化钠用量为 300g/t，硫化钠精选铜钼分离工艺比空白精选铜钼分离工艺能更好地实现一段磨矿钼的等可浮选，获得含 Mo 为 1.22%和含 Cu 为 25.92%的铜钼粗精矿，Mo 回收率为 83.85%，Mo 富集比高达 142 倍。

多宝山斑岩型铜钼矿，在粗磨情况下，采用钼铜等可浮，合适的一段磨矿细度为 -0.074mm 为 68%左右，获得含 Cu 为 28.77%、含 Mo 为 0.80%的铜钼混合精矿，Mo 回收率达 90.71%，含 Cu 品位为 15.88%、回收率为 9.77%的铜精矿。铜精矿合并后，含 Cu 品位达 26.36%，回收率达 86.76%。

某斑岩型铜钼矿采用钼铜等可浮浮选再分离—强化选铜工艺流程，采用 CSU31 作等可浮浮选捕收剂，在原矿含 Cu 0.49%、含 Mo 0.0115%的条件下，获得了含 Cu 26.71%、总 Cu 回收率为 86.11%的铜精矿，以及含 Mo 48.03%、回收率为 83.53%的钼精矿，实现了铜、钼矿物与脉石的有效分离，获得了良好的技术指标。

1.5.4.5　铜钼混选—铜钼分离

某低品位铜钼矿含 Cu0.38%，含 Mo 0.013%，矿石 Cu、Mo 品位均较低，难以获得理想的选矿指标。以 BK304 为捕收剂，采用"铜钼混选—铜钼分离"工艺流程，闭路试验获得含 Mo 41.63%、回收率为 70.71%的钼精矿，含 Cu 24.14%、回收率为 83.98%的铜精矿。

某铜钼硫多金属矿采用钼铜混合浮选再分离工艺流程，在原矿含 Mo 0.17%、

Cu 0.137%、S 5.36%、Pb 0.067%的条件下，获得了含 Mo 49.26%、回收率为 82.66%的钼精矿，含 Cu 15.45%、回收率 53.52%的铜精矿，实现了钼铜硫矿物与脉石及钼铜硫矿物之间的有效分离。

根据青海某钼铜多金属硫化矿的矿石特点，进行了铜钼混合粗选—优先分选分离试验研究。该选矿工艺使钼、铜、银等得到了综合回收，获得了含 Cu 21.51%、含 Ag 873.1g/t，Cu 回收率为 86.04%、Ag 回收率为 98.98%的铜精矿和含 Mo 50.36%、回收率为 76.86%的钼精矿。

江西某铜钼钨矿中有用矿物以黄铜矿、辉钼矿、黑钨矿为主，并伴生有磁黄铁矿。采用铜钼混浮—铜钼分离—尾矿脱硫—重选回收黑钨矿的联合工艺流程，获得了含 Cu 品位为 26.38%、回收率为 91.35%的铜精矿，含 Mo 品位为 51.23%、回收率为 83.54%的钼精矿，WO₃ 品位为 52.58%，回收率为 65.49%的钨精矿，实现了矿石中的有价元素的综合回收。

2 铜资源开发项目驱动实践教学体系

本章以铜矿资源开发为例，围绕"铜矿石→铜矿物组成→铜矿物加工原理和方法→实践与应用"这条主线，结合矿物加工工程专业中"矿石学""工艺矿物学""粉体工程""矿物加工学""研究方法实验""矿物加工工程设计"等核心课程，详细介绍了实验教学、专业实践等方面的实践教学体系主要内容。

2.1 实践教学体系构建内容

为了紧密结合江西省丰富的矿业资源，体现地方资源教学特色，以培养现代矿山资源开发过程中需要的强实践、厚基础、知识面宽的具有分析问题、解决问题和创新能力的卓越工程师人才为目的，按照矿山资源开发需要的知识能力及素质要求，围绕铜资源开发过程中"铜矿石→铜矿物组成→铜矿物加工原理和方法→实践与应用"这条主线设计项目驱动，作者在专业核心课程"矿石学""粉体工程""物理选矿""浮游选矿""研究方法实验""矿物加工工程设计"和认识实习、生产实习、毕业实习、毕业论文、毕业设计等教学活动中构建了以铜资源开发项目驱动为载体、以学生实践能力培养为全过程、以提高学生创新能力为目标的实践教学人才培养体系，见表 2-1。

表 2-1 铜资源开发项目驱动下的实践教学内容构建

课程实验、实践环节	"铜资源开发"项目驱动为核心的实验、实践教学内容
矿石学	认识并掌握铜矿石及其伴生矿石的组成、构造
粉体工程	铜矿石的碎磨及其粒度组成特性
认识实习	铜矿石选矿工艺流程及其特点
物理选矿	铜矿石中伴生磁黄铁矿的磁选富集特征
浮游选矿	铜矿物及其伴生矿物的浮选富集特征
研究方法实验	铜矿石的选别方法及其工艺流程研究
生产实习	铜矿石选矿工艺组织生产
毕业实习	铜资源中有用矿物在流程中的走向
毕业论文	铜资源选矿流程开发或工艺优化
矿物加工工厂设计/毕业设计	铜选矿厂设计

2.2 课程实验教学大纲

2.2.1 "矿石学"课程实验教学大纲

通过"矿石学"课程，掌握铜矿物的形态、铜矿物的物理和化学性质、铜矿床特征及矿石的成矿过程。

本课程实验教学基本要求包括：

（1）掌握常见铜矿石和铜矿物的基本特性及鉴别特征；

（2）掌握铜矿物及其伴生矿物的基本性质；

（3）掌握铜矿物晶体的结构形态及矿床的形成过程。

本课程实验内容与学时分配见表 2-2。

表 2-2　"矿石学"实验内容与学时分配表

实验项目名称	实验学时	备　注
对称要素分析及晶族晶系划分	2	必修
铜矿物的形态和物理性质	2	必修
铜矿伴生硫化矿物的认识	1	必修
铜矿石中氧化矿物和氢氧化物的认识	1	必修
铜矿石中硅酸盐类矿物的认识	1	必修
铜矿石中碳酸盐、硅酸盐等含氧盐类矿物的认识	1	必修

2.2.2 "粉体工程"课程实验教学大纲

通过"粉体工程"课程教学，熟悉铜矿山常用的破碎机、磨矿机、筛分机和分级机等设备的类型，了解这些设备的操作技能；熟悉和掌握铜矿山粉碎过程中的碎矿与筛分、磨矿与分级的基本理论，重点掌握选择性破碎、多层筛分、选择性磨矿与分级、磨矿介质选型等理论在铜矿山中的应用。

本课程实验教学基本要求包括：

（1）掌握筛分分析的测定方法，依据测定结果绘制出筛分曲线；

（2）掌握振动筛生产率的测定方法，熟悉振动筛的筛分效率计算；

（3）掌握铜矿石破碎前后的产品粒度组成测定，依据测定结果求出粒度特性方程式；

（4）掌握铜矿石可磨性的测定方法，验证磨矿动力学；

（5）掌握铜矿石磨矿过程的影响因素试验方法。

本课程实验内容与学时分配见表 2-3。

表 2-3　"粉体工程"实验内容与学时分配表[①]

实验项目名称	实验学时	备　注
筛分分析和绘制筛分分析曲线	2	必修
振动筛的筛分效率和生产率测定	2	必修
测定铜矿石碎矿产品粒度组成及其粒度特性方程	2	必修
测定铜矿石可磨性并验证磨矿动力学	2	必修
铜矿石磨矿影响因素实验	2	选修

①实验教学按研讨式教学方式进行。

2.2.3 "矿物加工学"课程实验教学大纲

通过"矿物加工学"课程，熟悉含铜矿石性质特征对浮选工艺条件的影响，熟悉单一硫化铜矿、铜硫矿、铜硫铁矿、铜钼矿、铜镍矿、复杂铜铅锌多金属硫化矿、氧化铜矿等含铜矿石的浮选分离基本原理及工艺条件，熟悉和掌握不同种类浮选药剂在硫化铜矿物与脉石矿物浮选分离中的作用和机理。

课程实验教学基本要求包括：

（1）掌握铜矿物的润湿性、接触角的测定方法，分析铜矿物润湿性与可浮性的关系；

（2）掌握磁黄铁矿磁化系数及其磁性含量、磁场强度的测定方法；

（3）掌握起泡剂的起泡性能及测定方法；

（4）掌握铜矿的捕收剂、调整剂和浮选实验方法，分析药剂制度对铜矿富集指标的影响；

（5）掌握不同种类含铜矿石的浮选试验方法，分析矿石性质对铜矿富集指标的影响。

本课程实验内容与学时分配见表 2-4。

表 2-4　"矿物加工学"实验内容与学时分配表[①]

实验项目名称	实验学时	备　注
铜矿物接触角测试实验	2	必修
起泡剂性能测试实验	2	必修
磁黄铁矿比磁化系数/磁性含量测定	2	必修
铜矿捕收剂实验	2	必修
铜矿调整剂实验	2	必修
铜矿浮选试验	2	必修

①实验教学按小班研讨方式进行。

2.2.4　研讨式教学内容设计

在课程的研讨式教学内容上，同样围绕着"铜矿石资源开发"这个项目驱动开展，既与课程内容相衔接，又是理论课程的深入发展，也与实验教学有所关联。小班研讨式教学要求按照专题开出：

（1）筛分专题：研讨内容为我国选矿厂常见的筛分流程，包括破碎—筛分流程、磨矿—筛分流程、分选—筛分流程。

（2）碎矿专题：研讨内容为我国选矿厂破碎流程研究进展，包括小型选厂的二段一闭路破碎流程、常规三段一闭路破碎流程、三段一闭路+高压辊破碎流程等，引导"多碎少磨"理念及其应用。

（3）磨矿专题：研讨内容为我国选矿厂的磨矿流程与研究进展，包括棒磨流程、常规一段闭路磨矿流程、二段闭路磨矿流程、自磨流程、半自磨流程，阶段磨矿，引导"SAB"流程的优势及其应用。

（4）浮选专题：研讨内容为铜矿山实用的浮选理论，浮选药剂的分类、特性及其研究进展，常见的铜矿选矿工艺、流程结构、先进的浮选设备以及铜矿选矿研究进展，引导"无毒环保"的理念。

（5）重力选矿专题：研讨内容为我国选矿厂中铜矿山中伴生铜矿的重选流程研究进展，包括摇床工艺、铺布溜槽工艺以及新型高效铜细泥悬振选矿设备。

（6）磁电选矿专题：研讨内容为我国铜矿中伴生磁黄铁矿的磁选分离工艺流程现状和分离工艺。

2.3 实习类实践教学大纲

2.3.1 "认识实习"实践教学大纲

"认识实习"实践教学基本要求包括：

（1）讲授《选矿概论》，增强学生对铜矿山生产过程的感性认识；

（2）通过在铜矿山听取专题报告和安全教育培训，了解矿山生产组织管理体系和安全体系；

（3）通过现场参观铜矿山生产，了解选矿工艺流程结构、工艺设备、选矿药剂的种类和使用，了解矿山技术经济指标、产品质量要求，形成对矿山建设和选矿厂配置的总体认识。

（4）熟悉认识实习报告的编写要求。

"认识实习"实践内容与学时分配见表 2-5。

表 2-5 "认识实习"实践内容与学时分配表①

实验项目名称	实践天数	备　注
《选矿概论》讲授	3	必修
铜矿山安全教育	1	必修
铜矿选矿厂参观	3	必修
认识实习报告撰写	1	必修

①集中在 1.5 周内完成。

2.3.2 "生产实习"实践教学大纲

"生产实习"实践教学基本要求：

（1）通过在铜矿山听取专题报告和安全教育培训，熟悉矿山生产组织管理体系和安全体系；

（2）通过现场参观铜矿山生产，熟悉选矿工艺流程结构、工艺设备、选矿药剂的种类和使用，熟悉矿山技术经济指标、产品质量要求；

（3）通过岗位跟班实习，使学生熟悉岗位操作实践，掌握选矿厂生产过程中的设备、工艺和指标的调节方法与步骤，能使学生理论联系实际，培养和提高学生的独立分析、解决问题的能力；

（4）熟悉生产实习报告的编写要求。

"生产实习"实践内容与学时分配见表 2-6。

表 2-6 "生产实习"实践内容与学时分配表①

实验项目名称	实践天数	备 注
铜矿山安全教育	1	必修
铜矿山选矿厂参观实习	1	必修
铜矿山岗位跟班实践	10	必修
生产实习报告撰写	2	必修
实习答辩与总结	1	必修

①集中在3周内完成。

2.3.3 "毕业实习"实践教学大纲

"毕业实习"实践教学基本要求

(1) 通过听取铜矿山专题报告和安全教育培训,熟悉矿山生产组织管理体系和安全体系,培养安全生产观;

(2) 通过现场参观铜矿山生产车间,掌握选矿工艺流程结构、工艺设备、选矿药剂的种类和使用,掌握矿山技术经济指标、产品质量要求;

(3) 通过车间实习,提出改进或改善工艺流程、工艺设备、技术指标、技术操作条件、生产管理、产品质量、降低产品成本和提高劳动生产率的各种可能途径,收集毕业设计所需各项材料;

(4) 熟悉毕业实习报告的编写要求。

"毕业实习"实践内容与学时分配见表2-7。

表 2-7 "毕业实习"实践内容与学时分配表①

实验项目名称	实践天数	备 注
铜矿山安全教育	1	必修
铜矿山专题报告	1	必修
铜选厂车间操作实习与资料收集	10	必修
铜矿山相关工厂参观	1	必修
毕业实习报告撰写	2	必修

①集中在3周内完成。

2.4 研究类实践教学大纲

2.4.1 "研究方法实验"实践教学大纲

"研究方法实验"课程实验教学基本要求包括:

(1) 掌握铜矿样品的制备方法,掌握铜矿石堆积角、摩擦角、假比重的测定方法;

(2) 掌握铜矿石浮选药剂的性质测定,学会对浮选产品进行脱水、烘干、称重、取样和化验;

(3) 掌握铜矿石 pH 值调整剂、抑制剂、磨矿细度等条件实验方法,掌握捕收剂种类及用量试验,捕收剂抑制剂析因实验内容;

（4）掌握铜矿石开路流程结构的确定及其药剂制度的优选，熟悉闭路流程的操作方法。

课程实验内容与学时分配见表2-8。

表2-8　"研究方法实验"实践内容与学时分配表①

实验项目名称	实践天数	备 注
铜矿石试样制备及物理性质测定	2	必修
铜矿石探索性试验	2	必修
铜矿石磨矿细度试验	2	必修
铜矿捕收剂种类及用量试验	2	必修
铜矿调整剂种类及用量试验	2	必修
铜矿石开路流程试验	2	必修
铜矿石闭路流程试验	2	必修
实验报告撰写	2	必修

①集中在2~3周内完成。

2.4.2　"毕业论文"实践教学大纲

"毕业论文"实践教学基本内容包括：

（1）文献综述：了解国内外关于铜矿石选矿的工艺、设备、药剂的发展现状、发展方向、最新动态和发展趋势；

（2）设备和药剂：掌握铜矿石浮选设备的工作原理，铜矿石选矿过程中所需的实验设备和药剂，了解浮选的药剂制度和药剂作用机理；

（3）条件试验：掌握铜矿石浮选试验过程中磨矿细度、浮选时间、捕收剂种类、捕收剂用量、调整剂种类、调整剂用量、组合捕收剂、组合抑制剂比例等条件试验；

（4）开路试验和闭路试验：在条件试验的基础上，掌握铜矿石选矿的开路试验及闭路试验；

（5）结果与讨论：掌握铜矿石试验过程中的条件试验、开路试验、闭路试验结果数据的分析和讨论，对试验过程中出现的问题能进行分析；

（6）撰写毕业论文：严格按照毕业论文的要求，包括毕业论文的格式、中英文摘要、参考文献、小论文等，根据铜矿石选矿试验的结果，撰写毕业论文。

"毕业论文"实践教学基本要求：

（1）综合运用所学专业的基础理论、基本技能和专业知识，掌握铜矿选矿流程设计的内容、步骤和方法；

（2）根据铜矿原矿性质和工艺矿物学特性，掌握铜矿流程结构的设计原则和方法；

（3）根据确定的铜矿浮选流程结构，掌握流程结构中磨矿细度、浓度、粒度等条件参数；

（4）掌握基于浮选方法的抑制剂、调整剂、捕收剂等药剂种类、用量和浮选时间试验；

（5）根据确定的铜矿浮选药剂制度，重点掌握铜矿石浮选开路流程和闭路流程的试验方法，以及数据分析及处理方法。

"毕业论文"实践内容与学时分配见表2-9。

表2-9   "毕业论文"实践内容与学时分配表[①]

实验项目名称	实践周数	备 注
铜矿石原矿性质测定	1	必修
铜矿石工艺矿物学测定	1	必修
铜矿石流程结构设计试验	1	必修
铜矿石流程结构条件试验	6	必修
铜矿石开路和闭路流程试验	1	必修
铜矿石毕业论文撰写	1	必修
毕业论文答辩	1	必修

①集中在12周内完成。

2.5   设计类实践教学大纲

2.5.1   "矿物加工工厂设计"课程教学大纲

"矿物加工工厂设计"课程教学基本要求包括：

（1）熟悉铜矿山选矿厂设计的原则、步骤、内容和方法；

（2）熟悉和掌握铜矿山选矿工艺流程的选择和计算、选矿设备的选择和计算、车间的设备配置方案、选矿厂总体布置和设备配备、计算机辅助设计；

（3）了解辅助设备和设施的选型、选择与计算；

（4）理解尾矿设施、环境保护、概算和财务评价；

（5）对铜矿分选作业产品结构进行方案比较，对给定的工艺流程进行评价并编写出设计说明书。

"矿物加工工厂设计"课程设计教学基本要求是：

（1）掌握选矿厂设计的原则、内容和步骤；

（2）熟练掌握常用工艺流程、工艺设备的选择和计算及车间的设备配置方案；

（3）理解尾矿设施、环境保护、概算和财务评价；

（4）了解辅助设备和设施的选择与计算。

本课程设计内容与要求见表2-10。

表2-10   "矿物加工工厂"课程设计内容与要求[①]

实践项目名称	实践天数	备 注
铜选厂工艺流程的设计和计算	2	要求绘制：①主厂房平面图和数质量矿浆流程图；②破碎厂房的平断面图和设备配置图
主要工艺设备的选择和计算	2	
辅助设备与设施的选择与计算	1	
破碎厂房或者主厂房设备配置	3	
设计说明书编写	2	

①集中在2周内完成。

2.5.2 "毕业设计"实践教学大纲

"毕业设计"实践教学基本要求是:

(1) 综合运用所学专业的基础理论、基本技能和专业知识,掌握铜矿选矿厂设计的内容、步骤和方法;

(2) 根据铜矿选矿厂日处理量,掌握破碎筛分、磨矿分级、选别流程和脱水流程的选择和计算、主要设备和辅助设备的选型和计算、选矿厂各车间的平断面图的绘制以及设计说明书的编写;

(3) 熟悉使用各种参考资料(专业文献、设计手册、国家标准、技术定额等)独立地、创造性地解决设计中存在的问题;

(4) 理解并贯彻我国矿山建设的方针政策和经济体制改革的有关规定,树立政治、经济和技术三者结合的设计观点。

"毕业设计"实践内容与学时分配见表 2-11。

表 2-11 "毕业设计"实践内容与学时分配表[①]

实验项目名称	实践周数	备 注
铜选厂破碎筛分流程、设备选择和计算	1	必修
铜选厂磨矿分级流程、设备选择和计算	1	必修
铜选厂选别流程、设备选择和计算	2	必修
铜选厂主要辅助设备选择和计算	1	必修
铜选厂碎磨选别数质量流程图绘制	1	必修
铜选厂破碎筛分车间平断面图绘制	1	必修
铜选厂主厂房平断面图绘制	1	必修
铜选厂脱水车间及全厂的平面图绘制	1	必修
铜选厂设计说明书的撰写	1	必修
毕业设计答辩	1	必修

①集中在 12 周内完成。

2.6 实践教学体系的考核

2.6.1 课程实验教学考核

课程实验教学全部纳入小班研讨教学中。一般将小班分成若干研讨小组/实验小组,选定研讨课题方向,在导师和助教指导下查询资料/实验指导书,寻找课题/实验解决方案;然后制作 ppt 课堂汇报,经质疑、研讨、点评,形成小组研讨成果。小班研讨教学考核权重占 50%。基础理论和基础知识的考核权重占 50%,通常以试卷形式考评。

为进一步衡量每个小组的贡献度,根据小组共同提交的报告和汇报,确定小组的成果质量,该权重占该部分成绩的 2/3;再根据小组每个成员的过程表现和撰写的心得体会,确定小组每个成员的成绩,该权重占该部分成绩的 1/3。本课程考核权重分配及其考核方式见表 2-12。

表 2-12　含小班研讨的课程考核表

类型	基础理论与基础知识	实验教学与研讨		课堂教学与研讨	
		实验小组成果	个人表现	研讨小组成果	个人表现
权重/%	50	15	10	15	10
考核方式	试卷	实验报告	心得体会和过程表现	研讨 ppt	心得体会和过程表现

2.6.2　课程设计考核

课程设计考核及成绩评定由三部分组成：

（1）课程设计过程中学生分析、解决问题能力的表现，设计方案的合理性、新颖性，设计过程中的独立性、创造性以及设计过程中的工作态度；

（2）课程设计的指导思想与方案制订的科学性，设计论据的充分性，设计的创见与突破性，设计说明书的结构、文字表达及书写情况；

（3）学生本人对课程设计工作的总体介绍，课程设计说明书的质量，答辩中回答问题的正确程度、设计的合理性。

本课程设计考核权重分配及其考核方式见表 2-13。

表 2-13　课程设计考核表

类型	设计过程中独立性、创造性及工作态度	设计说明书和图纸		答辩过程	
		设计说明书的撰写质量	设计图纸质量	学生讲解	回答问题准确度
权重/%	20	20	20	20	20
考核方式	过程记录和考查	提交设计说明书	提交设计图纸	学生根据说明书和图纸讲解	回答答辩小组问题和心得体会

2.7　"研究方法试验"实践教学指导书

2.7.1　铜矿石试样的制备及物理性质测定

2.7.1.1　实验原理

参照矿石可选性研究中的试样加工制备及试样工艺性质的测定。

2.7.1.2　实验要求

（1）掌握铜矿石试样的制备方法；

（2）使用试样最小必须量公式 $Q=kd^2$ 制定铜矿石缩分流程，确定单份试样的粒度重量要求；

（3）掌握铜矿石堆积角、摩擦角、假比重、含水量的测定方法。

2.7.1.3　主要仪器及耗材

实验过程中采用的主要仪器及耗材为实验室型颚式破碎机、对辊式破碎机、振动筛、铁锹、天平、罗盘、铁板、木板、水泥板、样板等取样工具。

2.7.1.4 实验内容和步骤

（1）制定铜矿石的缩分流程，确定出试样的最小必须量；

（2）根据缩分流程，将铜矿石破碎、筛分成满足需要的诸多单份试样，以供化学分析、岩矿鉴定及单元试样项目使用；

（3）根据堆积角测定方法，测定铜矿石的堆积角；

（4）根据摩擦角测定方法，测定铜矿石的摩擦角；

（5）根据假比重测定方法，测定铜矿石的假比重；

（6）根据矿石含水量的测定方法，测定铜矿石的含水量。

2.7.1.5 数据处理与分析

将试验结果如实填写在记录本上。

2.7.1.6 实验注意事项

试验过程中，铜矿石的各工艺性质应多次测定，最后取平均值作为最终数据；对于出现特殊情况的数据应检查测定方法是否正确，分析其原因后重新测定。

2.7.1.7 思考题

（1）何谓摩擦角、堆积角及假比重？如何测定？

（2）如何编制试样缩分流程？试样加工操作包括哪几道工序？

2.7.2 铜矿石探索性试验

2.7.2.1 实验原理

参照矿石可选性研究中的浮选试验。

2.7.2.2 实验要求

（1）掌握铜矿石磨矿曲线的绘制；

（2）掌握油类药剂添加量的计算；

（3）学会铜矿石浮选试验前的准备工作；

（4）学会观察铜矿石的浮选现象，熟练对铜浮选产品进行脱水、烘干、称重、制样、化验等环节的操作。

2.7.2.3 主要仪器及耗材

实验过程中采用的主要仪器及耗材为实验室小型球磨机、200目标准泰勒筛、分析天平、普通天平、浮选机、过滤机、烘箱、装矿盆、洗瓶及制样工具等。

2.7.2.4 实验内容和步骤

（1）进行不同时间的铜矿石磨矿试验，得到的磨矿产品采用200目标准筛筛分；根据磨矿筛分试验结果绘制铜矿石磨矿曲线（铜矿石磨矿细度与磨矿时间的关系曲线）。

（2）测定一滴油类药剂（如2号油）的重量。

（3）按步骤开展浮选试验的准备工作，检查设备的性能与正常使用情况，检查试验时各类药剂、器具及人员的配置情况。

（4）采用铜矿石常用捕收剂（丁基黄药等）浮选铜矿物，观察浮选现象及试验过程，分析各类现象的原因。

（5）将浮选产品过滤脱水、烘干、称重、制样、送检。

（6）根据化验结果计算试验指标。

2.7.2.5　数据处理与分析

将试验结果如实填写在记录本上。

2.7.2.6　实验注意事项

试验过程注意详细观察试验现象，试验准备工作应详尽到位，送检产品应根据制样步骤采取代表性试样。

2.7.2.7　思考题

（1）为什么要做铜矿石磨矿曲线试验？

（2）实验室球磨机的操作步骤和注意事项是什么？

（3）铜矿石磨矿时，矿石、水、药的添加顺序如何？

（4）预先探索性试验的目的是什么？

2.7.3　铜矿石磨矿细度试验

2.7.3.1　实验原理

参照矿石可选性研究中的浮选试验。

2.7.3.2　实验要求

（1）掌握铜矿物大部分单体解离所需的粒度要求；

（2）根据试验结果确定铜矿石的最佳磨矿细度。

2.7.3.3　主要仪器及耗材

实验过程中采用的主要仪器及耗材为实验室小型球磨机、200目标准泰勒筛、分析天平、普通天平、浮选机、过滤机、烘箱、装矿盆、洗瓶及制样工具等。

2.7.3.4　实验内容和步骤

（1）取4份单元试验样，开展铜矿石磨矿细度试验研究；

（2）固定捕收剂种类及用量、调整剂种类及用量、起泡剂用量、浮选时间等其他条件，根据铜矿物嵌布粒度拟定磨矿细度条件；

（3）将拟定的磨矿细度条件分别开展浮选试验，比较试验结果，确定最佳磨矿细度。

2.7.3.5　数据处理与分析

将试验结果如实填写在表2-14中。

表 2-14　铜矿石磨矿细度条件试验结果　　　　　　　　　　　　　　　（%）

试验条件	试样编号	样品名称	产率	铜品位	铜回收率
		精矿			
		尾矿			
		原矿			

2.7.3.6　实验注意事项

试验过程中，磨矿细度的预先选择应根据铜矿物嵌布粒度结果拟定。

2.7.3.7 思考题

（1）以磨矿时间为横坐标，铜精矿品位、回收率为纵坐标，如何绘制磨矿细度条件试验结果曲线？

（2）根据磨矿细度条件试验曲线图对试验结果进行分析。

2.7.4 铜矿捕收剂种类及用量试验

2.7.4.1 实验原理

参照矿石可选性研究中的浮选试验。

2.7.4.2 实验要求

（1）确定捕收剂的种类及合适的用量，包括组合捕收剂。

（2）学会观察泡沫随捕收剂种类和用量的改变引起的变化，如泡沫颜色、虚实、矿物上浮量、矿化效果及黏稠性等。

2.7.4.3 主要仪器及耗材

实验过程中采用的主要仪器及耗材为实验室小型球磨机、天平、浮选机、过滤机、烘箱、装矿盆、洗瓶及制样工具等。

2.7.4.4 实验内容和步骤

（1）拟定捕收剂种类及用量条件；

（2）根据拟定的条件数量，取相同数量的单元试验样开展捕收剂种类及用量条件试验研究；

（3）根据磨矿细度条件试验确定的最佳磨矿细度，固定各试验的磨矿细度、调整剂种类及用量、起泡剂用量、浮选时间等其他条件，改变捕收剂的种类及用量，考察各试验结果及现象；

（3）比较试验结果，确定最佳的捕收剂种类及用量。

2.7.4.5 数据处理与分析

将试验结果如实填写在表 2-15 中。

表 2-15 捕收剂种类及用量条件试验结果 （%）

试验条件	试样编号	样品名称	产率	铜品位	铜回收率
		精矿			
		尾矿			
		原矿			

2.7.4.6 实验注意事项

试验过程中，捕收剂种类可根据探索性试验结果和同类铜矿山使用情况拟定。

2.7.4.7 思考题

（1）铜矿石浮选条件试验包括哪些项目？

（2）本次试验的捕收剂作用机理是什么？

2.7.5 铜矿调整剂种类及用量试验

2.7.5.1 实验原理
参照矿石可选性研究中的浮选试验。

2.7.5.2 实验要求
（1）确定铜矿调整剂的种类及合适的用量，包括组合抑制剂、pH 值调整剂等；

（2）学会观察泡沫随矿浆 pH 值、抑制剂种类及用量的改变引起的变化，如泡沫颜色、虚实、矿物上浮量、矿化效果及黏稠性等。

2.7.5.3 主要仪器及耗材
实验过程中采用的主要仪器及耗材为实验室小型球磨机、天平、浮选机、过滤机、烘箱、装矿盆、洗瓶及制样工具等。

2.7.5.4 实验内容和步骤
（1）拟定调整剂的种类及用量条件；

（2）根据拟定的条件数量，取相同数量的单元试验样开展调整剂种类及用量条件试验研究；

（3）根据磨矿细度条件试验确定的最佳磨矿细度，捕收剂种类试验确定的捕收剂种类和用量，固定各试验的磨矿细度、捕收剂种类及用量、起泡剂用量、浮选时间等其他条件，改变调整剂的种类及用量，考察各试验结果及现象；

（4）比较试验结果，确定最佳的捕收剂种类及用量。

2.7.5.5 数据处理与分析
将试验结果如实填写在表 2-16 中。

表 2-16 铜矿石调整剂种类及用量条件试验结果 （%）

试验条件	试样编号	样品名称	产率	铜品位	铜回收率
		精矿			
		尾矿			
		原矿			

2.7.5.6 实验注意事项
试验过程中，调整剂种类可根据探索性试验结果和同类铜矿山使用情况拟定。

2.7.5.7 思考题
（1）铜矿石浮选常用的调整剂有哪些？

（2）各调整剂的作用机理是什么？

2.7.6 铜矿石开路流程试验

2.7.6.1 实验原理
参照矿石可选性研究中的浮选试验。

2.7.6.2 实验要求
（1）确立铜矿物浮选的内部流程结构，即确立精选的次数以及作业条件，对中矿性质

进行考查,为浮选流程的拟立和闭路试验提供依据;

(2)通过试验了解中矿性质及中矿处理方法。

2.7.6.3 主要仪器及耗材

实验过程中采用的主要仪器及耗材为实验室小型球磨机、天平、浮选机、过滤机、烘箱、装矿盆、洗瓶及制样工具等。

2.7.6.4 实验内容和步骤

(1)取代表性铜矿试验样1份;

(2)根据前述的条件试验确定的最佳磨矿细度、捕收剂种类及用量、调整剂种类及用量、浮选时间、起泡剂用量等条件,固定各条件因素不变,开展全流程试验,包括精选、扫选作业;

(3)根据试验结果,分析试验指标,包括铜精矿、中矿和尾矿。

2.7.6.5 数据处理与分析

将试验结果如实填写在表2-17中。

表 2-17 铜矿石开路流程试验结果 （%）

试验条件	试样编号	样品名称	产率	铜品位	铜回收率
		精矿			
		中矿1			
		中矿2			
		⋮			
		中矿n			
		尾矿			
		原矿			

2.7.6.6 实验注意事项

试验过程中,详细观察各作业浮选现象,分析各产品的试验指标,考察研究中矿的处理方法。

2.7.6.7 思考题

(1)铜矿石浮选中矿的处理方法有哪些?

(2)铜矿石浮选中矿与其他有色金属（如铅锌矿石）浮选中矿性质有何异同?

2.7.7 铜矿石闭路流程试验

2.7.7.1 实验原理

参照矿石可选性研究中的浮选试验。

2.7.7.2 实验要求

(1)确立铜矿石浮选中矿返回的地点和作业,考察其对浮选指标的影响;

(2)调整因中矿返回引起的药剂用量变化,校核所拟定的浮选流程,确立可能达到浮选指标；

（3）明确闭路试验的具体做法，观察中矿返回对浮选过程产生的变化；

（4）掌握铜矿石浮选过程的平衡标志和闭路流程最终指标的计算方法。

2.7.7.3 主要仪器及耗材

试验过程中采用的主要仪器及耗材为实验室小型球磨机、天平、浮选机、过滤机、烘箱、装矿盆、洗瓶及制样工具等。

2.7.7.4 实验内容和步骤

（1）取代表性铜矿试验样 5~10 份；

（2）根据开路流程试验确定的条件和中矿返回地点与方式，固定各条件因素不变，开展全闭路流程试验；

（3）从第二批试验样试验开始，根据试验现象调整捕收剂、调整剂等药剂用量，观察中矿返回对流程的影响；

（4）根据铜矿石浮选过程的平衡标志，确定闭路试验的数量；

（5）待闭路试验流程平衡后，将获得的全部产品脱水、烘干、称重、制样、送检化验；

（6）根据化验结果，计算浮选闭路试验指标，考核闭路试验结果。

2.7.7.5 数据处理与分析

将试验结果如实填写在表 2-18 中。

表 2-18 铜矿石闭路流程试验结果 （％）

试验条件	试样编号	样品名称	产率	铜品位	铜回收率
		铜精矿 1			
		铜尾矿 1			
		铜精矿 2			
		铜尾矿 2			
		⋮			
		铜精矿 n			
		铜尾矿 n			
		中矿 1			
		中矿 n			

2.7.7.6 实验注意事项

试验过程中，详细观察各作业浮选现象，根据现象及时调整捕收剂、调整剂的用量。

2.7.7.7 思考题

（1）闭路流程最终指标有几种确立方法？

（2）闭路试验操作应注意的问题有哪些？

（3）闭路试验达平衡的标志是什么？

2.7.8　实验报告撰写

2.7.8.1　参考内容
参照矿石可选性研究中的报告编写内容。

2.7.8.2　撰写要求
（1）梳理铜矿石浮选各试验内容及结果；
（2）如实填写试验过程现象和数据；
（3）按组讨论分析试验结果；
（4）正确回答各试验思考题。

2.7.8.3　主要仪器及耗材
撰写过程中采用的主要仪器及耗材为铅笔、橡皮、坐标纸、尺具、水笔等。

2.7.8.4　报告撰写内容和步骤
（1）编写试验要求和仪器、工具等；
（2）编写试验方案、试验流程等；
（3）如实填写试验过程和试验现象；
（4）根据试验结果表，正确填写试验结果；
（5）编写对试验结果的分析；
（6）回答试验思考题。

因《钨资源开发项目驱动实践教学教程》一书中第 3 章已经详细介绍了各实践环节的实践教学指导书。但考虑到铜矿物的富集主要采用浮选分离，故在本章中仅介绍了"研究方法实验"的实践教学指导书，其他实践环节大抵相似，故均没有再介绍。请感兴趣的读者根据需要参阅《钨资源开发项目驱动实践教学教程》一书相关内容。

3 铜资源开发项目驱动研究方法教学案例

铜矿是我国重要战略资源，对外依存度较大。铜矿类型也非常多，常见的资源开发类型有铜硫矿、铜镍矿、铜多金属矿、伴生金银铜矿、氧硫铜矿等。这些铜资源被选矿富集后，通过冶炼方法进行炼铜。炼铜后产生的铜冶炼渣，也被看做是一种铜矿资源再开发。本章重点介绍铜硫矿、铜镍矿、铜多金属矿、伴生金银铜矿、氧硫铜矿和铜冶炼渣等铜资源开发项目的研究方法教学案例。

3.1 硫化铜矿石研究方法试验

3.1.1 矿石性质

硫化铜原矿为陆相火山岩型中低温热液矿床。矿石结构以结晶粒状结构为主，充填-溶蚀结构也很常见。另有网脉交代结构、细脉交代结构、压碎结构和填隙结构。矿石构造多种多样，最常见的是细脉浸染状、网状浸染状、角砾状、小脉浸染状、致密块状和条带状等构造。矿石力学性质测定显示，矿石属中硬矿石，原矿密度为 2.88t/m³，原矿松散密度为 1.83t/m³。

矿石氧化程度很低，属原生硫化矿矿石。金属矿物主要以变胶状黄铁矿、黄铜矿及变胶状黄铜矿、硫砷铜矿为主，其次为变胶状闪锌矿、闪锌矿、斑铜矿及微量的钛铁矿、锐钛矿、自然金、辉硫锑铅银矿、自然银等。脉石矿物以石英、绢云母为主，少量绿泥石、高岭土等，相互紧密嵌生，其集合体颗粒较粗，易于单体解离，绢云母易于泥化。

铜主要赋存于黄铜矿中，次有斑铜矿及少量自然铜、蓝铜矿、辉铜矿、铜蓝、孔雀石等。黄铜矿呈不规则粒状、脉状、网脉状。常见黄铜矿被交代黄铁矿和充填于黄铁矿和脉石中。黄铜矿被砷黝铜矿、黝铜矿交代充填现象十分普遍，两者嵌布关系十分密切。

黄铁矿结晶程度较高，晶形较好，与铜矿物的关系不密切，易于分离。黄铁矿被黄铜矿、含砷铜矿物充填交代，呈不规则粒状、碎屑状、浑圆状，并呈包裹体，还有细脉状和网脉状的黄铁矿和含砷铜矿物充填于碎裂黄铁矿的裂隙中，因嵌布粒度细小，难以单体解离，将导致硫精矿中含少量铜和金。

试验主要回收元素为铜、硫，其品位分别为 1.84% 和 11.09%。并在铜精矿中回收伴生金、银，其金的含量低于 0.1g/t，银的含量为 33g/t。

3.1.2 选矿原则流程的确定

根据原矿性质研究结果，硫化铜矿石可供回收的主要金属矿物为铜矿物和硫矿物，金银主要伴生富集于铜矿物中。选矿流程采用优先浮选铜原则流程，对得到的铜粗精矿再进行精选得到铜精矿，选铜尾矿用活化剂活化黄铁矿浮选得到硫精矿。选矿原则流程如图 3-1 所示。

3.1.3 磨矿曲线试验

取 4 个原矿样分别磨矿 4min、8min、12min、16min，然后用 200 目（0.074mm）分样筛筛分，取得筛上、筛下产品分别烘干经检筛后称重，计算出-200 目含量，并将磨矿曲线绘于图 3-2 中。

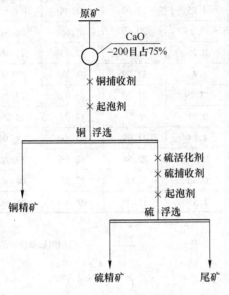

图 3-1 选矿实验原则流程

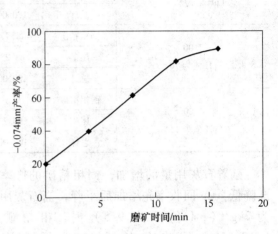

图 3-2 磨矿细度曲线

由磨矿曲线可知，要磨至-0.074mm 粒级占 60%、65%、70%、75%、80%，其对应磨矿时间分别为 7′44″、8′40″、9′34″、10′32″、11′42″。

3.1.4 铜粗选石灰用量试验

石灰是黄铁矿常用的有效抑制剂。由化学多元素分析可知，原矿含硫较高，浮铜时需要强化抑硫。根据生产实践经验，采用将石灰直接添加在磨机中的工艺。磨矿细度先设定-0.074mm 占 75%，进行石灰用量试验，试验流程和药剂制度如图 3-3 所示，试验结果见表 3-1。

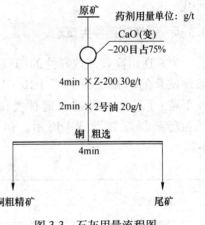

图 3-3 石灰用量流程图

表 3-1 石灰用量试验结果　　　　　　　　　　　　（%）

石灰用量/kg·t^{-1}	产品	产率	品位		回收率	
			Cu	S	Cu	S
0 （pH值为7）	铜粗精矿	24.58	6.06	40.42	81.40	89.59
	尾矿	75.42	0.45	1.53	18.60	10.41
	总计	100.00	1.83	11.09	100.00	100.00

续表 3-1

石灰用量/kg·t⁻¹	产品	产率	品位		回收率	
			Cu	S	Cu	S
1.00 (pH 值为 8)	铜粗精矿	14.05	11.07	31.22	84.99	39.55
	尾矿	85.95	0.34	7.80	15.01	60.45
	总计	100.00	1.85	11.09	100.00	100.00
2.00 (pH 值为 9.5)	铜粗精矿	12.08	13.35	20.69	87.65	22.54
	尾矿	87.92	0.26	9.77	12.35	77.46
	总计	100.00	1.84	11.09	100.00	100.00
3.00 (pH 值为 10)	铜粗精矿	11.77	13.29	21.40	85.01	22.71
	尾矿	88.23	0.31	9.71	14.99	77.29
	总计	100.00	1.84	11.09	100.00	100.00
4.00 (pH 值为 11)	铜粗精矿	9.8	15.57	22.54	82.48	19.92
	尾矿	90.2	0.36	9.85	17.52	80.08
	总计	100.00	1.85	11.09	100.00	100.00

随着石灰用量的增加，铜粗精矿的产率逐渐降低，Cu 回收率先增加后下降，当石灰用量为 2kg/t（pH 值约为 9.5）时，粗精矿含Cu13.35%、回收率为 87.65%，浮选效果较好。

3.1.5 铜捕收剂种类试验

为筛选出高效强选择性的捕收药剂，在 pH 条件试验的基础上进行了 P10、LP-01、Z-200 及丁黄+丁胺等 4 种捕收剂种类试验，试验流程和药剂制度如图 3-4 所示，试验结果见表 3-2。

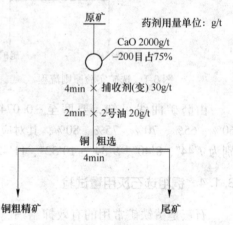

图 3-4 捕收剂种类试验流程

表 3-2 捕收剂种类试验结果 （%）

捕收剂种类	产品	产率	品位		回收率	
			Cu	Ag	Cu	Ag
LP-01	铜粗精矿	10.71	15.07	100	87.24	32.45
	尾矿	89.29	0.26	1.77	12.76	67.55
	总计	100.00	1.83	33.00	100.00	100.00
Z-200	铜粗精矿	12.14	13.02	100	85.90	36.79
	尾矿	87.86	0.30	23.74	14.10	63.21
	总计	100.00	1.85	33.00	100.00	100.00
P10	铜粗精矿	11.74	13.91	117	88.75	41.62
	尾矿	88.26	0.23	21.83	11.25	58.38
	总计	100.00	1.84	33.00	100.00	100.00

捕收剂种类	产品	产率	品位		回收率	
			Cu	Ag	Cu	Ag
丁黄+丁胺	铜粗精矿	11.43	13.66	100	84.86	34.64
	尾矿	88.57	0.31	24.35	15.14	65.36
	总计	100.00	1.84	33.00	100.00	100.00

注：原矿和尾矿中金的品位含量低，故没有化验，仅在最终铜精矿中进行了分析检测。

4 种捕收剂对铜硫矿物都有较好的浮选效果。从 Cu 品位看，依次为 LP-01>P10>丁黄+丁胺>Z-200；从 Cu 回收率看，依次为 P10>LP-01>Z-200>丁黄+丁胺；从 Cu 粗精矿中回收贵金属 Ag 的捕收能力看，依次是 P10>丁黄+丁胺>LP-01>Z-200。故综合考虑选用 P10 作为选铜的捕收剂。

3.1.6 铜捕收剂用量试验

试验采用 P10 作为铜优先浮选的捕收剂，进行了药剂用量试验。实验流程如图 3-5 所示，试验结果见表 3-3。

表 3-3 捕收剂用量试验结果 （%）

捕收剂用量 /g·t^{-1}	产品	产率	品位		回收率	
			Cu	Ag	Cu	Ag
14	铜粗精矿	8.61	17.17	130	80.34	33.92
	尾矿	91.39	0.40	23.86	19.66	66.08
	总计	100.00	1.83	33.00	100.00	100.00
21	铜粗精矿	10.38	15.63	135	88.17	42.46
	尾矿	89.62	0.24	21.19	11.83	57.54
	总计	100.00	1.84	33.00	100.00	100.00
28	铜粗精矿	11.74	13.91	117	88.75	48.03
	尾矿	88.26	0.23	21.83	11.25	51.97
	总计	100.00	1.84	33.00	100.00	100.00
35	铜粗精矿	12.63	13.16	130	89.84	49.75
	尾矿	87.37	0.22	18.98	10.16	50.25
	总计	100.00	1.84	33.00	100.00	100.00

随着捕收剂 P10 用量的增加，铜粗精矿产率逐渐增加，Cu 回收率依次增加。当捕收剂 P10 用量为 21g/t 时，粗铜精矿中 Cu 回收率增加趋势变缓，而含 Cu 品位下降较快。若一味追求提高 Cu 回收率，则精矿含 Cu 品位难以达到合格要求。故确定 21g/t 为捕收剂 P10 的最佳用量。

3.1.7 铜磨矿细度试验

为考察磨矿细度对浮选指标的影响，进行了磨矿细度条件试验。试验流程和药剂制度如图 3-5 所示，试验结果见表 3-4。

表 3-4 磨矿细度试验结果 （%）

-200 目含量	产品	产率	Cu 品位	Cu 回收率
65	铜粗精矿	9.95	14.7	79.49
	尾矿	90.05	0.42	20.51
	总计	100.00	1.83	100.00
70	铜粗精矿	11.74	13.22	84.35
	尾矿	88.26	0.33	15.65
	总计	100.00	1.85	100.00
75	铜粗精矿	11.22	14.28	87.08
	尾矿	88.78	0.27	12.92
	总计	100.00	1.84	100.00
80	铜粗精矿	11.88	13.67	88.26
	尾矿	88.12	0.25	11.74
	总计	100.00	1.84	100.00

随着磨矿细度的增加，铜粗精矿中含 Cu 品位先增加再降低，回收率依次升高。当磨矿细度达到-200 目占 75% 以后，铜精矿的产率迅速增加，而其含 Cu 品位降低也较快，回收率虽有所增加，但是矿样泥化严重。故确定磨矿细度为-200 目占 75%。

3.1.8 起泡剂用量试验

采用 2 号油作为起泡剂，进行起泡剂用量试验，试验流程和药剂制度如图 3-6 所示，试验结果见表 3-5。

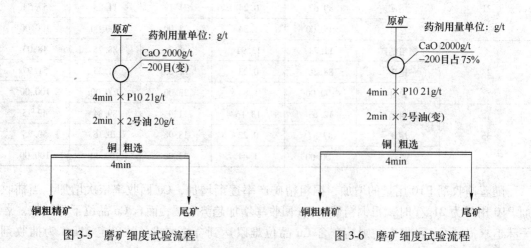

图 3-5 磨矿细度试验流程 　　　　图 3-6 磨矿细度试验流程

随着起泡剂用量的增加，铜粗精矿中含 Cu 品位依次降低，而回收率依次升高。当起泡剂达到 20g/t 以后，铜精矿的产率迅速增加，品位降低很快而回收率又增加的很慢，综合考虑确定 20g/t 为起泡剂最佳用量。

表 3-5 磨矿细度试验结果 （%）

2 号油用量/g·t⁻¹	产品	产率	Cu 品位	Cu 回收率
10	铜粗精矿	5.96	22.06	71.46
	尾矿	94.04	0.56	28.54
	总计	100.00	1.84	100.00
20	铜粗精矿	10.38	15.63	88.17
	尾矿	89.62	0.24	11.83
	总计	100.00	1.84	100.00
30	铜粗精矿	12.27	13.55	90.36
	尾矿	87.73	0.20	9.64
	总计	100.00	1.84	100.00
35	铜粗精矿	13.54	12.22	89.92
	尾矿	86.46	0.21	10.08
	总计	100.00	1.84	100.00

3.1.9 铜粗选浮选时间试验

硫化铜矿浮选是一个比较复杂的"碰撞—附着—脱落"的重复变化过程。为此对铜粗选进行了分批刮泡浮选时间试验，并通过分析矿石的累积品位及累积回收率，为进一步优化浮选流程内部结构以及为制定合理的技术方案和选择合理的设备与工艺流程提供依据。试验流程和药剂制度如图 3-7 所示，试验结果见表 3-6。

表 3-6 浮选时间试验结果 （%）

产品	刮泡时间/min	产率	累积产率	品位	累积品位	回收率	累积回收率
K1	2min	9.03	9.03	16.45	16.45	80.74	80.74
K2	1min	1.15	10.18	6.58	15.34	4.01	84.85
K3	1min	0.80	10.98	5.38	14.61	2.34	87.19
K4	1min	0.60	11.58	3.98	14.06	1.3	88.49
K5	1min	0.58	12.16	4.61	13.61	1.46	89.95
N1	1min	1.43	1.43	2.15	2.15	1.67	1.67
N2	1min	0.95	2.38	1.85	2.03	0.96	2.63
N3	1min	0.69	3.07	1.50	1.91	0.56	3.19
N4	1min	0.52	3.59	1.27	1.82	0.36	3.55
N5	1min	0.46	4.05	1.22	1.75	0.3	3.85
N6	1min	0.45	4.50	1.04	1.68	0.26	4.11
尾矿	—	83.34		0.13	1.84	5.94	
总计	12min	100.00	—	1.84	—	100.00	

铜矿物的浮选速度较快，前 2minCu 回收率达到 80.74%，品位高达 16.45%，2min 后

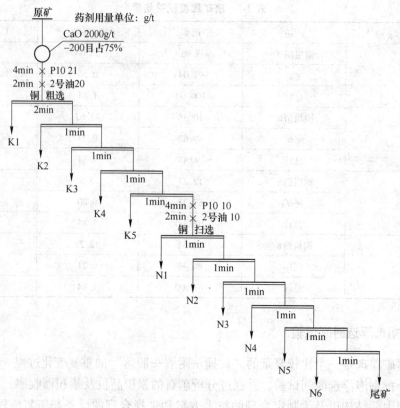

图 3-7 浮选时间试验流程

铜精矿的回收率增加速率迅速减慢，5 分钟后铜品位下降非常明显，因此铜粗选作业的浮选时间可暂定为 4~5min。

从强调铜回收率的角度安排 1~2 扫选是必要的。因此，在加入少量药剂后进行铜的扫选，前 2min 铜的品位及产率均较高，而 4min 后铜的品位及产率均较低，对提高 Cu 回收率效果不明显，因此确定铜的扫选时间为 4min。

3.1.10 铜精扫选次数试验

在确定粗、扫选浮选时间的基础上，进行铜的精、扫选次数的探索试验，试验流程和药剂制度如图 3-8 所示，试验结果见表 3-7。

表 3-7 铜精选和扫选试验结果 （%）

产品名称	产率	品位		回收率	
		Cu	S	Cu	S
铜精矿	6.22	23.20	26.1	78.43	14.64
中 1	1.7	0.84	11.22	0.78	1.72
中 2	3.86	4.12	11.64	8.64	4.05
中 3	4.07	1.49	9.65	3.30	3.54
中 4	1.96	0.74	8:12	0.79	1.44

续表 3-7

产品名称	产率	品位		回收率	
		Cu	S	Cu	S
铜尾矿	82.49	0.18	10.03	8.07	74.62
原矿	100.00	1.84	11.09	100.00	100.00

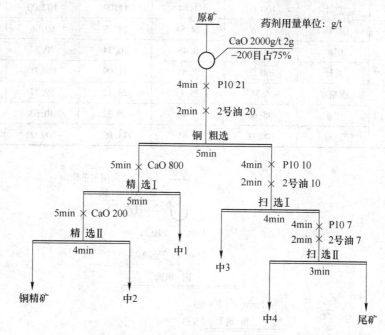

图 3-8 铜精选和扫选试验流程

采用一粗二精二扫的试验流程，能获得品位为 23.20% 的铜精矿，同时尾矿中的铜品位可降至 0.18%，尾矿中损失的 Cu 回收率只有 8.07%，故一粗二精二扫为合适的选铜试验工艺流程。

3.1.11 铜精选条件试验

为考查石灰对精选中铜精矿的影响，进行了铜精选的石灰用量试验，试验流程和药剂制度如图 3-9 所示，试验结果见表 3-8。

表 3-8 精选石灰用量结果 （%）

精选 I +精选 II 石灰用量/g·t⁻¹	产品	产率	品位		回收率	
			Cu	S	Cu	S
0 （pH 值为 9）	铜精矿	7.49	18.98	25.2	77.26	17.02
	尾矿	92.51	0.45	9.94	22.74	82.98
	总计	100.00	1.83	11.09	100.00	100.00
600+200 （pH 值为 9.5）	铜精矿	6.12	22.16	26.25	73.71	14.49
	尾矿	93.88	0.45	10.10	26.29	85.51
	总计	100.00	1.85	11.09	100.00	100.00

续表 3-8

精选Ⅰ+精选Ⅱ 石灰用量/g·t⁻¹	产品	产率	品位		回收率	
			Cu	S	Cu	S
800+400 (pH 值为 10)	铜精矿	5.92	23.2	26.9	74.64	14.36
	尾矿	94.08	0.45	10.10	25.36	85.64
	总计	100.00	1.84	11.09	100.00	100.00
1000+500 (pH 值为 10.5)	铜精矿	5.16	24.84	24.79	69.66	11.53
	尾矿	94.84	0.45	10.34	30.34	88.47
	总计	100.00	1.84	11.09	100.00	100.00
1600+800 (pH 值为 10.5)	铜精矿	4.34	25.17	28.12	59.37	11.00
	尾矿	95.66	0.45	10.32	40.63	89.00
	总计	100.00	1.85	11.09	100.00	100.00

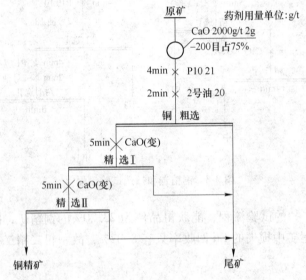

图 3-9 铜精选条件试验流程

随着石灰用量的增加，铜精矿的品位依次增加，回收率依次降低。当精选Ⅰ石灰用量为 1000g/t，精选Ⅱ石灰用量为 500g/t 时，获得铜精矿中 Cu 品位可达 24.84%，含硫品位为 24.79%，此时，Cu 回收率为 69.66%。若继续增加石灰用量，Cu 回收率迅速下降；此外，高碱工艺对铜精矿中的 Au、Ag 有一定的抑制作用，故确定石灰用量精选Ⅰ为 1000g/t，精选Ⅱ为 500g/t。

3.1.12 选硫活化剂用量试验

选铜尾矿中硫主要以黄铁矿形式存在，在优先浮铜时被深度抑制。要回收该黄铁矿，需要进行活化。常见的活化剂为硫酸和 CuSO₄。考虑到生产成本，本试验采用浓硫酸作黄铁矿活化剂，配成 10% 稀硫酸备用。工业投产后，还可以使用工业排放的废酸作活化剂。

采用硫酸作为活化剂，进行了活化剂用量试验，试验流程和药剂制度如图 3-10 所示，试验结果见表 3-9。

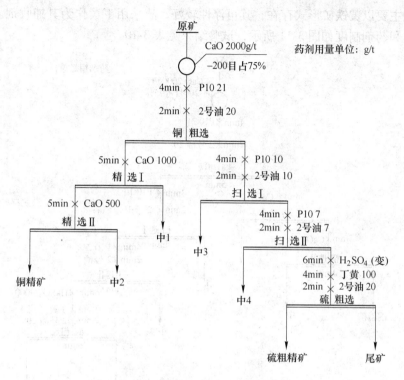

图 3-10　选硫活化剂用量试验流程

表 3-9　选硫活化剂用量试验结果　　　　　　　　　　　　　　（%）

硫酸用量/g·t⁻¹	产品	作业产率	S品位	选S作业回收率
1000 （pH值为8）	硫粗精矿	12.95	39	51.22
	尾矿	87.05	5.52	48.78
	总计	100.00	9.86	100.00
2000 （pH值为7）	硫粗精矿	17.33	35.18	61.83
	尾矿	82.67	4.55	38.17
	总计	100.00	9.86	100.00
3000 （pH值为6.5）	硫粗精矿	17.73	38.23	68.74
	尾矿	82.27	3.75	31.26
	总计	100.00	9.86	100.00
4000 （pH值为6）	硫粗精矿	18.2	38.26	70.62
	尾矿	81.8	3.54	29.38
	总计	100.00	9.86	100.00

随着硫酸用量的增加，硫精矿含 S 品位先减少再增加，回收率依次增加。当硫酸用量大于 3000g/t 时，回收率增加缓慢，综合考虑确定硫酸用量为 3000g/t。

3.1.13 选硫捕收剂用量试验

由于硫主要以黄铁矿形式存在，其可浮性较好，故采用丁黄作为其捕收剂。捕收剂用量试验流程和药剂制度如图 3-11 所示，试验结果见表 3-10。

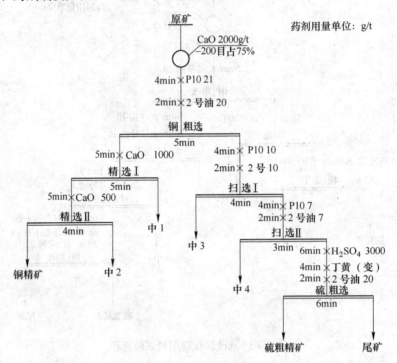

图 3-11 选硫捕收剂用量试验流程

表 3-10 选硫捕收剂用量试验结果 （%）

丁黄用量/g·t⁻¹	产品	作业产率	S 品位	选 S 作业回收率
40	硫粗精矿	16.9	42.21	72.35
	尾矿	83.1	3.28	27.65
	总计	100.00	9.86	100.00
60	硫粗精矿	17.73	41.69	74.97
	尾矿	82.27	3.00	25.03
	总计	100.00	9.86	100.00
80	硫粗精矿	17.99	38.23	69.75
	尾矿	82.01	3.64	30.25
	总计	100.00	9.86	100.00
100	硫粗精矿	18.2	38.26	70.62
	尾矿	81.8	3.54	29.38
	总计	100.00	9.86	100.00

续表 3-10

丁黄用量 /g·t⁻¹	产品	作业产率	S 品位	选 S 作业回收率
120	硫粗精矿	17.95	41.01	74.66
	尾矿	82.05	3.05	25.34
	总计	100.00	9.86	100.00

随着捕收剂丁黄的用量增加，硫精矿含 S 品位依次降低，而回收率依次增加。当丁黄用量为 60g/t 时，回收率增加较为缓慢，综合考虑，确定捕收剂用量为 60g/t。

3.1.14 开路试验

在上述条件试验结果基础上，进行了全流程综合开路试验，试验流程及其药剂制度如图 3-12 所示，试验结果见表 3-11。

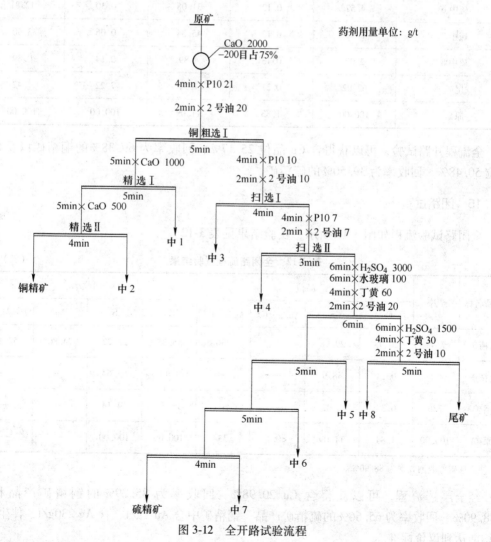

图 3-12 全开路试验流程

表 3-11　全流程开路试验结果　　　　　　（%）

产品名称	产率	品位		回收率	
		Cu	S	Cu	S
铜精矿	5.04	25.17	28.62	69.38	13.01
铜中 1	2.06	0.96	16.48	1.08	3.06
铜中 2	4.9	5.72	13.27	15.33	5.86
铜中 3	4.28	1.78	11.85	4.17	4.57
铜中 4	1.96	1.08	8.12	1.16	1.44
硫精矿	8.68	0.19	50.48	0.90	39.50
硫中 5	3.24	0.14	26.19	0.25	7.64
硫中 6	4.57	0.12	31.08	0.30	12.81
硫中 7	0.93	0.12	45.34	0.06	3.80
硫中 8	2.02	0.13	4.89	0.14	0.89
尾矿	62.82	0.21	1.31	7.22	7.42
原矿	100.00	1.83	11.09	100.00	100.00

全流程开路试验，可以获得含 Cu 品位 25.17%、回收率为 69.38% 的铜精矿以及含 S 品位 50.48%、回收率为 39.50% 的硫精矿。

3.1.15　闭路试验

全闭路试验流程如图 3-13 所示，实验结果见表 3-12。

表 3-12　全闭路流程试验结果　　　　　　（%）

产品名称	产率	品位				回收率			
		Cu	S	Au/g·t⁻¹	Ag/g·t⁻¹	Cu	S	Au	Ag
铜精矿	7.48	20.98	29.98	1	230	85.35	20.22	74.80	52.13
硫精矿	14.89	0.14	48.9	—	—	1.13	65.64	—	—
尾矿	77.63	0.32	2.02	—	—	13.51	14.14	—	—
原矿	100.00	1.84	11.09	<0.1	33	100.00	100.00	—	—

注：选硫作业回收率为 88.90%。

经全浮选流程，可以获得含 Cu 20.98%、回收率为 85.29% 的铜精矿产品和含 S 48.90%、回收率为 65.66% 的硫精矿产品。铜精矿中含 Au 1g/t、含 Ag 230g/t，伴生金、银均能达到议价标准。

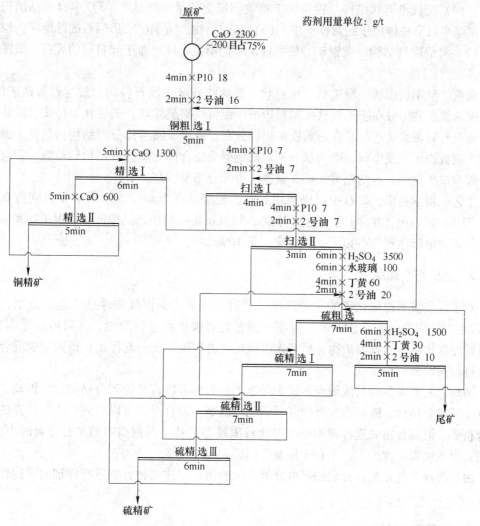

图 3-13　全闭路试验流程

3.2　铜镍硫化矿石研究方法试验

3.2.1　矿石性质

　　矿石属于低品位铜镍硫化矿石类型。矿石中金属矿物有黄铜矿、镍黄铁矿、黄铁矿、磁黄铁矿、磁铁矿、尖晶石。非金属矿物有橄榄石、辉石、透闪石、滑石、皂石。矿石的构造主要有：（1）块状构造。如磁黄铁矿、黄铜矿、镍黄铁矿组成致密块状。（2）浸染状构造。磁黄铁矿、黄铜矿呈浸染状分布。（3）星点状分布。黄铜矿呈星点状零星分布于脉石中。（4）脉状构造。黄铜矿呈细脉穿切岩石。

　　矿石的结构类型有：（1）他形晶结构。黄铜矿、磁黄铁矿呈他形晶产出。（2）固溶体分离结构。镍黄铁矿与磁黄铁矿构成固溶体分离结构。镍黄铁矿在磁黄铁矿中呈平行排列条纹。（3）脉状结构。黄铜矿、镍黄铁矿呈脉状交叉磁黄铁矿，另有磁铁矿脉穿切镍黄铁矿。（4）交代港湾状结构。镍黄铁矿被黄铜矿交代呈港湾状。（5）半自形晶结构。镍黄铁矿呈半自形柱体位于磁黄铁矿中。（6）填隙结构。黄铜矿沿透闪石的纤维间、粒间充填。（7）海绵陨铁结构。黄铜矿、磁黄铁矿呈他形集合体分布于较自形的辉石、橄榄石颗粒间。

黄铜矿呈不规则状，浸染状、星点状、微脉状分布于脉石粒间。常与磁黄铁矿伴生，或与镍黄铁矿共生分布于磁黄铁矿颗粒边缘。镍黄铁矿呈粒状、条纹状、柱状、微脉状分布。常见与磁黄铁矿连生，在磁黄铁矿边缘分布；或组成固溶体分离结构，包裹于磁黄铁矿中。磁黄铁矿呈浸染状、团块状、不规则他形等集合体充填脉石矿物颗粒间，常与黄铜矿、镍黄铁矿连生。有的磁黄铁矿在黄铜矿边缘分布呈镶边。

工艺矿物学查明，矿石中可供利用的有价元素主要为 Cu、Ni，其含量分别为 0.27% 和 0.72%。矿石中伴生 Ag 含量达到 10g/t，可以富集在精矿产品中回收。铜矿物和镍矿物中硫化矿含量都达到 90% 以上，氧化率不足 10%。

3.2.2 选矿方案确定

对于低品位铜镍硫化矿的主要浮选工艺有：一是"铜镍优先浮选工艺"方案；二是"铜镍混浮—铜镍分离浮选工艺"方案。前者先对镍矿物进行抑制，之后再浮选铜矿物，铜尾矿经活化后再回收镍矿物。后者先将原矿中的铜镍矿物一起浮出，得到铜镍混合精矿后再进行铜镍分离。

两种工艺方案各有其优缺点：优先浮选工艺方案可以直接得到合格的铜、镍精矿，但回收率可能会偏低，镍矿物被强抑制后活化较困难；混合浮选可以得到回收率较高的铜镍混合精矿，但混合精矿进行铜镍分离时比较困难，尤其是低铜高镍的矿石分离时更困难，可能会出现铜镍互含严重，不利于控制等问题。

由于两种工艺方案各有它的可取之处，试验将根据这两种方案进行详细的可选性试验研究。

3.2.3 磨矿曲线试验

小型试验用矿量为 1000g，磨矿浓度为 66.67%，磨机型号 XMQ-240×90，磨矿曲线如图 3-14 所示。

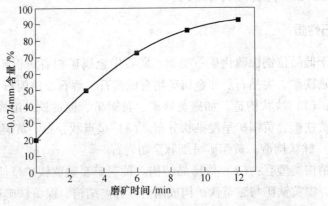

图 3-14 磨矿曲线

3.2.4 "铜镍混浮—铜镍分离"方案试验

3.2.4.1 活化剂种类及用量对铜镍浮选的影响

以 Na_2CO_3、$CuSO_4$、H_2SO_4 做镍的活化剂,考查各种活化剂对选矿指标的影响,试验流程如图 3-15 所示,试验结果见表 3-13。

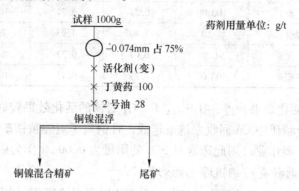

图 3-15 铜镍混浮粗选活化剂种类试验流程

表 3-13 铜镍混浮粗选活化剂种类及用量对铜镍浮选的影响 （%）

活化剂种类及用量/g·t^{-1}	产品名称	产率	品位		回收率	
			Cu	Ni	Cu	Ni
H_2SO_4 2000（pH 值为 6）	混合精矿	8.00	2.50	5.48	74.07	61.75
	尾矿	92.00	0.08	0.30	25.93	38.25
	原矿	100.00	0.27	0.71	100.00	100.00
H_2SO_4 4000（pH 值为 5）	混合精矿	9.28	2.36	5.39	81.11	70.45
	尾矿	90.72	0.06	0.23	18.89	29.55
	原矿	100.00	0.27	0.71	100.00	100.00
H_2SO_4 6000（pH 值为 4）	混合精矿	9.59	2.26	5.02	80.27	67.81
	尾矿	90.41	0.06	0.25	19.73	32.19
	原矿	100.00	0.27	0.71	100.00	100.00
Na_2CO_3 1000（pH 值为 8）	混合精矿	7.08	2.48	4.77	65.03	47.57
	尾矿	92.92	0.10	0.40	34.97	52.43
	原矿	100.00	0.27	0.71	100.00	100.00
Na_2CO_3 2000（pH 值为 9）	混合精矿	8.45	2.52	4.65	78.87	55.34
	尾矿	91.55	0.06	0.35	21.13	44.66
	原矿	100.00	0.27	0.71	100.00	100.00
Na_2CO_3 3000（pH 值为 10）	混合精矿	8.75	2.40	4.61	77.78	56.81
	尾矿	91.25	0.07	0.34	22.22	43.19
	原矿	100.00	0.27	0.71	100.00	100.00
$CuSO_4$ 200	混合精矿	8.65	2.50	4.36	80.09	53.12
	尾矿	91.35	0.06	0.36	19.91	46.88
	原矿	100.00	0.27	0.71	100.00	100.00

续表 3-13

活化剂种类及用量/g·t⁻¹	产品名称	产率	品位		回收率	
			Cu	Ni	Cu	Ni
CuSO₄ 400	混合精矿	9.14	2.25	5.34	76.17	68.74
	尾矿	90.86	0.07	0.24	23.83	31.26
	原矿	100.00	0.27	0.71	100.00	100.00
CuSO₄ 600	混合精矿	8.50	2.40	4.93	75.56	59.02
	尾矿	91.50	0.07	0.32	24.44	40.98
	原矿	100.00	0.27	0.71	100.00	100.00

Na_2CO_3 对镍的活化效果较差，H_2SO_4、$CuSO_4$ 对镍的活化效果较好。但随着 $CuSO_4$ 用量的不断增加，混合精矿中 Cu 回收率越来越低，且铜离子对镍黄铁矿有较强的活化作用，不利于后续的铜镍分离作业，因此选取 H_2SO_4 的用量为 6000g/t 作为后续试验条件。

3.2.4.2　捕收剂种类对铜镍浮选的影响

铜镍硫化矿混浮的捕收剂主要有乙黄药、丁黄药以及丁铵黑药。本实验主要考察这几种捕收剂及两种组合捕收剂对选矿指标的影响。试验流程如图 3-15 所示，试验结果见表 3-14。

表 3-14　铜镍混浮粗选捕收剂种类对铜镍浮选的影响　　　　（%）

药剂名称及用量/g·t⁻¹	产品名称	产率	品位		回收率	
			Cu	Ni	Cu	Ni
丁黄药 100	混合精矿	9.27	2.38	5.37	78.80	69.14
	尾矿	90.73	0.07	0.24	21.21	30.86
	原矿	100.00	0.28	0.72	100.00	100.00
丁铵黑药 100	混合精矿	6.25	2.31	5.43	53.47	47.80
	尾矿	93.75	0.13	0.40	46.53	52.20
	原矿	100.00	0.27	0.71	100.00	100.00
乙黄药 100	混合精矿	7.79	2.62	5.34	72.89	57.78
	尾矿	92.21	0.08	0.33	27.11	42.22
	原矿	100.00	0.28	0.72	100.00	100.00
丁黄药+乙黄药 50+50	混合精矿	8.55	2.49	5.26	76.03	62.46
	尾矿	91.45	0.07	0.30	23.97	37.54
	原矿	100.00	0.28	0.72	100.00	100.00
丁黄药+丁铵黑药 50+50	混合精矿	8.76	2.17	5.29	70.25	65.32
	尾矿	91.24	0.09	0.27	29.75	34.68
	原矿	100.00	0.27	0.71	100.00	100.00
乙黄药+丁铵黑药 50+50	混合精矿	7.12	2.48	5.47	65.35	55.63
	尾矿	92.88	0.10	0.33	34.65	44.37
	原矿	100.00	0.27	0.70	100.00	100.00

丁黄药和乙黄药捕收能力较丁铵黑药强。在相同的药剂用量下，乙黄药及其与丁黄药

组合捕收剂的选择性比丁黄药好。但从产率及回收率来看，丁黄药的捕收能力更强。综合考虑品位和回收率，选取丁黄药作为混浮捕收剂。

3.2.4.3 丁黄药用量对铜镍浮选的影响

选用丁黄药作为铜镍混浮的捕收剂，考察了丁黄药用量对混合精矿指标的影响。试验流程如图3-15所示，试验结果如图3-16所示。

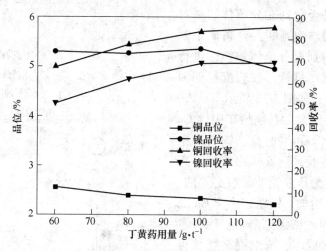

图3-16 铜镍混浮粗选丁黄药用量试验结果

随着丁黄药用量的不断增加，混合精矿中Cu和Ni的品位均在下降，但回收率不断增加，综合考虑选矿指标和药剂成本，选取丁黄药用量为100g/t作为后续试验条件。

3.2.4.4 磨矿细度对铜镍浮选的影响

选取丁黄药为100g/t，H_2SO_4用量为4000g/t，研究磨矿细度对选矿指标的影响，试验流程如图3-15所示，试验结果如图3-17所示。

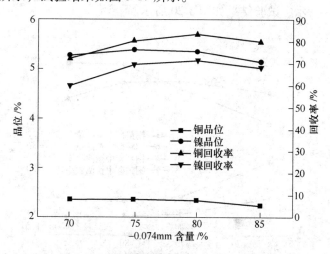

图3-17 铜镍混浮粗选磨矿细度试验结果

随着磨矿细度的不断提高，混合精矿中铜和镍的回收率不断升高，品位有所下降，当-0.074mm含量大于80%时，混合精矿中Cu、Ni的品位和回收率都有所下降，一方面是因为有用矿物易磨造成微细粒的金属矿物流失，另一方面是因为脉石矿物大量上浮造成混合精矿品位偏低。综合考虑选矿指标和磨矿成本，选取-0.074mm 含量80%作为后续试验条件。

3.2.4.5 混合精矿磨矿细度对铜镍浮选的影响

由于黄铜矿常与镍黄铁矿连生，混合精矿中铜镍矿物是否达到充分单体解离对铜镍分选十分重要。为判断混合精矿中铜镍矿物是否已经达到充分单体解离，进行了混合精矿磨矿细度试验，试验流程如图3-18 所示，试验结果如图3-19 所示。

混合粗精矿再磨之后，铜精矿中含 Cu 品位和回收率均比不再磨时高，铜精矿中镍的含量较不再磨低，铜镍矿物单体解离更加充分，因此再磨作业是非常有必要的。但随着再磨细度的增加，铜精矿中含 Cu 品位越来越高，Cu 回收率逐渐降低。综合考虑选矿指标和磨矿成本，选取混合精矿再磨细度-0.038mm 含量为80%比较合适。

3.2.4.6 活性炭用量对铜镍分离指标的影响

活性炭和 Na_2S 是常用的脱药剂。由于 Na_2S 使用时难控制，用量大时会对铜矿物

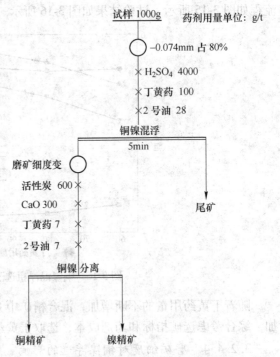

图 3-18 混合精矿再磨细度试验流程

有所抑制，所以常采用活性炭进行脱药。试验考察了活性炭用量对铜镍分离指标的影响，试验流程如图3-18 所示，试验结果如图3-20 所示。

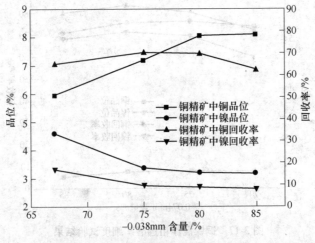

图 3-19 混合精矿再磨细度试验结果

随着活性炭用量的增加，脱药效果明显，铜精矿中含 Cu 品位越来越高，Ni 含量越来

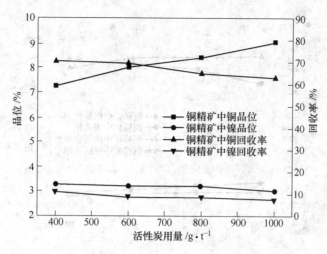

图 3-20　铜镍分离活性炭用量试验结果

越低；但铜精矿中 Cu 回收率也越来越低，综合考虑产品质量及回收率，选取活性炭用量为 600g/t 作为后续试验条件。

3.2.4.7　丁黄药用量对铜镍分离指标的影响

捕收剂丁黄药用量对铜镍分离选矿指标的影响结果如图 3-21 所示，试验流程如图 3-18 所示。

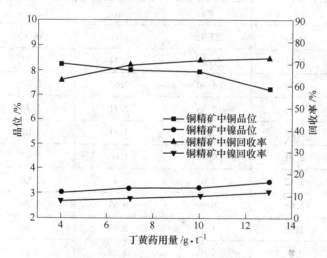

图 3-21　铜镍分离丁黄药用量试验结果

随丁黄药用量的增加，铜精矿中含 Cu 品位越来越低，但 Cu 回收率逐渐升高。当丁基黄药用量为 10g/t 时，铜精矿选别指标最好。因此选取铜镍分离时丁黄药用量为 10g/t。

3.2.4.8　石灰用量对铜镍分离指标的影响

铜镍分离时镍矿物的抑制是关键，常用的镍矿物抑制剂是石灰。石灰用量对铜镍分离指标的影响结果如图 3-22 所示，试验流程如图 3-18 所示。

随着石灰用量不断增加，石灰对镍黄铁矿有较强的抑制作用，铜精矿中 Ni 含量越来越低，但 Cu 回收率也越来越低。综合考虑，选取石灰用量为 400g/t。

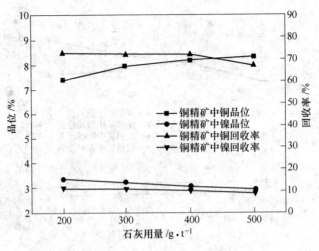

图 3-22   铜镍分离石灰用量试验结果

3.2.4.9   开路试验

开路全流程试验结果见表 3-15，试验流程如图 3-23 所示。

表 3-15   "铜镍混浮—铜镍分离"工艺开路试验结果   （%）

产品名称	产率	品位		回收率	
		Cu	Ni	Cu	Ni
铜精矿	0.58	27.15	1.72	58.32	1.39
铜中矿 1	0.41	1.81	2.44	2.75	1.39
铜中矿 2	0.20	2.70	2.52	2.00	0.70
铜中矿 3	0.11	3.35	2.71	1.36	0.41
铜中矿 4	0.08	3.41	3.11	1.01	0.35
混合中矿 1	2.01	0.73	1.69	5.42	4.71
混合中矿 2	1.12	0.63	1.49	2.62	2.32
镍精矿	6.08	0.30	6.65	6.76	56.16
铜中矿 5	1.35	1.18	2.82	5.90	5.29
铜中矿 6	0.84	1.01	3.08	3.14	3.59
尾矿	87.22	0.03	0.20	10.72	23.70
原矿	100.00	0.27	0.72	100.00	100.00

"铜镍混浮—铜镍分离"工艺开路流程试验可得到含 Cu27.15%、回收率为 58.32% 的铜精矿；含 Ni6.65%、回收率为 56.16% 的镍精矿。铜精矿中含镍 1.72%、镍回收率为 1.39%，镍精矿含铜 0.30%、回收率为 6.76%，精矿 Cu、Ni 互含率低。

3.2.4.10   闭路试验

闭路试验结果见表 3-16，试验流程图如图 3-24 所示。

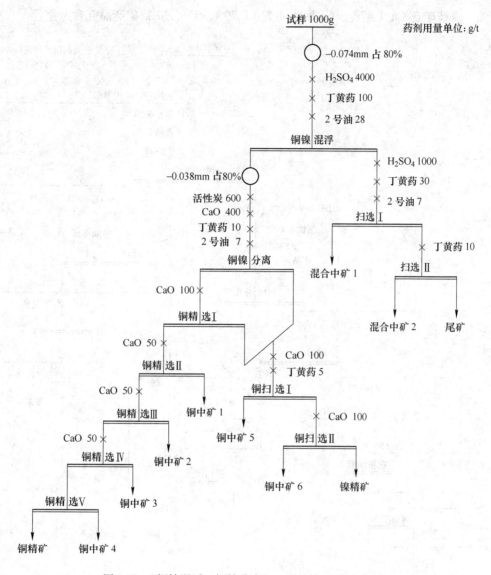

图 3-23 "铜镍混浮—铜镍分离"工艺方案开路试验流程

表 3-16 "铜镍混浮—铜镍分离"工艺闭路试验结果 （%）

产品名称	产率	品位		回收率	
		Cu	Ni	Cu	Ni
铜精矿	0.81	24.23	2.25	70.08	2.57
镍精矿	8.81	0.47	5.52	14.79	68.49
尾矿	90.38	0.05	0.23	15.13	28.94
原矿	100.00	0.28	0.71	100.00	100.00

采用"铜镍混浮—铜镍分离"工艺流程，可以得到含 Cu 24.23%、回收率 70.08%的铜精矿；含 Ni 5.52%、回收率 68.49%的镍精矿。铜精矿中含 Ni 2.25%、Ni 回收率为

2.57%，镍精矿含 Cu 0.47%、Cu 回收率为 14.79%，Cu、Ni 精矿产品互含严重。

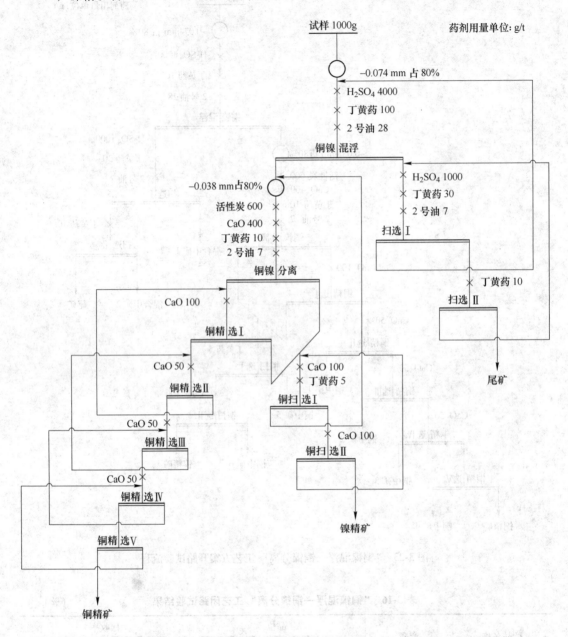

图 3-24 "铜镍混浮—铜镍分离"工艺闭路试验流程

3.2.5 "铜镍优先浮选"方案试验

3.2.5.1 捕收剂种类对铜粗选的影响

优先浮选中，铜浮选捕收剂选择非常重要，其捕收剂选择原则是在不对镍进行抑制或轻微抑制的条件下能较好地浮选出铜矿物。试验考察了 PAC、Z-200、LP-01 等几种常用的捕收剂对铜浮选的影响，试验流程如图 3-25 所示，试验结果见表 3-17。

表 3-17 铜粗选捕收剂种类对铜浮选的影响 (%)

捕收剂种类及 用量/g·t⁻¹	产品名称	产率	品位		回收率	
			Cu	Ni	Cu	Ni
PAC：21 （pH 值为 7.3）	铜粗精矿	4.97	3.26	1.15	62.35	7.94
	尾矿	95.03	0.10	0.70	37.65	92.06
	原矿	100.00	0.26	0.72	100.00	100.00
Z-200：21 （pH 值为 7.2）	铜粗精矿	6.11	3.22	1.49	70.28	12.83
	尾矿	93.89	0.09	0.66	29.72	87.17
	原矿	100.00	0.28	0.71	100.00	100.00
LP-01：21 （pH 值为 7.31）	铜粗精矿	6.51	3.32	1.11	80.05	10.04
	尾矿	93.49	0.06	0.69	19.95	89.96
	原矿	100.00	0.27	0.72	100.00	100.00
丁黄药：100 （pH 值为 11.0）	铜粗精矿	6.42	2.93	2.25	72.35	20.06
	尾矿	93.58	0.08	0.62	27.65	79.94
	原矿	100.00	0.26	0.72	100.00	100.00

丁黄药对铜矿物的选择性不好，即使在高 pH 值下，还有较多镍矿物上浮，基本不能实现铜矿物的优先浮选。PAC、Z-200 及 LP-01 这三种捕收剂对铜矿物的选择性较好。相比 PAC 和 Z-200，LP-01 对铜有更好的捕收能力。因此，在捕收剂选择上以 LP-01 为佳。

3.2.5.2 LP-01 用量对铜粗选的影响

不同 LP-01 用量的试验结果如图 3-26 所示，试验流程如图 3-25 所示。

随着 LP-01 用量的增加，铜粗精矿中含 Cu 品位在下降，但是铜粗精矿的回收率升高。当 LP-01 的用量从 21g/t 增加到 28g/t 时，铜粗精矿含 Cu 品位和回收率都在下降。综合考虑，选取 LP-01 用量为 21g/t，此时铜粗精矿中含 Cu 品位为 3.15%，回收率为 83.07%。

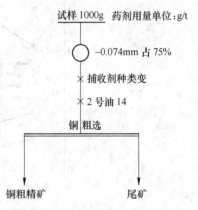

图 3-25 铜粗选捕收剂种类试验流程

3.2.5.3 石灰用量对铜粗选的影响

不同石灰用量对铜粗选指标影响的试验结果如图 3-27 所示，试验流程如图 3-25 所示。

随着石灰用量的不断加大，铜精矿中的镍品位越来越低，但同时一部分与镍连生的铜也随着镍一起被石灰抑制，导致 Cu 回收率越来越低。综合考虑，选取石灰用量为 500g/t 作为后续试验条件，此时矿浆 pH 值为 8。

3.2.5.4 磨矿细度对铜粗选的影响

磨矿细度对优先浮选指标的影响结果如图 3-28 所示，试验流程如图 3-25 所示。

随着磨矿细度的不断增加，铜精矿的品位越来越低，但回收率越来越高，且铜精矿中含 Ni 品位越来越高，当-0.074mm 含量达到 80% 时，Cu 回收率达到 88.23%。考虑后续镍矿物浮选对粒度有一定的要求,选取磨矿细度为-0.074mm占80%作为后续试验条件。

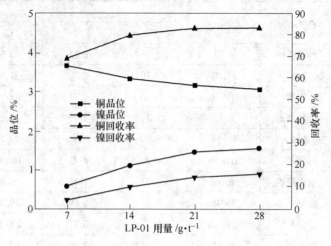

图 3-26 铜粗选 LP-01 用量试验结果

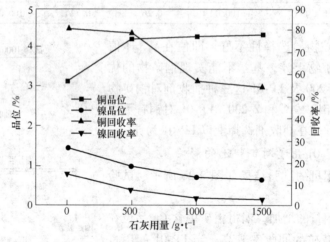

图 3-27 铜粗选石灰用量试验结果

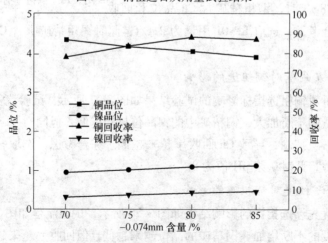

图 3-28 铜粗选磨矿细度试验结果

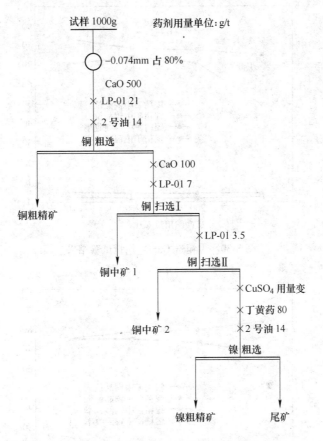

图 3-29 镍粗选 $CuSO_4$ 用量试验流程

3.2.5.5 $CuSO_4$ 用量对镍粗选的影响

$CuSO_4$、H_2SO_4 对镍的活化效果较好,但考虑到矿石中有一定量的黄铁矿和磁黄铁矿,H_2SO_4 对黄铁矿、磁黄铁矿同样有活化作用。因此,宜采用 $CuSO_4$ 作为镍矿物活化剂。镍粗选时 $CuSO_4$ 用量对镍选矿指标的影响试验流程如图 3-29 所示,试验结果如图 3-30 所示。

随着 $CuSO_4$ 的用量不断增加,Ni 回收率越来越高,当用量达到 250g/t 时 Ni 回收率最高,为 74.10%。若继续加大 $CuSO_4$ 的用量矿浆泡沫会发脆,回收率下降。综合考虑,选取 $CuSO_4$ 用量为 250g/t 作为后续试验条件。

3.2.5.6 捕收剂用量对镍浮选的影响

由"铜镍混浮—铜镍分离"方案试验结果可知,丁黄药对镍有较好的捕收能力,因此本条件试验主要考查丁黄药用量对选矿指标的影响,试验流程如图 3-29 所示,试验结果如图 3-31 所示。

随着捕收剂丁黄药用量的不断增大,Ni 回收率越来越高,但品位越来越低。当丁黄药用量为 100g/t 时,选矿指标最好,此时镍粗精矿中含 Ni 品位为 4.65%,回收率为 74.02%。

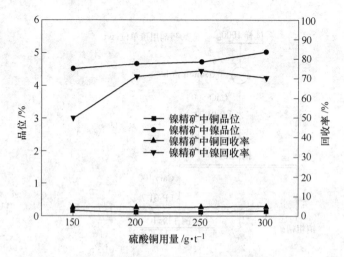

图 3-30 镍粗选 $CuSO_4$ 用量试验结果

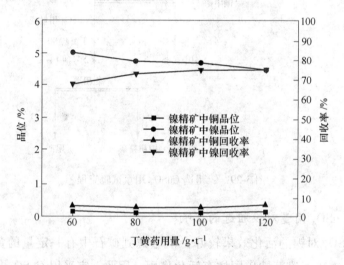

图 3-31 镍粗选丁黄药用量试验结果

3.2.5.7 再磨细度对镍浮选的影响

由工艺矿物学研究结果可知，镍黄铁矿与磁铁矿、脉石矿物共生，为了使镍黄铁矿与磁黄铁矿、脉石矿物充分单体解离，对镍粗精矿进行再磨细度试验，主要考察了镍粗精矿再磨细度对镍选矿指标的影响。试验流程图如图 3-32 所示，试验结果如图 3-33 所示。

随着再磨细度的不断增加，镍黄铁矿单体解离度越来越高，镍精矿中含 Ni 品位不断上升。但当磨矿细度达到-0.038mm 含量占 85%时，镍的回收率开始下降，可能是因为出现了过磨现象，造成细粒级的镍黄铁矿无法上浮，综合考虑，在后续试验中镍再磨细度选取为-0.038mm 含量占 80%。

3.2.5.8 开路试验

开路试验流程如图 3-34 所示，试验结果见表 3-18。

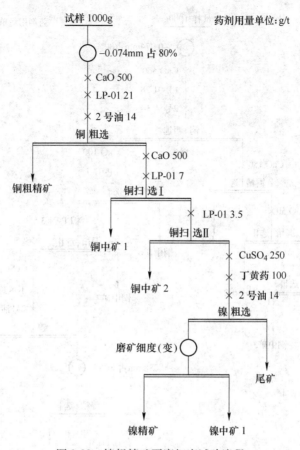

图 3-32　镍粗精矿再磨细度试验流程

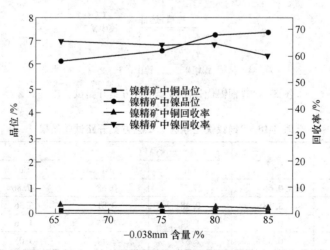

图 3-33　镍粗精矿再磨细度试验结果

　　开路流程试验可以得到含 Cu 27.76%、回收率为 67.86% 的铜精矿，含 Ni 9.43%、回收率为 62.07% 的镍精矿。铜精矿含 Ni 0.68%、回收率 0.62%，镍精矿含 Cu 0.07%、回收率 1.18%，浮选指标明显优于"铜镍混浮—铜镍分离"方案所获选矿指标。

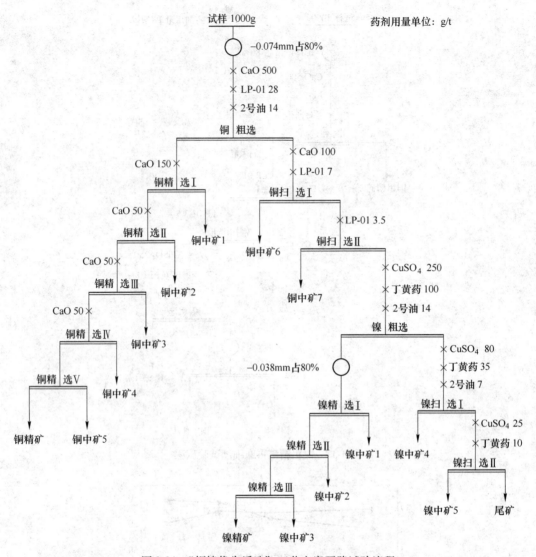

图 3-34　"铜镍优先浮选"工艺方案开路试验流程

表 3-18　"铜镍优先浮选"工艺方案开路试验结果　　　　　　　（％）

产品名称	产率	品位		回收率	
		Cu	Ni	Cu	Ni
铜精矿	0.66	27.76	0.68	67.86	0.62
铜中矿1	3.58	0.48	0.81	6.36	4.03
铜中矿2	0.78	1.44	1.75	4.16	1.90
铜中矿3	0.32	2.57	2.14	3.05	0.95
铜中矿4	0.20	3.04	2.29	2.25	0.64
铜中矿5	0.10	3.59	2.32	1.33	0.32
铜中矿6	1.06	0.72	1.60	2.83	2.36
铜中矿7	0.60	0.68	1.85	1.51	1.54
镍精矿	4.61	0.07	9.43	1.18	62.07
镍中矿1	3.70	0.17	1.02	2.25	5.39

续表 3-18

产品名称	产率	品位		回收率	
		Cu	Ni	Cu	Ni
镍中矿 2	2.91	0.11	1.16	1.14	4.82
镍中矿 3	0.62	0.11	2.00	0.24	1.77
镍中矿 4	1.56	0.12	1.31	0.69	2.84
镍中矿 5	0.84	0.13	1.02	0.40	1.19
尾矿	78.43	0.02	0.10	4.49	11.34
原矿	100.00	0.27	0.72	100.00	100.00

3.2.5.9　闭路流程试验

闭路试验流程如图 3-35 所示，试验结果见表 3-19。

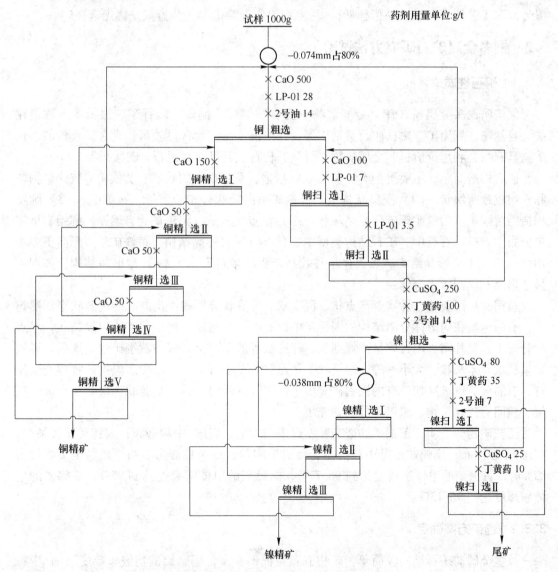

图 3-35　"铜镍优先浮选"工艺方案闭路流程

表 3-19 "铜镍优先浮选" 工艺方案闭路结果 　　　　　　　　　　（%）

产品名称	产率	品位		回收率	
		Cu	Ni	Cu	Ni
铜精矿	0.81	25.35	0.76	76.05	0.86
镍精矿	6.20	0.23	8.15	5.28	70.18
尾矿	92.99	0.04	0.19	18.67	28.96
原矿	100.00	0.27	0.72	100.00	100.00

采用 "铜镍优先浮选" 工艺流程可以得到含 Cu 25.35%、回收率为 76.05% 的铜精矿；含 Ni 8.15%、回收率为 70.18% 的镍精矿。铜精矿含 Ni 0.76%、Ni 回收率为 0.86%，镍精矿含 Cu 0.23%、Cu 回收率为 5.28%，精矿产品中 Cu、Ni 互含明显比 "铜镍混浮—铜镍分离" 工艺所获精矿产品指标低得多。"铜镍优先浮选" 工艺方案是优先选择。

3.3 铜多金属矿石研究方法试验

3.3.1 矿石性质

原矿属铜多金属矿矿床。金属矿物主要有黄铜矿、铜蓝、闪锌矿、黑钨矿、辉铅铋矿、自然铋、辉钼矿、磁铁矿、黄铁矿等，其中铜、锌矿物含量较高，具有回收价值，钨矿物具有综合利用价值；非金属矿物有石英、长石、云母、绿泥石、碳酸盐等。

矿石构造简单，主要类型有：（1）块状构造。黄铜矿、闪锌矿、黄铁矿等硫化矿物与脉石组成致密块状。（2）浸染状构造。黄铜矿呈浸染状分布于云母、石英中。（3）脉状构造。黄铜矿、闪锌矿等硫化矿呈脉状。（4）星点状构造。黑钨矿、自然铋、辉钼矿呈零星分布于云母、石英中。矿石结构类型主要有：（1）自形晶结构。黄铁矿呈自形晶正方形切面。（2）半自形晶结构。黑钨矿呈柱状、矛头状半自形晶。（3）他形晶结构。黄铜矿呈他形晶不规则状集合体。

黄铜矿呈团块状、脉状、星点状、浸染状、乳滴状等形式产出。有的呈脉状穿切黑钨矿，有的包裹在固溶体分离结构的闪锌矿中，有的与自然铋、辉铅铋矿连生浸染状，星点状分布于云母片间。闪锌矿呈不规则状、浑圆状等形态产出，多被黄铜矿包裹连生。黑钨矿呈柱状、矛头状、大小不等、浸染状、星点状分布于石英、云母中。黑钨矿解理裂纹发育，有的被黄铜矿穿切，有的黑钨矿充填于铁锂云母片间。石英呈脉状、块状集合体，裂纹、粒间为硫化矿物、黑钨矿等矿物充填。

工艺矿物学查明，黄铜矿的嵌布粒度以中粒为主，属细-中粒嵌布；闪锌矿比较细些，属细-中粒嵌布；黑钨矿也是中粒为主，极少量细粒，属中粒嵌布。当原矿磨至 200 目占82% 时，黄铜矿的单体解离度达到 96.77%，闪锌矿的单体解离度达到 98%，黑钨矿的单体解离度达到 96.15%。

3.3.2 选矿方案确定

该多金属矿矿石结构较简单，矿物嵌布特征不复杂，铜、钨矿物嵌布粒度属细-中粒范围；铜、锌、钨矿物的单体解离度良好，属易选矿石类型。确定采用浮选回收铜锌硫化矿，浮选尾矿重选回收黑钨矿的选矿工艺方案。

3.3.3　磨矿曲线试验

单元试验用矿量 1000g，磨矿浓度 65%，磨机型号 XMQ-240×90，其磨矿曲线如图 3-36 所示。

3.3.4　铜浮选条件试验

3.3.4.1　铜捕收剂种类条件试验

采用 PAC、Z-200、PL-01 和丁黄药进行了铜捕收剂种类条件试验，试验过程中采用石灰调节矿浆 pH，试验流程如图 3-37 所示，试验结果见表 3-20。

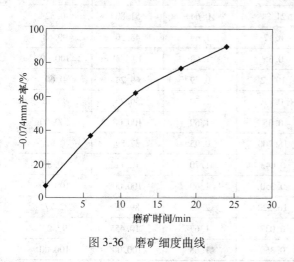

图 3-36　磨矿细度曲线

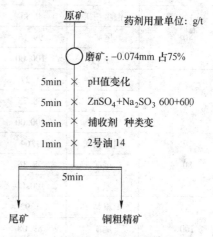

图 3-37　铜捕收剂种类条件试验流程

表 3-20　铜捕收剂种类条件试验结果　　　　　　　　　　（%）

捕收剂种类及用量/g·t⁻¹	产品名称	产率	品位		回收率	
			Cu	Zn	Cu	Zn
PAC：14 （pH 值为 7.2）	铜粗精矿	1.25	7.65	0.60	27.14	0.45
	尾矿	98.75	0.26	1.69	72.86	99.55
	原矿	100.00	0.35	0.28	100.00	100.00
Z-200：14 （pH 值为 7.3）	铜粗精矿	1.57	8.31	0.73	37.60	0.68
	尾矿	98.43	0.22	1.71	62.40	99.32
	原矿	100.00	0.35	1.69	100.00	100.00
LP-01：14 （pH 值为 7.1）	铜粗精矿	0.79	16.41	0.45	37.17	0.21
	尾矿	99.21	0.22	1.69	62.83	99.79
	原矿	100.00	0.35	1.68	100.00	100.00
丁黄药：80 （pH 值为 10.5）	铜粗精矿	1.64	18.700	0.95	87.89	0.92
	尾矿	98.36	0.043	1.70	12.11	99.08
	原矿	100.00	0.350	1.69	100.00	100.00

采用 PAC 和 Z-200 做铜矿物捕收剂得到的铜粗精矿指标较差。而采用 LP-01 做捕收剂得到的铜精矿中含 Cu 品位较高，达到 16.41%，但其回收率偏低，只有 37.17%；采用丁黄药做捕收剂，得到的铜粗精矿含 Cu 品位达到 18.70%，回收率达到 87.89%，从选矿指标和经济成本两方面考虑，选取丁黄药做为铜矿物捕收剂，进行后续试验研究。

3.3.4.2 铜捕收剂用量条件试验

考查了铜捕收剂丁基黄药用量对选矿指标的影响，试验流程如图 3-37 所示，试验结果见表 3-21。

表 3-21 铜捕收剂用量条件试验结果 (%)

丁黄药用量 /g·t^{-1}	产品名称	产率	品位		回收率	
			Cu	Zn	Cu	Zn
40	铜粗精矿	0.85	21.31	0.64	51.80	0.32
	尾矿	99.15	0.17	1.69	48.20	99.68
	原矿	100.00	0.35	1.68	100.00	100.00
60	铜粗精矿	1.27	19.22	0.79	69.24	0.60
	尾矿	98.73	0.11	1.70	30.76	99.40
	原矿	100.00	0.35	1.69	100.00	100.00
80	铜粗精矿	1.64	18.700	0.95	87.89	0.92
	尾矿	98.36	0.043	1.70	12.11	99.08
	原矿	100.00	0.350	1.69	100.00	100.00
100	铜粗精矿	1.92	16.220	2.43	89.55	2.77
	尾矿	89.08	0.037	1.67	10.45	97.23
	原矿	100.00	0.350	1.68	100.00	100.00

随着丁黄药用量逐渐增大，铜粗精矿中 Cu 回收率不断升高，但含 Cu 品位却逐渐降低。随着丁黄药用量的增大，铜粗精矿中 Zn 含量逐渐升高，且当丁黄药用量从 80g/t 增加到 100g/t 时 Cu 回收率变化不大。因此，选取丁黄药用量 80g/t 作为后续试验条件。

3.3.4.3 铜粗选锌抑制剂用量条件试验

考虑到 $ZnSO_4$+Na_2SO_3 组合药剂是目前抑锌工艺中应用最好的抑制剂，实验进行了其用量条件试验，试验流程如图 3-37 所示，试验结果见表 3-22。

表 3-22 铜粗选锌抑制剂用量条件试验结果 (%)

$ZnSO_4$+Na_2SO_3 /g·t^{-1}	产品名称	产率	品位		回收率	
			Cu	Zn	Cu	Zn
200+200	铜粗精矿	1.98	15.920	3.12	89.91	3.67
	尾矿	98.02	0.036	1.65	10.09	96.33
	原矿	100.00	0.350	1.68	100.00	100.00
400+400	铜粗精矿	1.83	17.340	1.93	88.02	2.11
	尾矿	98.17	0.044	1.67	11.98	97.89
	原矿	100.00	0.360	1.68	100.00	100.00

$ZnSO_4+Na_2SO_3$ /g·t^{-1}	产品名称	产率	品位		回收率	
			Cu	Zn	Cu	Zn
600+600	铜粗精矿	1.64	18.700	0.95	87.89	0.92
	尾矿	98.36	0.043	1.70	12.11	99.08
	原矿	100.00	0.350	1.69	100.00	100.00
800+800	铜粗精矿	1.44	20.120	0.71	83.47	0.61
	尾矿	98.56	0.058	1.69	16.53	99.39
	原矿	100.00	0.350	1.68	100.00	100.00

$ZnSO_4+Na_2SO_3$ 药剂组合对锌矿物有很好的抑制作用。随着其用量不断增大,得到的铜粗精矿中含 Cu 品位不断升高,锌的含量不断降低。但当其用量达到 (800+800)g/t 时,得到的铜精矿中 Cu 回收率下降剧烈,因此选择用量 (600+600)g/t 作为后续试验条件。

3.3.4.4 铜粗选 pH 值条件试验

Cu、Zn 分离过程中,矿浆 pH 值也是影响分离效果的重要因素,为此,进行了铜粗选 pH 值条件试验,试验流程如图 3-37 所示,试验结果见表 3-23。

表 3-23 铜粗选 pH 值条件试验结果 (%)

pH	产品名称	产率	品位		回收率	
			Cu	Zn	Cu	Zn
9.5	铜粗精矿	2.35	13.430	1.89	89.48	2.65
	尾矿	97.65	0.038	1.67	10.52	97.35
	原矿	100.00	0.350	1.68	100.00	100.00
10.0	铜粗精矿	1.94	15.690	1.20	88.07	1.38
	尾矿	98.06	0.042	1.69	11.93	98.62
	原矿	100.00	0.350	1.68	100.00	100.00
10.5	铜粗精矿	1.67	18.650	0.96	88.05	0.95
	尾矿	99.33	0.043	1.70	11.95	99.05
	原矿	100.00	0.350	1.69	100.00	100.00
11.0	铜粗精矿	1.43	20.340	0.67	82.62	0.57
	尾矿	98.57	0.062	1.69	17.38	99.43
	原矿	100.00	0.350	1.68	100.00	100.00

随着浮选矿浆 pH 值的升高,得到的铜精矿产品中含 Cu 品位不断升高,Zn 含量不断降低,但铜矿物的回收率逐渐降低,尤其是当 pH 值达到 11.0 时,铜矿物的回收率降幅急剧增大,因此,选取矿浆 pH 值为 10.5 作为后续试验条件。

3.3.4.5 磨矿细度条件试验

为了考查磨矿细度对选矿指标的影响,进行了磨矿细度条件试验,试验流程如图 3-37 所示,试验结果见表 3-24。

表 3-24 磨矿细度条件试验结果 (%)

磨矿细度 -0.074mm 含量 /%	产品名称	产率	品位		回收率	
			Cu	Zn	Cu	Zn
70	铜粗精矿	1.43	20.610	0.79	83.04	0.67
	尾矿	98.57	0.061	1.7	16.96	99.33
	原矿	100.00	0.350	1.69	100.00	100.00
75	铜粗精矿	1.67	18.670	0.93	88.27	0.92
	尾矿	98.33	0.042	1.69	11.73	99.08
	原矿	100.00	0.350	1.68	100.00	100.00
80	铜粗精矿	1.87	16.800	1.24	89.41	1.38
	尾矿	98.13	0.038	1.69	10.59	98.62
	原矿	100.00	0.350	1.68	100.00	100.00
85	铜粗精矿	1.97	15.790	1.31	89.06	1.53
	尾矿	98.03	0.039	1.7	10.94	98.47
	原矿	100.00	0.350	1.69	100.00	100.00

随着磨矿细度的增加，获得的铜粗精矿产品中含 Cu 品位逐渐降低，但回收率逐渐升高。考虑选矿指标和磨矿成本，并且该矿样中还含有一定的钨矿物，磨矿细度太细不利于钨矿物的回收，因此，选取磨矿细度-0.074mm 占 75% 作为后续试验条件。

3.3.4.6 铜精选条件试验

粗选条件试验得到的铜精矿品位已较高，但为了得到合格的铜精矿，进行了精选条件试验。考虑尾矿中含 Cu 品位已较低，因此只进行一次扫选，试验流程如图 3-38 所示，试验结果见表 3-25。

表 3-25 铜精选条件试验结果 (%)

精选条件	产品名称	产率	品位		回收率	
			Cu	Zn	Cu	Zn
空白精选一次	铜精矿	1.31	21.830	0.90	82.67	0.70
	中矿 1	0.43	4.320	1.43	5.38	0.36
	中矿 2	0.33	2.450	0.62	2.32	0.12
	尾矿	97.93	0.034	1.71	9.63	98.82
	原矿	100.00	0.350	1.69	100.00	100.00
空白精选二次	铜粗精矿	1.17	25.140	0.83	81.32	0.58
	中矿 1	0.43	4.270	1.47	5.09	0.39
	中矿 2	0.29	2.120	0.59	1.72	0.10
	中矿 3	0.12	8.550	0.36	2.93	0.027
	尾矿	97.99	0.033	1.70	8.94	98.92
	原矿	100.00	0.350	1.68	100.00	100.00

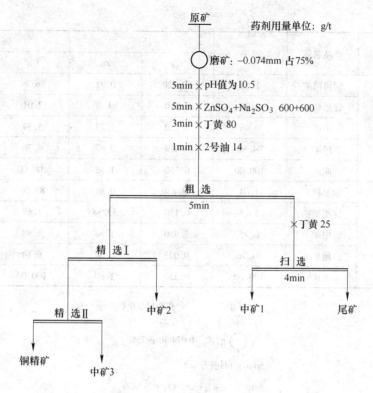

图 3-38 铜精选条件试验流程

铜粗精矿精选两次后可达到合格铜精矿的要求，并且精选两次 Cu 回收率与精选一次相差不大，因此，采用精选两次作为后续试验条件。

3.3.5 锌浮选条件试验

3.3.5.1 锌粗选丁基黄药用量条件试验

本条件试验主要考查丁基黄药用量对选矿指标的影响，试验流程如图 3-39 所示，试验结果见表 3-26。

表 3-26 锌粗选丁基黄药用量条件试验结果 （%）

丁基黄药用量 /g·t⁻¹	产品名称	产率	品位		回收率	
			Cu	Zn	Cu	Zn
50	铜粗精矿	1.65	18.370	0.94	86.46	0.93
	锌粗精矿	2.21	0.230	42.36	1.45	55.88
	中矿	0.46	3.850	1.47	5.02	0.40
	尾矿	95.68	0.026	0.75	7.07	42.79
	原矿	100.00	0.350	1.68	100.00	100.00
60	铜粗精矿	1.67	18.330	0.96	86.62	0.95
	锌粗精矿	2.68	0.200	37.68	1.52	60.10
	中矿	0.47	3.860	1.52	5.14	0.43
	尾矿	95.18	0.025	0.68	6.72	38.52
	原矿	100.00	0.350	1.68	100.00	100.00

丁基黄药用量 /g·t^{-1}	产品名称	产率	品位		回收率	
			Cu	Zn	Cu	Zn
70	铜粗精矿	1.68	18.420	0.91	86.29	0.91
	锌粗精矿	2.98	0.240	34.36	2.01	60.84
	中矿	0.46	4.130	1.73	5.34	0.48
	尾矿	94.88	0.024	0.67	6.36	37.77
	原矿	100.00	0.360	1.68	100.00	100.00
80	铜粗精矿	1.64	18.830	0.89	87.20	0.87
	锌粗精矿	3.15	0.190	33.38	1.68	62.55
	中矿	0.45	3.950	1.68	4.98	0.45
	尾矿	94.76	0.023	0.64	6.14	35.13
	原矿	100.00	0.350	1.69	100.00	100.00

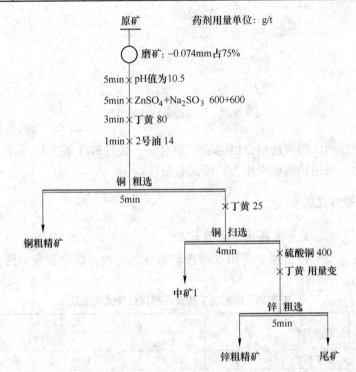

图 3-39 锌粗选丁基黄药用量条件试验流程

随着捕收剂丁基黄药用量不断增加，得到的锌粗精矿产率不断增大，锌矿物回收率也不断升高，但锌粗精矿中含 Zn 品位却不断下降。当丁黄药用量大于 60g/t 以后，锌矿物回收率增幅变小，综合考虑选矿指标，选取丁黄药用量 60g/t 作为后续试验条件。

3.3.5.2 锌粗选活化剂 $CuSO_4$ 用量条件试验

考查了 $CuSO_4$ 用量对锌选矿指标的影响，试验流程如图 3-39 所示，试验结果见表 3-27。

表 3-27　锌粗选 CuSO₄ 用量条件试验结果　　　　　　　（%）

CuSO₄ 用量 /g·t⁻¹	产品名称	产率	品位		回收率	
			Cu	Zn	Cu	Zn
300	铜粗精矿	1.66	18.650	0.91	87.36	0.91
	锌粗精矿	2.54	0.250	38.14	1.78	51.73
	中矿	0.43	4.110	1.62	5.00	0.42
	尾矿	94.37	0.022	0.72	5.86	40.94
	原矿	100.00	0.360	1.68	100.00	100.00
400	铜粗精矿	1.67	18.330	0.96	86.62	0.95
	锌粗精矿	2.68	0.200	37.68	1.52	60.10
	中矿	0.47	3.860	1.52	5.14	0.43
	尾矿	95.18	0.025	0.68	6.72	38.52
	原矿	100.00	0.350	1.68	100.00	100.00
500	铜粗精矿	1.65	18.710	0.97	87.02	0.95
	锌粗精矿	2.81	0.240	37.03	1.90	61.88
	中矿	0.46	4.230	1.66	5.44	0.45
	尾矿	95.08	0.021	0.65	5.64	36.72
	原矿	100.00	0.350	1.68	100.00	100.00
600	铜粗精矿	1.69	18.240	0.87	86.97	0.87
	锌粗精矿	3.03	0.240	35.23	2.05	63.30
	中矿	0.43	4.230	1.58	5.10	0.40
	尾矿	94.85	0.022	0.63	5.88	35.43
	原矿	100.00	0.350	1.69	100.00	100.00

当 CuSO₄ 用量达到 400g/t 以后，再增加其用量得到的锌粗精矿产率和回收率相差不大，并且随着 CuSO₄ 用量的增加，Zn 品位逐渐降低。综合考虑选矿指标与药剂成本，选取 CuSO₄ 用量 400g/t。

3.3.5.3　锌精选条件试验

为了得到合格的锌精矿，进行了锌粗精矿精选条件试验，试验流程如图 3-40 所示，试验结果见表 3-28。

表 3-28　锌循环锌精选条件试验结果　　　　　　　（%）

精选条件	产品名称	产率	品位		回收率	
			Cu	Zn	Cu	Zn
空白精选三次	铜粗精矿	1.65	18.75	0.93	86.41	0.92
	锌精矿	1.84	0.24	51.36	1.23	56.27
	中矿1	0.45	4.23	1.62	5.34	0.44
	中矿2	1.16	0.14	5.61	0.45	3.89
	中矿3	0.78	0.10	5.11	0.22	2.38

精选条件	产品名称	产率	品位		回收率	
			Cu	Zn	Cu	Zn
空白精选三次	中矿 4	0.72	0.38	8.85	0.77	3.81
	中矿 5	0.49	0.24	10.43	0.33	3.07
	中矿 6	0.22	0.11	11.92	0.07	1.59
	尾矿	92.67	0.02	0.50	5.18	27.63
	原矿	100.00	0.36	1.68	100.00	100.00
空白精选四次	铜粗精矿	1.67	18.610	0.91	86.92	0.90
	锌精矿	1.63	0.220	56.73	1.00	54.46
	中矿 1	0.44	4.100	1.67	5.06	0.43
	中矿 2	1.16	0.180	5.85	0.59	4.02
	中矿 3	0.76	0.130	5.53	0.28	2.49
	中矿 4	0.73	0.350	7.92	0.72	3.43
	中矿 5	0.51	0.260	10.79	0.37	3.26
	中矿 6	0.21	0.130	12.15	0.08	1.52
	中矿 7	0.12	0.150	14.65	0.05	1.01
	尾矿	92.77	0.019	0.52	4.93	28.48
	原矿	100.00	0.360	1.69	100.00	100.00

　　锌粗精矿精选三次和四次获得的锌精矿产品 Zn 回收率相差不大，但锌精矿中含 Zn 品位却有所升高，因此，确定锌粗精矿精选次数 4 次作为后续试验条件。

3.3.6　铜锌优先浮选流程试验

3.3.6.1　铜锌优先浮选开路流程试验
开路试验流程如图 3-41 所示，试验结果见表 3-29。

表 3-29　铜锌优先浮选开路流程试验结果　　　　　　（%）

产品名称	产率	品位		回收率	
		Cu	Zn	Cu	Zn
铜精矿	1.15	25.320	0.97	82.89	0.67
锌精矿	1.65	0.180	56.73	0.85	55.86
中矿 1	0.45	4.040	1.54	5.20	0.42
中矿 2	1.17	0.140	5.72	0.47	4.00
中矿 3	0.74	0.130	5.55	0.28	2.46
中矿 4	0.32	1.970	0.63	1.78	0.12
中矿 5	0.13	7.190	0.41	2.70	0.03
中矿 6	0.76	0.300	10.74	0.65	4.85

产品名称	产率	品位		回收率	
		Cu	Zn	Cu	Zn
中矿7	0.52	0.220	12.65	0.32	3.91
中矿8	0.23	0.140	13.11	0.09	1.77
中矿9	0.11	0.110	15.32	0.03	1.01
尾矿	92.77	0.018	0.45	4.75	24.90
原矿	100.00	0.350	1.68	100.00	100.00

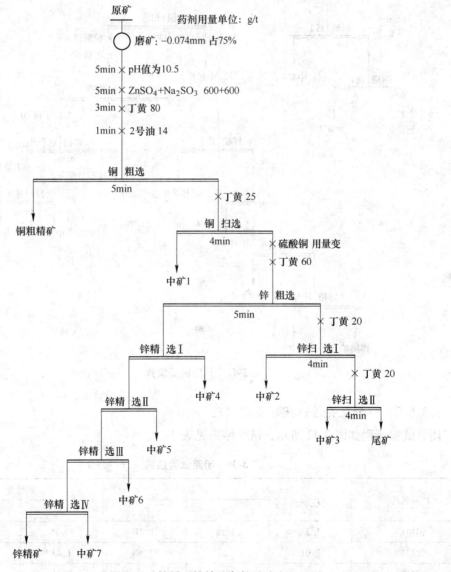

图 3-40 锌循环锌精选条件试验流程

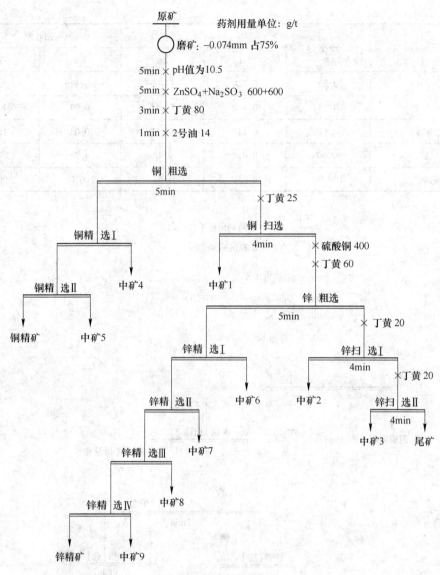

图 3-41   开路试验流程

3.3.6.2   铜锌优先浮选闭路流程试验

闭路试验流程如图 3-42 所示，试验结果见表 3-30。

表 3-30   闭路试验结果 　　　　　　　　　　　　　　（%）

产品名称	产率	品位		回收率	
		Cu	Zn	Cu	Zn
铜精矿	1.33	24.19	1.21	91.16	0.96
锌精矿	2.01	0.25	55.63	1.43	66.77
尾矿	96.66	0.027	0.56	7.41	32.27
原矿	100.00	0.35	1.68	100.00	100.00

闭路实验能够获得含 Cu 24.19%、回收率为 91.16% 的铜精矿，含 Zn 55.63%、回收率为 66.77% 的锌精矿。铜精矿中含 Zn 1.21%、Zn 回收率 0.96%，锌精矿中含 Cu 0.25%、Cu 回收率为 1.43%，精矿产品中 Cu、Zn 互含很低，实现了浮选相互分离目的。

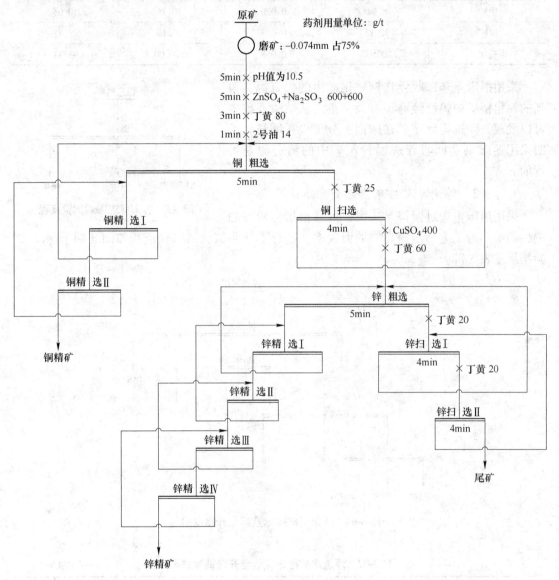

图 3-42 闭路试验流程

3.3.7 浮选尾矿重选收钨试验

经化验浮选尾矿中钨品位为 0.058%，对原矿分布率为 93.47%，具有回收价值。

3.3.7.1 浮选尾矿摇床重选试验

对浮选铜锌尾矿进行回收钨的试验研究，其试验流程如图 3-43 所示，试验结果见表 3-31。

表 3-31　摇床重选探索试验结果　　　　　　　　　　　　（%）

产品名称	产率	品位	作业回收率	对原矿回收率
钨粗精矿	0.93	4.310	69.02	64.51
中矿	8.94	0.070	10.79	10.08
尾矿	90.13	0.013	20.19	18.88
浮选尾矿	100.00	0.058	100.00	93.47

采用摇床重选回收浮选铜锌尾矿中的钨资源，得到的钨粗精矿中钨已经有了有效富集，从试验现象也可以发现，浮选铜锌尾矿在床面上分带也很明显，说明采用摇床重选回收浮选铜锌尾矿中的钨资源是可行的。

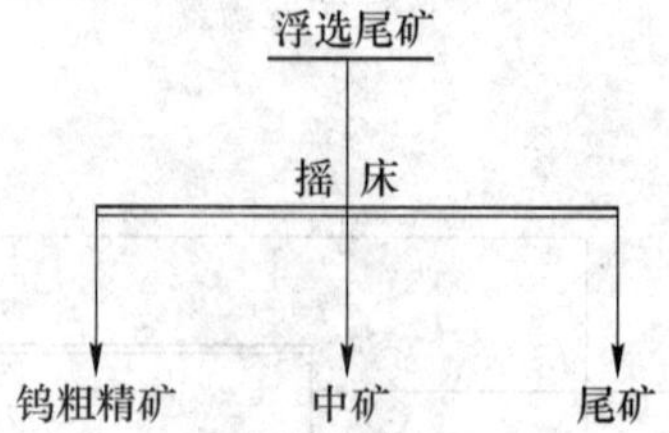

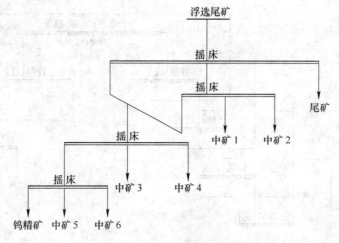

图 3-43　摇床重选探索试验流程

3.3.7.2　浮选尾矿摇床重选全开路试验

采用摇床重选对铜锌浮选尾矿可获得指标较好的钨粗精矿。为了进一步提高钨的回收率，进行了开路试验，试验流程如图 3-44 所示，试验结果见表 3-32。

图 3-44　浮选尾矿摇床重选全开路试验

表 3-32　浮选尾矿摇床重选全开路试验结果　　　　　　（%）

产品名称	产率	WO_3 品位	作业回收率	对原矿回收率
钨精矿	0.055	51.870	47.65	45.60
中矿 1	0.943	0.050	0.79	0.76
中矿 2	7.957	0.020	2.68	2.56
中矿 3	0.192	4.310	13.91	13.31
中矿 4	0.331	0.040	0.22	0.21
中矿 5	0.165	5.850	16.28	15.58
中矿 6	0.273	0.060	0.28	0.26

产品名称	产率	WO$_3$ 品位	作业回收率	对原矿回收率
尾矿	90.084	0.012	18.19	17.42
浮选尾矿	100.00	0.059	100.00	95.70

浮选尾矿经摇床重选后，得到的钨精矿中 WO$_3$ 品位为 51.87%，回收率达到 45.60%，已达到较好的选矿指标，实现了钨矿物作为辅助矿物回收的目的。

3.4 含银硫化铜矿石研究方法试验

3.4.1 矿石性质

原矿属含银硫化铜矿石。金属矿物主要有辉银矿-螺状硫银矿、辉银铅铋矿、蓝铜矿、闪锌矿、方铅矿、铜蓝、黄铁矿；非金属矿物主要有石英、绢云母、绿泥石和碳酸盐等。矿石构造主要有：（1）块状构造。黄铜矿、方铅矿、闪锌矿和黄铁矿等脉石组成致密块状。（2）浸染状构造。黄铜矿、方铅矿、闪锌矿、黄铁矿呈稠密程度不等浸染状分布于脉石中。（3）团块状构造。由硫化矿物组成的不规则团块状。（4）星点状构造。黄铁矿、黄铜矿、方铅矿、闪锌矿呈星点状分布。

矿石结构较复杂，主要有：（1）自晶形结构。一些黄铁矿呈自形晶体镶嵌。（2）他形晶结构。黄铜矿、方铅矿、闪锌矿呈他形晶集合体。（3）交代环带结构。黄铜矿沿黄铁矿生长环带交代呈环带。（4）填隙结构。黄铜矿、方铅矿沿黄铁矿和石英粒间裂隙填充，并包裹自行试验。（5）网脉状结构。黄铜矿呈网脉状交代黄铁矿。（6）微脉结构。螺状硫银矿-辉银矿呈微脉状穿切黄铁矿、黄铜矿。（7）交代岛状结构。黄铜矿交代黄铁矿呈现岛状残角。（8）镶边结构。铜蓝在黄铜矿边缘分布呈镶边结构。

黄铜矿呈不规则状、团块状、浸染状、脉状、环带状、网脉状分布。黄铜矿与黄铁矿、闪锌矿、方铅矿、石英等关系密切。黄铜矿呈环带状填充交代黄铁矿生长环带中；包裹交代黄铁矿呈群岛状，交代残余；与黄铁矿呈不规则状镶嵌并填充于黄铁矿粒间；黄铜矿呈雾状分布于闪锌矿中，此外还包裹方铅矿、闪锌矿、辉银矿、辉银铅铋矿等。辉银矿-螺状硫银矿呈短束状、星点状，不规则状分布。辉银矿呈微脉穿切黄铁矿、黄铜矿。另见辉银矿与方铅矿连生包裹于黄铜矿中。辉银铅铋矿呈粒状、不规则状被黄铜矿包裹。

经检测，矿石中含 Cu 品位为 0.24%，银的品位为 85g/t。金的含量稀少，仅有 0.3g/t。

3.4.2 选矿方案确定

由于矿石中银以独立矿物为主，主要赋存在辉银矿、螺状硫银矿中，且以微粒嵌布包裹于黄铜矿中。因此在浮选时，考虑在低碱条件下采用对黄铜矿的选择性较好的捕收剂 QP-03，优先快速浮选出铜粗精矿，铜粗精矿进行精选得到合格铜精矿。铜粗选后的尾矿进入银浮选的粗选作业，然后对银粗精矿进行精选，使银精矿中含银品位达到氰化浸出条件，实现银的综合回收。

3.4.3　磨矿曲线实验

称取矿样 1000g，磨矿浓度为 66.67%，绘制的磨矿曲线如图 3-45 所示。

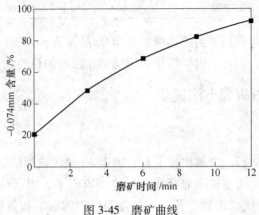

图 3-45　磨矿曲线

3.4.4　磨矿细度试验

磨矿细度试验流程及加药剂制度如图 3-46 所示，试验结果见表 3-33。

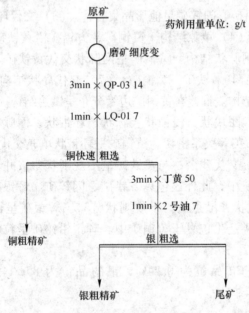

图 3-46　磨矿细度试验流程

随着磨矿细度的增加，获得的铜粗精矿中含 Cu 品位逐渐增加，而铜精矿中银含量逐渐减少。当磨矿细度达到-0.074mm 含量占 70%时铜品位和回收率都达到最优状态，如果再加大磨矿细度，铜回收率增加幅度有限。而银粗精矿中银回收率随着磨矿细度的增加持续升高，也在-0.074mm 含量占 70%时达到最大。因此综合考虑各因素，在铜银粗选时磨矿细度选为-0.074mm 含量占 70%为最佳。

表 3-33 磨矿细度试验结果

磨矿细度 (-0.074mm 含量)/%	产品名称	产率/%	品位		回收率/%	
			Cu/%	Ag/g·t⁻¹	Cu	Ag
60	铜粗精矿	7.21	2.03	780.00	63.64	66.79
	银粗精矿	4.36	0.10	420.00	1.90	21.75
	尾矿	88.43	0.09	10.95	34.60	11.50
	原矿	100	0.23	84.20	100.00	100.00
65	铜粗精矿	8.25	2.21	710.00	75.97	68.91
	银粗精矿	5.13	0.25	380.00	5.34	22.93
	尾矿	86.62	0.05	8.01	18.05	8.16
	原矿	100	0.24	85.00	100.00	100.00
70	铜粗精矿	8.62	2.28	688.00	89.33	67.86
	银粗精矿	5.62	0.11	395.00	2.81	25.40
	尾矿	85.76	0.02	6.86	7.80	6.73
	原矿	100	0.22	87.40	100.00	100.00
75	铜粗精矿	8.9	2.42	650.00	89.74	69.70
	银粗精矿	5.77	0.13	351.00	3.13	24.40
	尾矿	85.33	0.02	5.75	7.11	5.91
	原矿	100	0.24	83.00	100.00	100.00

3.4.5 铜粗选捕收剂种类试验

分别使用 QP-01、QP-03、MAC-10、Z-200 作为铜粗选的捕收剂（用量都为 7g/t）进行条件试验，试验流程如图 3-47 所示，试验结果如图 3-48 所示。

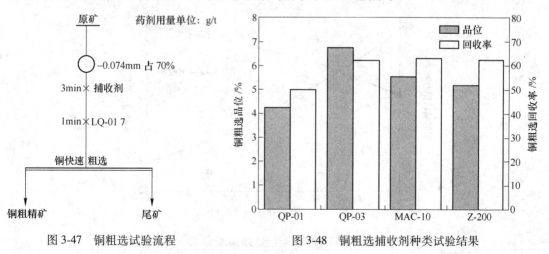

图 3-47 铜粗选试验流程　　　　图 3-48 铜粗选捕收剂种类试验结果

3.4.6 铜粗选捕收剂用量试验

采用 QP-03 作铜粗选捕收剂，在用量分别为 3.5g/t、7g/t、10.5g/t、14g/t 条件下进行铜粗选捕收剂的用量试验。试验流程如图 3-47 所示，试验结果如图 3-49 所示。

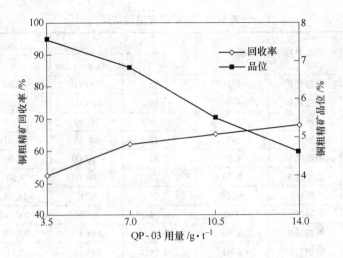

图 3-49 铜粗选捕收剂用量试验结果

随着 QP-03 用量的加大,铜粗精矿中 Cu 回收率逐渐升高,而 Cu 品位逐渐下降。综合考虑,铜粗选时捕收剂 QP-03 的用量为 7g/t 为最佳。

3.4.7 铜粗选浮选时间试验

固定磨矿时的细度为 -0.074mm 含量占 70%,捕收剂 QP-03 的用量为 7g/t,起泡剂 LQ-01 的用量为 7g/t。在此条件下进行铜粗选浮选时间试验。试验流程如图 3-47 所示,试验结果如图 3-50 所示。

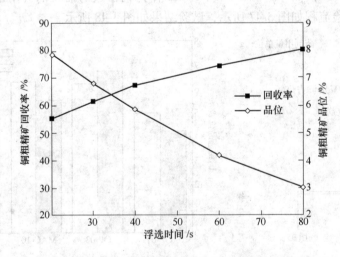

图 3-50 铜粗选浮选时间试验结果

随着铜粗选时浮选时间的加长,获得的铜粗精矿中 Cu 回收率逐渐增加,同时其品位逐渐下降。考虑到其中的银也会随着浮选时间的延长而富集到铜粗精矿中,对后面单独选银的流程不利。而如果 Cu 回收率不够又会导致其富集到银精矿中。因此,选取 30s 作为铜粗选时间为最佳。

3.4.8 铜精选抑制剂种类试验

分别采用 $Na_2SO_3 + ZnSO_4$（组合 1，其配比为 2∶1，总用量为 120g/t），$Na_2SO_3 + ZnSO_4 + CaO$（组合 2，其配比为 2∶1∶1，总用量为 120g/t），$Na_2SO_3 + ZnSO_4 + CMC$（组合 3，其配比为 2∶1∶1，总用量为 120g/t），$Na_2SO_3 + ZnSO_4 + DS$（组合 4，其配比为 2∶1∶1，总用量为 120g/t）四种组合抑制剂，对粗选获得的铜粗精矿进行 1 次精选，试验结果如图 3-51 所示。

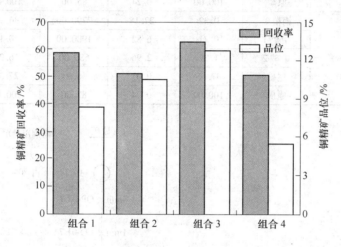

图 3-51　铜精选抑制剂种类条件试验结果

使用组合 3 作为抑制剂时，获得的铜精矿的品位和回收率都最高，因此其抑制效果最好。综合考虑，选择组合 3 作为铜精选时的抑制剂。

3.4.9 铜精选抑制剂用量试验

在铜精选抑制剂种类条件试验的基础上，考察了组合 3($Na_2SO_3 + ZnSO_4 + CMC$，2∶1∶1) 的抑制剂用量变化对铜精选效果的影响。试验流程如图 3-52 所示，试验结果见表 3-34。

表 3-34　铜精选抑制剂用量试验结果

铜精选抑制剂用量 /g·t⁻¹	产品名称	产率/%	品位		回收率	
			Cu/%	Ag/g·t⁻¹	Cu/%	Ag/%
$Na_2SO_3 + ZnSO_4 + CMC$ 一次精选：空白 二次精选：空白	铜精矿	1.38	10.12	1840.00	60.72	29.19
	中矿 1	0.32	1.92	940.00	2.67	3.46
	中矿 2	0.56	0.76	490.00	1.85	3.15
	尾矿	97.74	0.08	57.15	34.76	64.20
	原矿	100.00	0.23	87.00	100.00	100.00
$Na_2SO_3 + ZnSO_4 + CMC$ 一次精选：40+20+20 二次精选：空白	铜精矿	0.63	21.23	2020.00	53.50	14.46
	中矿 1	0.56	1.73	1670.00	3.88	10.63
	中矿 2	1.02	0.64	790.00	2.61	9.16
	尾矿	97.79	0.10	59.17	40.01	65.75
	原矿	100.00	0.25	88.00	100.00	100.00

铜精选抑制剂用量 /g·t^{-1}	产品名称	产率/%	品位		回收率/%	
			Cu/%	Ag/g·t^{-1}	Cu	Ag
Na$_2$SO$_3$+ZnSO$_4$+CMC 一次精选：80+40+40 二次精选：40+20+20	铜精矿	0.41	25.16	2560.00	42.98	12.35
	中矿1	0.63	4.11	1810.00	10.79	13.42
	中矿2	1.17	1.75	690.00	8.53	9.50
	尾矿	97.79	0.09	56.27	37.70	64.74
	原矿	100.00	0.24	85.00	100.00	100.00
Na$_2$SO$_3$+ZnSO$_4$+CMC 一次精选：120+60+60 二次精选：60+30+30	铜精矿	0.32	27.18	2790.00	36.24	10.26
	中矿1	0.71	6.82	1900.00	20.18	15.51
	中矿2	1.32	2.96	680.00	16.28	10.32
	尾矿	97.65	0.07	56.94	27.30	63.91
	原矿	100.00	0.24	87.00	100.00	100.00

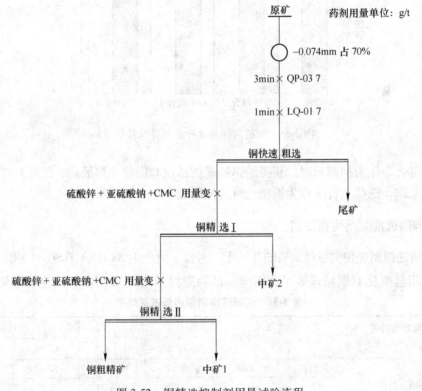

图 3-52 铜精选抑制剂用量试验流程

随着抑制剂用量的增加，铜精矿中 Cu 品位逐渐增加，其回收率逐渐下降，其中含 Ag 量也随着捕收剂用量的加大而逐渐下降。综合考虑，确定抑制剂组合 3 的最佳用量为精选一时 160g/t。精选二时 80g/t。

3.4.10 银粗选丁黄用量试验

在磨矿细度为-0.074mm 含量占 70%，粗选捕收剂 QP-03 用量为 7g/t，起泡剂 LQ-01

为 7g/t，铜粗选浮选时间为 30s，银粗选 2 号油用量为 7g/t 的条件下，进行了银粗选丁黄药用量试验。试验流程如图 3-46 所示，试验结果如图 3-53 所示。

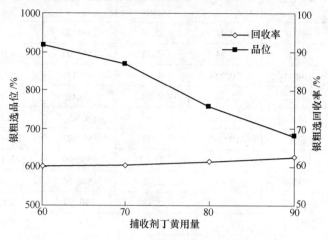

图 3-53　银粗选丁黄用量试验结果

银粗精矿回收率随着丁黄药用量的增加而增加，但是提高的幅度不大，品位随着其用量的增加逐渐降低。由于在之前的选铜作业中，大概有 35% 的 Ag 已经富集到铜精矿及中矿中，因此，银粗选精矿中的银相对于原矿中的银回收率只能在 60% 左右，但其作业回收率达到了 95% 以上。综合考虑，银粗选时选用丁黄药用量为 60g/t 为最佳用量。

3.4.11 银精选抑制剂用量试验

从铜精选抑制剂用量试验结果数据可以看出，精选时中矿有将近 23% 的银未上浮。为提高最终获得的银精矿回收率，将银粗选精矿与铜精选中矿合并进行 Ag 精选试验，并针对银精选时抑制剂 Na_2SiO_3 用量进行条件试验，试验流程如图 3-54 所示，试验结果见表 3-35。

表 3-35　银精选抑制剂用量条件试验结果

Na_2SiO_3 的用量 /g·t^{-1}	产品名称	产率/%	品位		回收率/%	
			Cu/%	Ag/g·t^{-1}	Cu	Ag
一次精选: 0 二次精选: 0	铜精矿	0.42	25.08	2570.00	40.51	12.55
	银精矿	4.63	1.85	1320.00	32.94	71.07
	中矿 1	0.32	1.82	1110.00	2.24	4.13
	中矿 2	0.57	0.83	920.00	1.82	6.10
	尾矿	94.06	0.06	5.63	22.48	6.16
	原矿	100.00	0.26	86.00	100.00	100.00
一次精选: 50 二次精选: 0	铜精矿	0.40	25.21	2580.00	42.02	11.73
	银精矿	3.92	2.10	1480.00	34.30	65.93
	中矿 1	0.27	1.95	1220.00	2.19	3.74
	中矿 2	1.23	1.13	740.00	5.79	10.34
	尾矿	94.18	0.04	7.72	15.70	8.26
	原矿	100.00	0.24	88.00	100.00	100.00

Na$_2$SiO$_3$ 的用量 /g·t^{-1}	产品名称	产率/%	品位		回收率/%	
			Cu/%	Ag/g·t^{-1}	Cu	Ag
一次精选：100 二次精选：50	铜精矿	0.41	25.11	2570.00	42.90	12.40
	银精矿	3.81	2.15	1540.00	34.13	69.03
	中矿 1	0.32	1.88	940.00	2.51	3.54
	中矿 2	1.36	0.84	620.00	4.76	9.92
	尾矿	94.10	0.04	4.62	15.71	5.12
	原矿	100.00	0.24	85.00	100.00	100.00
一次精选：150 二次精选：75	铜精矿	0.43	25.07	2560.00	43.12	12.65
	银精矿	3.68	2.17	1580.00	31.94	66.83
	中矿 1	0.36	1.48	830.00	2.13	3.43
	中矿 2	1.42	0.66	600.00	3.75	9.79
	尾矿	94.11	0.05	6.74	19.06	7.29
	原矿	100.00	0.25	87.00	100.00	100.00

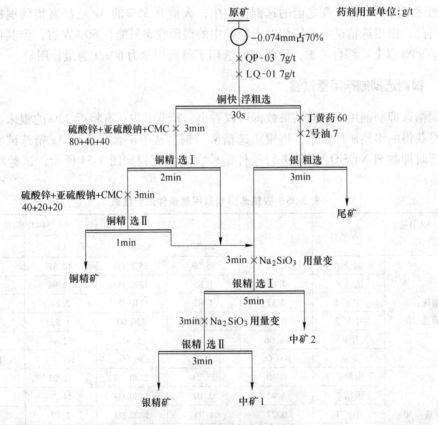

图 3-54 银精选抑制剂试验流程

随着 Na$_2$SiO$_3$ 用量的增加，银精矿中 Ag 品位在逐渐增加。因此综合考虑，选用银精选一的抑制剂的用量为100g/t，银精选二的抑制剂用量为50g/t。

3.4.12 闭路试验

在各条件试验确定的最佳药剂用量及浮选时间的基础上进行闭路试验。试验流程如图3-55所示，试验结果见表3-36。

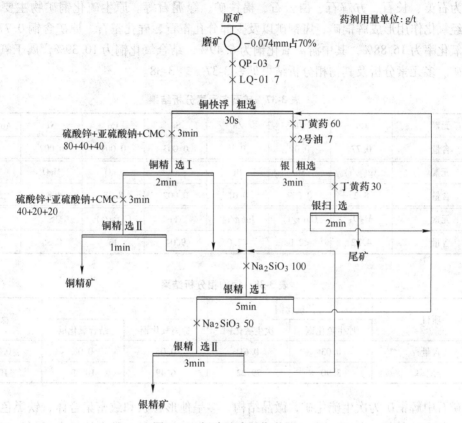

图 3-55 闭路试验工艺流程

表 3-36 闭路试验结果 （%）

产品	产率	品位		回收率/%	
		Cu/%	Ag/g·t⁻¹	Cu	Ag
铜精矿	0.42	25.04	2590.00	43.82	12.80
银精矿	4.86	1.80	1360.00	36.45	77.76
尾矿	94.72	0.05	8.48	19.73	9.44
原矿	100.00	0.24	85.00	100.00	100.00

闭路试验获得了含 Cu 品位为 25.04%、Cu 回收率为 43.82%，Ag 品位为 2590g/t、Ag 回收率为 12.8% 的铜精矿，以及含 Ag 品位为 1360g/t、回收率为 77.76% 的银精矿。银精矿中含 Cu 品位为 1.8%，降到了 2% 以下，有利于后续银的浸出作业。

3.5   氧化铜矿石研究方法试验

3.5.1   矿石性质

氧硫混合型铜矿石中主要有用矿物为辉铜矿、黄铜矿、斑铜矿、孔雀石等；主要脉石矿物为石英、长石、方解石、白云石、褐铁矿、绿泥石等。原生硫化铜矿物主要有黄铜矿，经氧化作用形成辉铜矿、斑铜矿以及少部分孔雀石、硅孔雀石。原矿含铜 0.77%，矿石的氧化率为 16.88%，其中游离氧化铜为 6.49%，结合氧化铜为 10.39%，属于氧硫混合型铜矿。多元素分析及其物相分析结果见表 3-37、表 3-38。

表 3-37   矿石多元素分析结果   （%）

元素	Cu	Pb	Zn	Sn	Co	Ni	Au/g · t⁻¹
含量	0.77	0.01	0.1	0.003	0.009	0.007	<0.1
元素	Ag(g/t)	Mo	Bi	As	CaO	MgO	SiO_2
含量	8.2	0.009	0.01	0.002	8.28	4.82	58.89
元素	Al_2O_3	Ga(g/t)	In(g/t)	TFe	Ge(g/t)	S	—
含量	4.32	<2.0	<2.0	9.04	13	0.35	—

表 3-38   铜物相分析结果   （%）

项目	硫化铜		氧化铜		总铜
	原生硫化铜	次生硫化铜	游离氧化铜	结合氧化铜	
含量	0.03	0.61	0.05	0.08	0.77
分配率	3.90	79.22	6.49	10.39	100

矿石中辉铜矿为次生硫化矿，微晶结构，多呈他形粒状和致密集合体，铁黑色，常带锖色，条痕暗灰色，金属光泽，垂直层状断口为参差状，部分集合体具有平行层理，硬度小、比重大，常与石英、白云石等矿物连生。辉铜矿粒度一般在 0.03~0.15mm 左右，最小为 0.01mm 左右，最大 0.4mm，是矿石中最主要的目的回收矿物。斑铜矿也为次生硫化物，多呈他形粒状，常和白云石等共生，充填于自形粒状的白云石间，常呈致密块状或角砾状，颜色呈暗紫蓝色斑状的锖色，金属光泽，条痕灰黑色，硬度低、中等比重。斑铜矿粒度一般在 0.05~0.2mm，最小为 0.01mm 左右，最大 0.6mm；量少，属于较次要的铜矿物。

孔雀石是矿石中次要的铜矿物。试样中的孔雀石主要由原矿石中的原生硫化铜和次生硫化铜矿物（黄铜矿、辉铜矿、斑铜矿）蚀变形成。呈隐晶质结构的块体，有的与褐铁矿相互浸染，颜色由淡绿到鲜绿色，具有玻璃光泽，不解离，不平坦断口，硬度与比重均在 4 左右，常与石英、白云石和方解石等矿物连生。单体粒度一般在 0.05~0.2mm 左右。

黄铜矿为较次要的铜矿物，常见不规则粒状或致密块状集合体，黄铜色，颗粒表面呈斑状锖色，局部有氧化铁薄膜，绿黑色条痕，金属光泽。黄铜矿粒度一般在 0.05~0.2mm 左右，最小为 0.01mm，最大为 0.5mm。

3.5.2 选矿方案确定

矿石中由于结合氧化铜占 10.39%，而结合氧化铜在浮选过程中很难回收，因此矿石中铜选矿理论回收率很难达到 90%。而游离氧化铜，含铜为 6.49%，可以硫化后进行回收。因此确定选矿方案为先浮选回收硫化铜矿（辉铜矿、斑铜矿和黄铜矿），然后再硫化浮选氧化铜矿（孔雀石）。这也是氧硫混合铜矿中浮选回收铜的基本工艺流程。实验开展了磨矿细度、捕收剂、抑制剂、调整剂等选矿条件试验。

3.5.3 磨矿细度浮选试验

在磨矿细度-200 目占 65%、70%、75%、80%、85%的条件下，粗选Ⅰ采用丁黄药60g/t、2 号油 20g/t，粗选Ⅱ采用丁黄药 40g/t、2 号油 10g/t 进行了浮选试验，其试验流程如图 3-56 所示，试验结果见表 3-39。

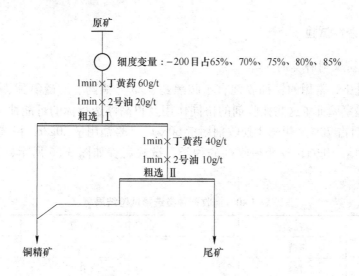

图 3-56　磨矿细度试验流程

表 3-39　磨矿细度试验结果　　　　　　　　　　（%）

磨矿细度	产品名称	产率	Cu 品位	Cu 回收率
65	铜精矿	3.80	16.25	81.68
	尾矿	96.20	0.14	18.32
	原矿	100.00	0.76	100.00
70	铜精矿	3.55	18.05	83.11
	尾矿	96.45	0.14	16.89
	原矿	100.00	0.77	100.00
75	铜精矿	3.52	18.09	83.12
	尾矿	96.48	0.13	16.88
	原矿	3.70	0.77	100.00

磨矿细度	产品名称	产率	Cu 品位	Cu 回收率
80	铜精矿	3.51	18.20	83.17
	尾矿	96.49	0.13	16.83
	原矿	100.00	0.77	100.00
85	铜精矿	3.47	18.22	83.33
	尾矿	96.53	0.13	16.67
	原矿	100.00	0.76	100.00

随着磨矿细度的增加，铜精矿的品位及回收率不断增加。当磨矿细度为-200目占70%时，继续增加磨矿时间对提高指标有利，但铜精矿的品位及回收率增加幅度已很小。因此，综合考虑磨矿成本及现场实际情况，磨矿细度定为-200目占70%是合理的。

3.5.4 粗选 I 条件试验

3.5.4.1 捕收剂种类的选择

在铜矿浮选中，常用的铜捕收剂有丁胺黑药、25号黑药、乙硫氨酯、丁黄药、异戊基黄药等，实验室验证了这些捕收剂的协同作用及提高浮选指标的可能性。试验条件为：磨矿细度-200目占70%、粗选 I 捕收剂用量60g/t、2号油用量20g/t，粗选 II 捕收剂用量40g/t、2号油用量10g/t，改变捕收剂的种类，试验流程如图3-56所示，试验结果见表3-40。

表3-40 捕收剂种类选择试验结果 （%）

捕收剂种类	产品名称	产率	Cu 品位	Cu 回收率
丁胺黑药	铜精矿	3.25	18.01	78.06
	尾矿	96.75	0.17	21.94
	原矿	100.00	0.75	100.00
25 号黑药	铜精矿	3.30	18.11	79.03
	尾矿	96.70	0.16	20.97
	原矿	100.00	0.76	100.00
乙硫氨酯	铜精矿	3.29	18.3	79.15
	尾矿	96.71	0.16	20.85
	原矿	100.00	0.76	100.00
丁黄药	铜精矿	3.55	18.20	83.12
	尾矿	96.45	0.14	16.81
	原矿	100.00	0.78	100.00
异戊基黄药	铜精矿	4.03	16.50	83.19
	尾矿	95.97	0.14	16.81
	原矿	100.00	0.80	100.00

捕收剂种类	产品名称	产率	Cu 品位	Cu 回收率
五种捕收剂组合 (1∶1∶1∶1∶1)	铜精矿	3.38	17.95	80.31
	尾矿	96.62	0.15	19.69
	原矿	100.00	0.76	100.00

单独使用丁黄药做捕收剂时，获得的铜精矿的品位及回收率均较高；异戊基黄药的捕收能力较丁黄药强，铜精矿的回收率较高，但品位较其他捕收剂偏低；25 号黑药以及丁铵黑药的捕收能力比丁黄药差，导致浮选指标不好；乙硫氨酯具有较好的选择性，可以获得品位较高的铜精矿，但由于其捕收能力较弱，使得粒度较粗的铜矿物不能被有效捕收，导致精矿的回收率偏低；采用组合捕收剂不仅大大增加了药剂成本，而且获得的铜精矿的品位及回收率均较差。通过综合对比，初步选用丁黄药作为捕收剂。

3.5.4.2 捕收剂用量试验

捕收剂对比试验表明，丁黄药对该氧硫混合型铜矿物有较好的捕收能力和选择性。为此进行了丁黄药的用量试验。试验条件为：磨矿细度-200 目占 70%，粗选Ⅰ丁黄药用量变量、2 号油用量 20g/t，粗选Ⅱ丁黄药用量 40g/t，2 号油用量 10g/t，试验流程如图 3-56 所示，试验结果见表 3-41。

表 3-41 丁黄药用量试验结果 （%）

丁黄药用量/g·t⁻¹	产品名称	产率	Cu 品位	Cu 回收率
20	铜精矿 1	1.40	21.19	37.34
	铜精矿 2	1.88	16.70	39.52
	尾矿	96.72	0.19	23.13
	原矿	100.00	0.79	100.00
40	铜精矿 1	2.31	19.39	57.80
	铜精矿 2	1.01	16.10	20.99
	尾矿	96.68	0.17	21.21
	原矿	100.00	0.77	100.00
60	铜精矿 1	3.25	18.25	76.27
	铜精矿 2	0.30	17.80	6.87
	尾矿	96.45	0.14	16.87
	原矿	100.00	0.78	100.00
80	铜精矿 1	3.33	17.90	76.52
	铜精矿 2	0.29	17.88	6.66
	尾矿	96.38	0.14	16.83
	原矿	100.00	0.78	100.00

随着乙黄药用量的增加，铜精矿 1 中 Cu 回收率逐渐增加，当捕收剂的用量为 60g/t 时，继续增加捕收剂的用量，铜精矿 1 的 Cu 回收率变化不明显，而 Cu 品位还略有降低。因此，丁黄药的用量定为 60g/t。

3.5.4.3 抑制剂用量试验

矿石中的主要脉石矿物为石英、白云石、方解石等。浮选过程中，为了抑制石英、方解石等脉石，以提高精矿的品位，可以采用水玻璃进行抑制。水玻璃用量试验条件为：磨矿细度-200目占70%，粗选I水玻璃用量变量、丁黄药用量60g/t、2号油用量20g/t，粗选Ⅱ丁黄药用量40g/t、2号油用量10g/t，试验流程如图3-56所示，试验结果见表3-42。

表 3-42　水玻璃用量试验结果　　　　　　　　　　　（%）

水玻璃用量/g·t⁻¹	产品名称	产率	品位	回收率
0	铜精矿	3.60	18.26	83.27
	尾矿	96.40	0.14	16.73
	原矿	100.00	0.78	100.00
1000	铜精矿	3.41	19.80	83.20
	尾矿	96.59	0.14	16.80
	原矿	100.00	0.78	100.00
2000	铜精矿	3.22	20.20	83.17
	尾矿	96.78	0.14	16.83
	原矿	100.00	0.78	100.00
3000	铜精矿	3.15	20.40	83.09
	尾矿	96.85	0.14	16.91
	原矿	100.00	0.77	100.00

当水玻璃添加到2000g/t时，铜精矿中含Cu品位比不添加时增加1.94个百分点，继续增加水玻璃的用量，Cu品位增加的幅度很小，但铜精矿中的Cu回收率却有所降低。因此，水玻璃的用量定为2000g/t。考虑到在生产过程中，由于回收的矿物主要是辉铜矿，若所得铜精矿已经达到用户要求，则可以不添加水玻璃，这样可以降低选矿成本。

3.5.5 粗选Ⅱ条件试验

参考粗选I捕收剂种类试验，选择丁黄药作为粗选Ⅱ的捕收剂，进行了丁黄药用量试验。试验条件为：磨矿细度-200目占70%，粗选I水玻璃用量2000g/t、六偏磷酸钠用量2000g/t、丁黄药用量60g/t、2号油用量20g/t，粗选Ⅱ丁黄药用量变量，2号油用量10g/t，改变丁黄药的用量，试验流程如图3-56所示，其试验结果见表3-43。

表 3-43　丁黄药用量试验结果　　　　　　　　　　　（%）

丁黄药用量/g·t⁻¹	产品名称	产率	品位	回收率
20	铜精矿1	2.61	23.00	76.16
	铜精矿2	0.12	22.85	3.48
	尾矿	97.27	0.17	20.36
	原矿	100.00	0.79	100.00

丁黄药用量/g·t⁻¹	产品名称	产率	品位	回收率
30	铜精矿1	2.58	22.99	76.40
	铜精矿2	0.19	22.73	5.56
	尾矿	97.23	0.14	18.03
	原矿	100.00	0.78	100.00
40	铜精矿1	2.58	22.96	76.30
	铜精矿2	0.24	22.00	6.80
	尾矿	97.18	0.14	16.90
	原矿	100.00	0.78	100.00
50	铜精矿1	2.58	22.99	76.29
	铜精矿2	0.28	19.01	6.85
	尾矿	97.14	0.14	16.87
	原矿	100.00	0.78	100.00

随着捕收剂用量的增加，尾矿中铜的占有率逐渐降低。当用量达到 40g/t 时，铜精矿2 中 Cu 的回收率达 6.80%，继续增加丁黄药的用量，铜精矿2 中 Cu 的回收率变化不明显，而 Cu 品位却下降很多。因此，选用药剂用量 40g/t 为宜。

3.5.6 扫选Ⅰ条件试验

3.5.6.1 Na₂S 用量试验

由于该矿石中氧化铜矿物需经过硫化后才能进行浮选。Na₂S 是氧化铜矿常用的硫化剂，采用 Na₂S 预先对孔雀石进行硫化，然后采用硫化矿捕收剂来浮选孔雀石，可以提高浮选指标。Na₂S 又是硫化矿的抑制剂，为了减轻 Na₂S 对硫化矿的抑制作用，故将 Na₂S 加到了扫选作业。

试验条件为：磨矿细度为 -200 目占 70%，粗选Ⅰ水玻璃用量 2000g/t、六偏磷酸钠用量 2000g/t、丁黄药用量 60g/t、2 号油用量 20g/t，粗选Ⅱ丁黄药用量 40g/t、2 号油用量 10g/t，扫选Ⅰ Na₂S 用量变量、丁黄药用量 20g/t、2 号油用量 10g/t，改变 Na₂S 用量，试验流程如图 3-57 所示，试验结果见表 3-44。

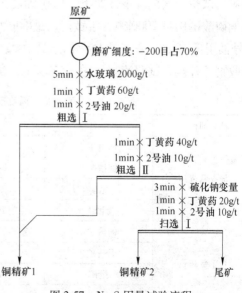

图 3-57 Na₂S 用量试验流程

表 3-44　Na$_2$S 用量试验结果　　　　　　　　　　（%）

Na$_2$S 用量/g · t^{-1}	产品名称	产率	品位	回收率
0	铜精矿 1	2.81	22.83	83.20
	铜精矿 2	1.02	1.20	1.59
	尾矿	96.17	0.12	15.22
	原矿	100.00	0.77	100.00
500	铜精矿 1	2.81	22.80	83.18
	铜精矿 2	1.60	2.42	5.03
	尾矿	95.59	0.10	11.79
	原矿	100.00	0.77	100.00
1000	铜精矿 1	2.82	22.85	83.29
	铜精矿 2	1.93	1.91	4.76
	尾矿	95.25	0.10	11.94
	原矿	100.00	0.77	100.00

随着 Na$_2$S 用量逐渐的增加，铜精矿 2 中 Cu 的回收率逐渐增加，当 Na$_2$S 用量为 500g/t 时，铜精矿 2 中 Cu 的品位及回收率均达到最高，分别为 2.42% 和 5.03%；当 Na$_2$S 用量超过 500g/t 时，铜精矿 2 中 Cu 的品位及回收率开始逐渐降低。试验结果表明，当 Na$_2$S 的添加量过少时，部分氧化铜矿的硫化效果不彻底，精矿的回收率得不到保证；当 Na$_2$S 的添加量过多时，Na$_2$S 会对硫化铜矿产生抑制作用，也会使浮选指标降低。

3.5.6.2　扫选捕收剂种类选择试验

扫选作业主要是为了浮选可浮性较弱的氧化铜矿物。为提高扫选作业中精矿的回收率，进行了丁黄药、异戊基黄药以及丁黄药和异戊基黄药做组合捕收剂（其用量比为 1∶1）的对比试验。其试验条件如下，磨矿细度为 -200 目占 70%，粗选Ⅰ水玻璃用量 2000g/t、六偏磷酸钠用量 2000g/t、丁黄药用量 60g/t、2 号油用量 20g/t，粗选Ⅱ丁黄药用量 40g/t、2 号油用量 10g/t，扫选Ⅰ硫化钠用量 500g/t、捕收剂用量 20g/t、2 号油用量 10g/t，改变捕收剂的种类，试验流程如图 3-57 所示，试验结果见表 3-45。

表 3-45　捕收剂种类选择试验结果　　　　　　　　　（%）

捕收剂种类	产品名称	产率	品位	回收率
异戊基黄药	铜精矿 1	2.81	23.01	83.23
	铜精矿 2	1.81	2.14	4.99
	尾矿	95.08	0.10	11.79
	原矿	100.00	0.78	100.00
丁黄药	铜精矿 1	2.81	22.90	83.17
	铜精矿 2	1.58	2.43	4.96
	尾矿	95.61	0.10	11.86
	原矿	100.00	0.77	100.00

捕收剂种类	产品名称	产率	品位	回收率
丁黄药+异戊基黄药 （1：1）	铜精矿 1	2.82	22.93	83.21
	铜精矿 2	1.60	2.42	4.98
	尾矿	95.58	0.10	11.81
	原矿	100.00	0.78	100.00

在相同条件下，单独使用丁黄药铜精矿 2 含 Cu 2.43%、回收率为 4.96%。而采用组合捕收剂铜精矿 2 含 Cu 2.42%、回收率为 4.98%，表明组合捕收剂的使用效果不明显。

3.5.6.3 丁黄药用量试验

通过捕收剂对比试验发现，使用丁黄药更符合扫选作业的要求。因此，进行了丁黄药的用量试验。其试验流程如图 3-57 所示，试验结果见表 3-46。

表 3-46 丁黄药用量试验结果 （%）

丁黄药用量/g·t⁻¹	产品名称	产率	品位	回收率
10	铜精矿 1	2.81	22.97	83.37
	铜精矿 2	0.97	2.66	3.33
	尾矿	96.22	0.11	13.30
	原矿	100.00	0.77	100.00
20	铜精矿 1	2.81	22.96	83.33
	铜精矿 2	1.58	2.42	4.94
	尾矿	95.61	0.10	11.73
	原矿	100.00	0.77	100.00
30	铜精矿 1	2.80	23.09	83.34
	铜精矿 2	1.65	2.33	4.96
	尾矿	95.55	0.10	11.70
	原矿	100.00	0.78	100.00
40	铜精矿 1	2.82	22.92	83.30
	铜精矿 2	1.76	2.21	5.01
	尾矿	95.42	0.10	11.68
	原矿	100.00	0.78	100.00

随着丁黄药用量的增加，铜精矿 2 中含 Cu 品位逐渐降低，而 Cu 回收率逐渐升高。当丁黄药用量为 20g/t 时，铜精矿 2 中 Cu 的回收率为 4.94%，继续增加其用量，回收率仅仅上升 0.07 个百分点，而 Cu 品位却下降了 0.21%。通过以上分析，丁黄药的用量定为 20g/t。

3.5.7 开路浮选试验

根据以上条件试验结果，进行了开路试验。试验条件如下：磨矿细度-200 目占 70%，粗选 I 水玻璃用量 2000g/t、六偏磷酸钠用量 2000g/t、丁黄药用量 60g/t、2 号油用量

20g/t，粗选Ⅱ丁黄药用量40g/t、2号油用量10g/t，扫选ⅠNa₂S用量500g/t、丁黄药用量20g/t、2号油用量10g/t，扫选ⅡNa₂S用量500g/t、丁黄药用量20g/t、2号油用量10g/t的条件下，其选别流程如图3-58所示，试验结果见表3-47。

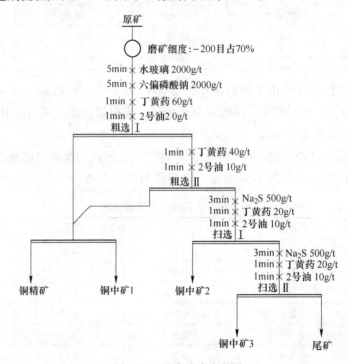

图 3-58　开路试验流程图

表 3-47　开路试验结果　　　　　　　　　　　　　　　（%）

产品名称	产率	品位	回收率
铜精矿	2.40	26.38	81.64
铜中矿 1	0.41	3.08	1.63
铜中矿 2	1.60	2.42	4.99
铜中矿 3	1.30	0.11	0.18
尾矿	94.29	0.10	11.55
原矿	100.00	0.78	100.00

开路试验结果表明，采用二次粗选、二次扫选、一次精选的试验流程，可得到铜精矿中含 Cu 品位为 26.38%，回收率为 81.64%，尾矿含 Cu 仅 0.10% 较好的浮选指标。第二次扫选获得的铜中矿 3 中含 Cu 品位为 0.11%、回收率为 0.18%，说明可选铜矿物已基本回收，结合生产成本以及经济效益，第二次扫选是多余的。最终确定采用二次粗选、一次扫选、一次精选的工艺流程。

3.5.8　闭路试验

为了检查和校核所拟定的开路浮选流程，确定可能达到的浮选指标，进行闭路试验，流程如图 3-59，试验结果见表 3-48。

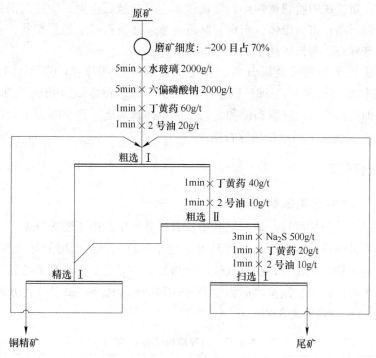

图 3-59　闭路试验流程图

表 3-48　闭路试验结果

捕收剂种类	产品名称	产率/%	品位		回收率/%	
			Cu/%	Ag/g·t^{-1}	Cu	Ag
丁黄药	铜精矿	2.57	25.76	258.21	85.74	80.83
	尾矿	97.43	0.11	1.62	14.26	19.17
	原矿	100.00	0.77	8.21	100.00	100.00

　　使用丁黄药作捕收剂，经闭路试验，最终可获得含 Cu 品位 25.76%、回收率为 85.74% 的铜精矿。铜精矿中含 Ag 258.21g/t、Ag 回收率为 80.83%，实现了 Ag 的高效回收。

3.6　含铜尾砂铜矿石研究方法试验

3.6.1　矿石性质

　　铜尾砂中主要可回收金属元素为铜、硫、钨，其品位依次为 0.18%、12.90%、0.14%。主要金属矿物为黄铜矿、磁黄铁矿、黄铁矿和胶黄铁矿；主要非金属矿物为石榴石、透辉石、透闪石、方解石、绿泥石、石英和绢云母等。钨矿物主要以白钨矿为主，含少量黑钨矿以及钨华。

　　黄铜矿呈他形粒状、浸染状、墨点状产出，大小不规则，墨点状分布于脉石中，少数呈 0.01~0.02mm 被黄铁矿包裹，浑圆粒状，有的与黄铁矿连生。另见呈乳滴状出溶物分布于闪锌矿中。黄铁矿中胶状黄铁矿、磁黄铁矿主要与脉石连生，少数与褐铁矿连生白钨矿呈粒状、半自形晶；多为单体，个别与脉石连生。磁黄铁矿呈他形粒状，主要与脉石连生。铜蓝主要与脉石、黄铁矿连生。

对铜尾砂进行了筛析及金属分布率测定，黄铜矿+0.045mm（325 目）嵌布粒度占93.82%，而硫铁矿和白钨矿占98%以上，说明铜、硫、钨金属分布属于细粒嵌布粒度，需磨至325 目即可回收。此时黄铜矿和硫铁矿的单体解离度达到90%以上。白钨矿单体解离达到99%以上，偶见个别颗粒与脉石连生。

3.6.2 选矿方案确定

3.6.2.1 铜尾砂优先选铜试验

根据铜尾砂性质分析可知，该铜尾砂中含有磁黄铁矿。由于磁黄铁矿的晶体结构的不唯一性，造成了其性质的多变性，导致其可浮性差异较大，从而可能导致铜硫分离困难。为了获得合适的选别工艺流程，获得最佳试验指标，对浮选—浮选精矿磁选、全浮选两种工艺流程进行了对比试验，试验磨矿细度为−0.074mm 占95%。试验流程分别如图 3-60 和图 3-61 所示，试验结果见表 3-49。

表 3-49 流程结构试验结果 （%）

流程结构	样品名称	产率	Cu		S	
			品位	回收率	品位	回收率
浮选—磁选	浮选精矿	13.81	0.74	59.96	39.05	42.88
	尾矿	77.48	0.05	23.18	4.85	29.88
	磁选精矿	8.71	0.33	16.86	39.35	27.24
	合计	100.00	0.17	100.00	12.58	100.54
全浮选	浮选精矿	25.52	0.56	78.04	36.43	74.16
	尾矿	74.48	0.05	21.96	4.35	25.84
	合计	100.00	0.18	100.00	12.54	100.00

采用"磁选—浮选"工艺流程，磁选的精矿中 Cu 回收率11.63%，硫精矿品位仅为33.59%，不仅会导致铜损失于磁选精矿中，且磁选精矿不能作为合格硫精矿产品。而"浮选—磁选"工艺流程所获得精矿中 Cu 回收率更高，S 的品位更低。通过对比两种流程结构试验结果，并考虑到工艺流程的简便性，拟采用全浮选工艺流程进行铜硫浮选分离试验。

3.6.2.2 铜尾砂浮铜尾矿选钨试验

对铜硫尾矿进行 LM 药剂和 YS 药剂不同捕收剂的全浮选流程（一粗两精一扫工艺流程）探索实验，试验流程如图 3-62 所示，试验结果见表 3-50。

使用 LM 药剂，可获得钨粗精矿中含 WO_3 品位1.97%，回收率为35.99%；YS 药剂获得钨粗精矿中含 WO_3 品位0.67%，回收率为17.85%。对比两种药剂，LM 药剂浮选指标明显优于 YS 药剂，因此，浮钨药剂选用 LM 药剂进行后续试验。

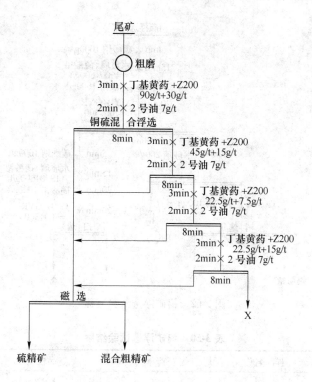

图 3-60 浮选—磁选试验流程

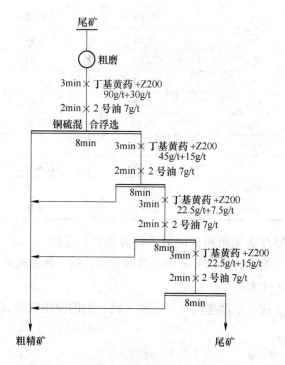

图 3-61 全浮选试验流程

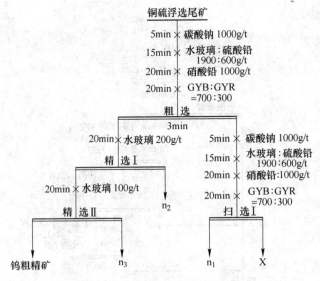

图 3-62 钨矿浮选试验流程

表 3-50 钨矿浮选试验结果 （%）

试验流程	样品名称	产率	品位	回收率
LM 药剂	精矿	3.13	1.97	35.99
	n_1	13.11	0.36	27.52
	n_2	9.69	0.32	18.09
	n_3	1.12	0.60	3.93
	尾矿	72.95	0.03	14.47
	合计	100.00	0.17	100
YS 药剂	精矿	4.19	0.67	17.85
	n_1	19.27	0.28	34.34
	n_2	13.91	0.24	21.24
	n_3	3.58	0.54	12.29
	尾矿	59.05	0.04	14.28
	合计	100.00	0.16	100.00

虽然两种药剂获得浮选钨粗精矿回收率均较低，但是因刮泡时间仅为 3min，时间较短，导致粗精矿回收率偏低。后续可增加粗选的刮泡时间，从而提高精矿回收率。

3.6.2.3 推荐原则流程

铜尾砂经磨矿后，通过全浮选依次回收铜、硫、钨的原则流程如图 3-63 所示。

3.6.3 磨矿曲线试验

取铜尾砂原矿样进行磨矿曲线试验。实验条件数：磨机为 XMQ240×90 型圆锥球磨机，磨矿浓度 60%，批次磨矿量为 500g，磨矿介质为 φ25mm 陶瓷球（介质堆比重为 2.142g/cm³，真比重为 3.630g/cm³）。经磨矿后使用 200 目（0.074mm）标准筛筛分取得筛上、筛下产品，分别烘干经检筛后称重，磨矿曲线如图 3-64 所示。

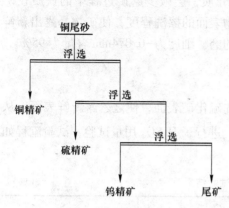

图 3-63　全浮选回收铜硫钨原则流程

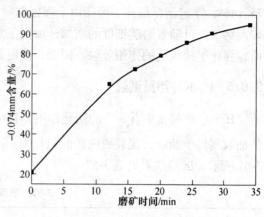

图 3-64　磨矿曲线试验结果

3.6.4　磨矿细度浮选试验

为获得最佳的磨矿细度，取得良好的试验指标，进行了磨矿细度浮选试验研究，试验流程如图 3-61 所示，试验结果见表 3-51。

表 3-51　磨矿细度试验结果　　　　　　　　　　　　（%）

磨矿细度 （-0.074mm 含量）	样品名称	产率	Cu		S	
			品位	回收率	品位	回收率
65	精矿	20.77	0.48	61.73	39.62	64.85
	尾矿	79.23	0.08	38.27	5.63	35.15
	合计	100.00	0.16	100	12.69	100
70	精矿	23.94	0.55	71.94	37.04	74.45
	尾矿	76.06	0.07	28.06	4.00	25.55
	合计	100	0.18	100	11.91	100
80	精矿	25.57	0.52	68.54	37.19	57.79
	尾矿	74.43	0.08	31.46	4.00	42.21
	合计	100	0.19	100	12.49	100
85	精矿	25.52	0.56	78.04	36.43	74.16
	尾矿	74.48	0.05	21.96	4.35	25.84
	合计	100	0.18	100	12.54	100
90	精矿	25.88	0.55	77.42	36.38	75.96
	尾矿	74.12	0.06	22.58	4.02	24.04
	合计	100	0.18	100	12.40	100
95	精矿	25.77	0.59	87.23	34.39	75.14
	尾矿	74.23	0.03	12.77	3.95	24.86
	合计	100	0.17	100	11.79	100

当磨矿细度达到-0.074mm 含量为95%时，精矿中 Cu 回收率为87.23%，S 回收率为75.14%，浮选指标最佳，可能由于陶瓷球属惰性介质，会减少磨矿过程中的铁质在矿物表面污染，且随着磨矿细度的增加，加大了对矿物表面的擦洗程度，使矿物暴露出新鲜表面，强化了捕收剂的作用效果。因此，确定最佳的磨矿细度为-0.074mm 含量为95%。

3.6.5 H_2SO_4 用量试验

H_2SO_4 对黄铁矿有一定的活化作用，且可清洗硫化矿表面，使之暴露新鲜表面，从而使捕收剂易于捕收，提高硫铁矿的回收率。因此，进行了 H_2SO_4 用量试验，试验流程如图3-61 所示，试验结果见表3-52。

表 3-52 硫酸用量试验结果　　　　　　　　　　　（%）

H_2SO_4 用量 /g·t^{-1}	样品名称	产率	Cu		S	
			品位	回收率	品位	回收率
300	精矿	25.44	0.48	73.52	33.42	75.76
	尾矿	74.56	0.06	26.48	3.65	24.24
	合计	100.00	0.17	100.00	11.22	100.00
500	精矿	26.03	0.48	73.15	34.93	78.54
	尾矿	73.97	0.06	26.85	3.36	21.46
	合计	100.00	0.17	100.00	11.58	100.00
700	精矿	25.48	0.45	69.99	34.68	77.06
	尾矿	74.52	0.07	30.01	3.53	22.94
	合计	100.00	0.16	100.00	11.47	100.00
1000	精矿	25.79	0.49	76.26	33.73	76.85
	尾矿	74.21	0.05	23.74	3.53	23.15
	合计	100.00	0.17	100.00	11.32	100.00
4000	精矿	28.96	0.49	83.47	33.60	84.03
	尾矿	71.04	0.04	16.53	2.60	15.97
	合计	100.00	0.17	100.00	11.58	100.00
6000	精矿	29.01	0.52	83.80	33.61	84.99
	尾矿	70.99	0.03	10.65	2.42	15.01
	合计	100.00	0.18	100.00	11.47	100.00

当 H_2SO_4 用量达到6000g/t 时，Cu、S 回收率达到最高，分别为83.80%和84.99%。但相较于4000g/t，Cu、S 回收率无较大幅度增加，当 H_2SO_4 用量高于6000g/t 时，会导致药剂成本增加显著，因此拟定最佳的 H_2SO_4 用量为4000g/t。

3.6.6 捕收剂种类试验

为筛选出高效强选择性的药剂，确定最佳的捕收剂，对丁基黄药、丁基黄药+Z200、丁基黄药+P10、丁基黄药+EP 四种捕收剂进行了捕收剂种类试验，试验流程如图3-61 所示，试验结果见表 3-53。

表 3-53 捕收剂种类试验结果 （%）

捕收剂种类	样品名称	产率	Cu		S	
			品位	回收率	品位	回收率
P10+丁基黄药	精矿	26.40	0.53	77.92	36.45	77.38
	尾矿	73.61	0.05	22.08	3.82	22.62
	合计	100	0.18	100	12.43	100
EP+丁基黄药	精矿	25.44	0.46	72.01	32.04	76.65
	尾矿	74.56	0.06	27.99	3.33	23.35
	合计	100	0.16	100	10.63	100
丁基黄药	精矿	28.02	0.49	76.81	33.70	79.90
	尾矿	71.98	0.06	23.19	3.30	20.10
	合计	100	0.18	100	11.82	100
Z200+丁基黄药	精矿	25.77	0.59	87.23	34.39	75.14
	尾矿	74.23	0.03	12.77	3.95	24.86
	合计	100	0.17	100	11.79	100

四种捕收剂均有较好的捕收效果。采用 Z200+丁基黄药作为捕收剂，精矿中 Cu 品位与回收率均获得最佳。因此，最佳的捕收剂为 Z200+丁基黄药。

3.6.7 捕收剂用量试验

试验继续探索了 Z200+丁基黄药的用量试验，以获取最佳的捕收剂用量，试验流程如图 3-61 所示，试验结果见表 3-54。

表 3-54 捕收剂用量试验结果 （%）

捕收剂用量 /g·t⁻¹	样品名称	产率	Cu		S	
			品位	回收率	品位	回收率
30+90	精矿	29.01	0.52	83.8	33.61	84.99
	尾矿	70.99	0.03	10.65	2.42	15.01
	合计	100	0.18	100	11.47	100
40+120	精矿	29.01	0.52	84.22	38.5	83.98
	尾矿	70.99	0.04	15.78	3.00	16.02
	合计	100	0.18	100	13.3	100
50+150	精矿	33.5	0.46	86.4	30.9	86.26
	尾矿	66.5	0.04	13.6	2.48	13.74
	合计	100	0.18	100	12	100
60+180	精矿	32.42	0.51	91.97	30.23	81.68
	尾矿	67.58	0.02	8.03	3.25	18.32
	合计	100	0.18	100	12	100
70+200	精矿	34.48	0.45	86.5	31.22	89.69
	尾矿	65.52	0.04	13.5	1.89	10.31
	合计	100	0.18	100	12	100

当 Z200+丁基黄药用量达到 60+180g/t 时，Cu 回收率达 91.97%，S 的回收率为 81.68%，获得了良好的浮选指标；随着捕收剂用量的增加，虽然 S 回收率增加，但 Cu 回收率降低。为节省药剂成本，综合考虑拟定最佳的捕收剂用量为 Z200+丁基黄药=60+180g/t。

3.6.8 刮泡时间试验

硫化矿浮选是一个比较复杂的"碰撞—附着—脱落"的重复变化过程。为了获得合适的粗精矿品位以获得合格的精矿，进行了铜硫混浮精选分批刮泡时间试验和铜硫分离粗选的分批刮泡时间试验。通过分析矿石的累积品位及累积回收率，为进一步优化浮选流程内部结构的合理性以及为制定合理的技术方案和选择合理的设备与工艺流程提供依据，试验流程和药剂制度如图 3-65、图 3-66 所示，试验结果见表 3-55、表 3-56。

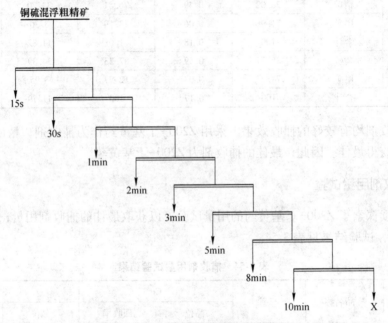

图 3-65　铜硫混浮精选刮泡时间试验流程

表 3-55　铜硫混浮刮泡时间试验结果　　　　　　　　　（%）

刮泡时间	产率	Cu			S		
		品位	累积品位	累积回收率	品位	累积品位	累积回收率
15s	11.14	0.64	0.64	14.37	40.88	40.88	12.27
30s	4.71	0.62	0.63	20.25	43.81	41.75	17.84
1min	11.03	0.60	0.62	33.59	44.00	42.67	30.92
2min	15.24	0.59	0.61	51.73	41.74	42.34	48.08
3min	12.48	0.58	0.60	66.32	39.41	41.67	61.34
4min	13.37	0.56	0.59	81.41	41.05	41.55	76.13
5min	15.09	0.43	0.56	94.49	34.27	40.22	90.07
8min	8.57	0.21	0.53	98.11	30.43	39.31	97.10
10min	2.27	0.17	0.52	98.89	24.78	38.96	98.62
合计	100	0.50	0.50	100.00	37.09	37.09	100.00

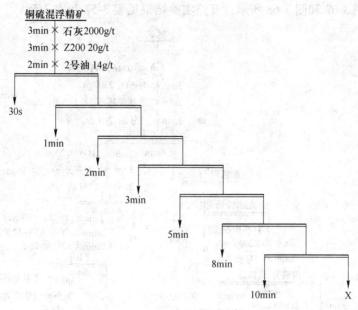

图 3-66 铜硫分离粗选刮泡时间试验流程

在铜硫混浮精选作业，当刮泡时间为 8min 时，可分别获得 Cu 累积品位为 0.53%，作业回收率为 98.11%；S 累积品位为 39.31%，作业回收率为 98.63%的混合粗精矿，因此确定铜硫混浮精选刮泡时间为 8min。

表 3-56　铜硫分离刮泡时间试验结果　　　　　　　　　　　（%）

刮泡时间	产率	Cu			S		
		品位	累积品位	累积回收率	品位	累积品位	累积回收率
30s	3.69	5.51	5.51	29.03	33.10	33.10	3.63
1min	6.97	3.81	4.71	46.88	31.95	32.56	6.75
2min	10.65	2.81	4.05	61.67	32.26	32.46	10.28
3min	13.81	2.48	3.69	72.86	31.89	32.33	13.28
5min	19.43	1.44	3.04	84.43	31.98	32.23	18.63
8min	26.80	0.70	2.40	91.80	32.12	32.20	25.68
10min	30.54	0.42	2.16	94.04	32.34	32.21	29.27
合计	100.00	0.70	0.70	100.00	33.61	33.61	100.00

在铜硫分离粗选作业，当刮泡时间为 8min 时，分别获得 Cu 累积品位为 2.16%、作业回收率为 91.80%，S 累积品位为 32.21%、作业回收率为 70.73%的铜粗精矿，从强调铜回收率的角度安排 1~2 扫选是必要的，因此，因此确定铜硫分离粗选时间为 4min，扫选时间为 3min，后续还可增加 1 次扫选提高回收率。

3.6.9 全浮选开路试验

在浮选条件试验的基础上，进行了铜、硫、钨全浮选开路流程试验，开路试验流程及其药剂制度如图 3-67 和图 3-68 所示，开路实验结果见表 3-57 和表 3-58。

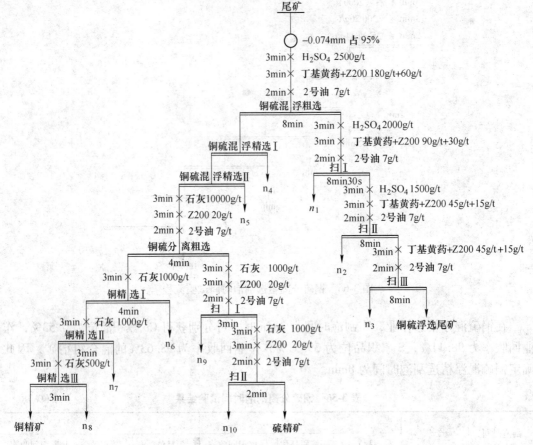

图 3-67 铜硫浮选开路试验流程

表 3-57 铜硫浮选开路实验结果 （%）

样品名称	产率	Cu		S	
		品位	回收率	品位	回收率
KCu	0.26	20.36	40.72	28.53	0.64
KS	6.27	0.13	6.36	42.91	23.44
n_1	4.89	0.18	6.87	24.15	10.29
n_2	3.00	0.12	2.81	16.18	4.23
n_3	3.71	0.09	2.66	10.46	3.38
n_4	4.33	0.06	2.03	43.03	16.24
n_5	0.63	0.06	0.30	32.91	1.81
n_6	2.21	0.08	1.38	33.64	6.47
n_7	1.52	1.16	13.76	37.42	4.95
n_8	0.45	1.53	5.38	28.95	1.14

样品名称	产率	Cu		S	
		品位	回收率	品位	回收率
n_9	3.59	0.05	1.49	34.41	10.77
n_{10}	0.36	0.04	0.11	27.61	0.87
X	68.79	0.03	16.12	2.63	15.77
合计	100.00	0.13	100.00	11.47	100.00

铜尾砂磨矿后进行浮选收 Cu、S，可获得含 Cu 品位 20.36%、回收率为 40.72%的铜精矿，含 S 品位 42.91%、回收率为 23.44%的硫精矿。铜硫浮选尾矿中含 Cu 品位为 0.30%、回收率 16.12%，含 S 品位为 2.63%、回收率为 15.77%。总体浮选指标较为理想。

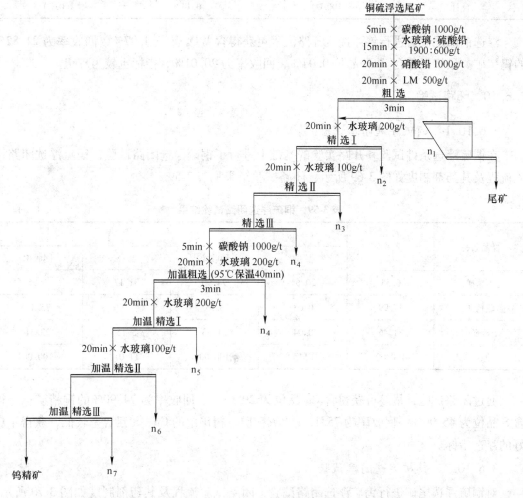

图3-68 钨矿浮选开路试验流程

表 3-58   钨矿浮选开路实验结果   （%）

样品名称	产率	品位	回收率
精矿	0.61	4.97	21.59
n_2	11.57	0.12	9.81
n_3	3.02	0.24	5.12
n_4	3.07	0.35	7.58
n_5	1.14	0.13	1.05
n_6	0.51	0.23	0.83
n_7	2.81	0.78	15.47
n_8	1.54	1.72	18.76
尾矿	75.73	0.04	19.80
合计	100.00	0.14	100.00

浮选铜硫尾矿再进行钨浮选，开路流程可获得含 WO_3 品位 4.97%、回收率为 21.82% 的钨精矿。最终尾矿含 WO_3 品位 0.04%、回收率为 20.01%，指标也较为理想。

3.6.10   闭路试验

3.6.10.1   铜硫浮选闭路试验

在铜硫浮选条件试验和开路实验的基础上进行了铜硫浮选闭路试验，铜硫浮选闭路试验流程及其药剂制度如图 3-69 所示，闭路试验结果见表 3-59。

表 3-59   铜硫浮选闭路试验结果   （%）

样品名称	产率	Cu		S	
		品位	回收率	品位	回收率
铜精矿	0.55	20.61	74.90	31.17	1.56
硫精矿	17.99	0.03	3.57	45.96	75.13
尾矿	81.46	0.04	21.53	3.15	23.31
原矿	100.00	0.15	100.00	11.01	100.00

通过闭路试验，最终可获得含 Cu 品位为 20.61%、回收率为 74.90% 的铜精矿；获得含 S 品位为 45.96%、回收率为 75.13% 的硫精矿。精矿中的 Cu、S 互含率较低，获得了良好的浮选指标。

3.6.10.2   钨矿浮选闭路试验

对铜硫浮选尾矿进行钨矿浮选闭路试验，闭路试验流程及其药剂制度如图 3-70 所示，试验结果见表 3-60。

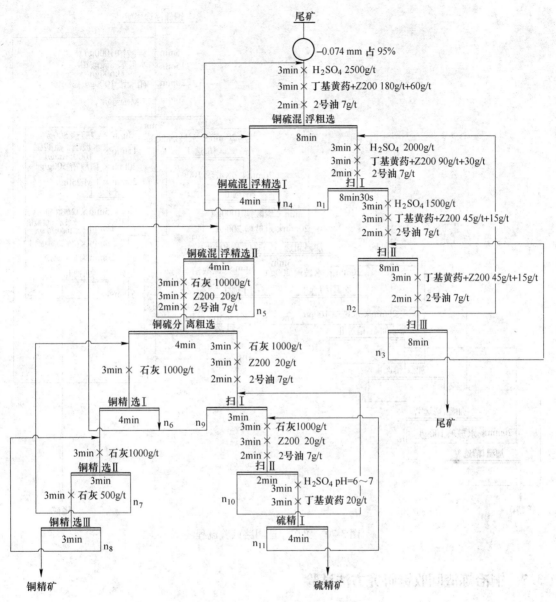

图 3-69 铜硫浮选闭路试验流程

表 3-60 钨矿浮选闭路试验结果 （%）

样品名称	产率	钨品位	钨回收率
钨精矿	0.43	25.78	68.94
尾矿	99.57	0.050	31.06
原矿	100.00	0.16	100.00

对铜硫浮选尾矿进行钨矿浮选闭路试验，结果表明，可获得含 WO_3 品位为 25.78%、回收率为 68.94% 的钨精矿。同样，如果希望得到更高品位（50%以上）的钨精矿，只需再增加一次浮选作业即可。

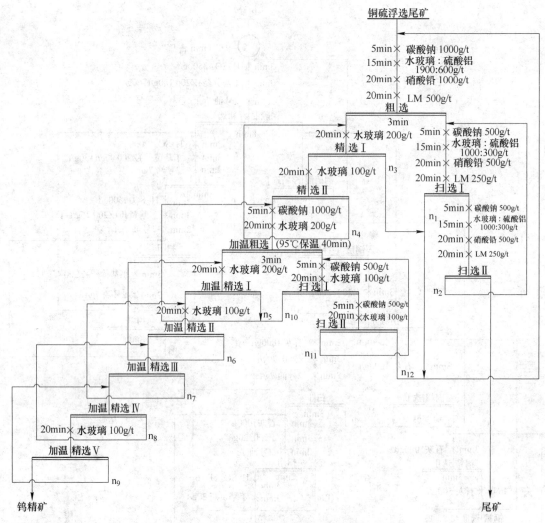

图 3-70 钨矿浮选闭路试验流程

3.7 铜冶炼渣回收铜研究方法试验

3.7.1 铜冶炼渣性质

　　铜冶炼渣是铜精矿冶炼过程中产生的废弃渣，其类型有电炉渣、闪速炉渣和转炉渣等类型，取决于炉型。一般情况下可能是几种炉型产生的混合渣。混合渣含铜品位在 1%~2% 之间。实验铜渣为混合渣，铜矿物主要有金属铜、类斑铜矿、辉铜矿、类黄铜矿和微量的铜铅合金；铁矿物主要为磁铁矿和微量的金属铁；此外还有少量的磁黄铁矿、黄铁矿、方铅矿等；脉石矿物主要为铁橄榄石和非晶相物质，其中非晶相物质的物质组成极其复杂。

　　金属铜在混合渣中主要以不规则和浑圆状包体的形式嵌布于铁橄榄石、磁铁矿或非晶相物质中。其中以不规则状嵌布的金属铜嵌布粒度粗，一般为 0.03~0.4mm；以浑圆状包体形式嵌布的金属铜粒度嵌布范围稍大，一般为 0.001~0.20mm，且有相当部分的金属铜的嵌布粒度小于 0.01mm, 呈极微细粒嵌布于铁橄榄石、磁铁矿和非晶相物质中, 这部分嵌布粒度小于 0.01mm 的金属铜即使在细磨的条件下也较难与其他矿物解离。有少量的金属铜呈板状、条带状与类斑铜矿、类黄铜矿紧密连生以集合体的形式嵌布; 还有微量金属铜呈细小脉状嵌布于辉铜矿中, 脉矿均不足 0.001mm。

类斑铜矿主要呈不规则状颗粒与类黄铜矿、辉铜矿等铜矿物连生并以集合体的形式嵌布于铁橄榄石、磁铁矿或非晶相物质中。这部分类斑铜矿与其他铜矿物连生的集合体的嵌布粒度分布不均匀, 一般为 0.010~0.2mm。另外有部分类斑铜矿呈浑圆粒状或不规则粒状嵌布于铁橄榄石间隙的非晶相物质中, 其嵌布粒度稍细, 一般为 0.005~0.05mm, 且大部分此种嵌布特征的类斑铜矿的嵌布粒度均小于 0.03mm。

类黄铜矿主要与类斑铜矿、辉铜矿连生以集合体的形式嵌布。这部分类黄铜矿集合体嵌布粒度较粗, 一般为 0.02~0.15mm。类黄铜矿其次呈不规则粒状和浑圆粒状嵌布于非晶相物质中, 这部分类黄铜矿嵌布粒度细, 一般为 0.001~0.02mm, 不易与非晶相物质解离。另外有少量的类黄铜矿呈包体形式嵌布于磁铁矿中, 若不细磨, 这部分铜矿物很难与磁体矿解离或成为裸露铜。

辉铜矿主要呈不规则粒状嵌布于铁橄榄石或磁铁矿中。这部分辉铜矿嵌布粒度粗, 一般为 0.02~0.5mm。辉铜矿其次呈镶边结构包裹金属铜, 粒度一般为 0.02~0.05mm, 两者可以在选矿过程中一起回收。另外有少量辉铜矿呈不规则状与类斑铜矿、类黄铜矿连生易集合体的形式嵌布, 集合体的粒度一般为 0.01~0.04mm。

磁铁矿主要呈他形粒状、半自形粒状嵌布, 粒度较粗, 一般为 0.02~0.3mm。另外有部分磁体矿呈鱼翅状、浑圆粒状嵌布, 这部分磁铁矿嵌布粒度细, 一般小于 0.02mm。磁铁矿与铜矿物嵌布关系紧密, 常可见金属铜、类黄铜矿、辉铜矿等铜矿物呈细粒包体的形式嵌布于磁铁矿中, 或与这些铜矿物连生以集合体的形式嵌布。

实验铜渣含铜 1.81%, 铜主要以金属铜、次生硫化铜和原生硫化铜形式存在, 占比可达 88.96%。铜矿物集合体 (包括各种铜矿物单体及它们之间的连生体) 紧密嵌布于铁橄榄石、非晶相物质和磁铁矿中。

3.7.2 浮选试验方案确定

工业生产经验表明, 铜冶炼渣一般磨矿产品细度为 80%~90%-0.045mm, 经过二粗三扫抛弃尾矿, 粗选 1 直接浮选出部分铜精矿, 粗选 2 泡沫经三次精选得第二部分铜精矿, 精选 1 和各扫选的中矿集中返回粗选 1。实验室开路流程如图 3-71 所示。

3.7.3 磨矿细度-浮选试验

磨矿细度试验流程如图 3-72 所示, 试验结果见表 3-61。

随着磨矿细度的提高, 合并精矿的 Cu 回收率呈缓慢增加趋势, 而 Cu 品位则是先升后降。根据试验结果, 磨矿细度以-0.045mm 占 85% 为宜。

对不同细度磨矿产品的解离度测定结果见表 3-62。总体来说混合渣的解离情况不是太好。磨矿产品中-0.045mm 的含量从 75% 增加到 95%, 铜矿物集合体的解离度仅从 68.57% 提高到 88.27%。当在磨矿细度为 85%-0.045mm 时, 铜矿物集合体的解离度为 81.60%。

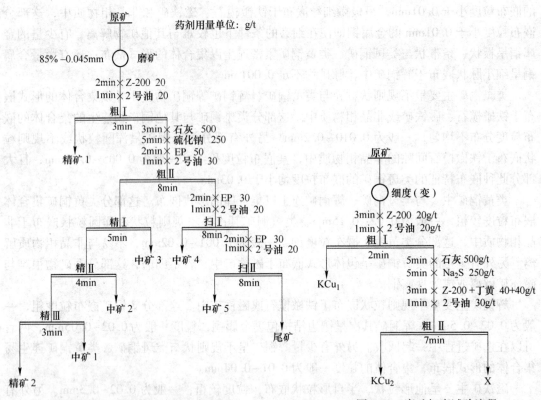

图 3-71　铜冶炼渣浮选工艺流程　　　　图 3-72　磨矿细度试验流程

表 3-61　磨矿细度试验结果　　　　　　　　　　（%）

磨矿细度 （−0.045mm）	产品	产率	Cu 品位	Cu 回收率
75	精矿 1	4.70	25.27	66.10
	精矿 2	10.52	2.89	16.91
	合并精矿	15.22	9.80	83.01
	尾矿	84.78	0.36	16.99
	原矿	100.00	1.80	100.00
80	精矿 1	4.34	27.32	65.01
	精矿 2	9.04	3.80	18.84
	合并精矿	13.38	11.43	83.85
	尾矿	86.62	0.34	16.15
	原矿	100.00	1.82	100.00
85	精矿 1	3.96	29.76	65.01
	精矿 2	8.94	3.88	19.13
	合并精矿	12.90	11.82	84.14
	尾矿	87.10	0.33	15.86
	原矿	100.00	1.81	100.00

磨矿细度 (-0.045mm)	产品	产率	Cu 品位	Cu 回收率
	精矿 1	4.50	26.38	66.01
	精矿 2	9.46	3.46	18.20
90	合并精矿	13.96	10.85	84.21
	尾矿	86.04	0.33	15.79
	原矿	100.00	1.80	100.00
	精矿 1	5.20	22.47	65.52
	精矿 2	11.48	2.96	19.06
95	合并精矿	16.68	9.04	84.58
	尾矿	83.32	0.33	15.42
	原矿	100.00	1.78	100.00

表 3-62 磨矿产品的单体解离度测定结果　　　　　　　(%)

磨矿细度 (-0.045mm)	单体占有率	连生体占有率		合计
		裸露铜	包裹铜	
75	68.57	15.57	15.86	100.00
80	73.94	12.77	13.29	100.00
85	81.60	9.52	8.88	100.00
90	85.12	7.56	7.32	100.00
95	88.27	6.23	5.50	100.00

3.7.4 粗扫选浓度试验

粗扫选浓度试验流程如图 3-72 所示，浮选浓度从 27% 变化到 58%。试验结果见表 3-63。

表 3-63 粗扫选浓度试验结果　　　　　　　(%)

粗选入选浓度	产品	产率	Cu 品位	Cu 回收率
	精矿 1	2.56	36.34	50.98
	精矿 2	5.28	9.20	26.62
27	合并精矿	7.84	18.06	77.60
	中矿	5.92	2.68	8.69
	尾矿	86.24	0.29	13.71
	原矿	100.00	1.82	100.00
	精矿 1	3.87	30.24	64.38
	精矿 2	5.71	6.11	19.20
37	合并精矿	9.58	15.86	83.58
	中矿	5.97	1.46	4.80
	尾矿	84.45	0.25	11.62
	原矿	100.00	1.82	100.00

续表 3-63

粗选入选浓度	产品	产率	Cu 品位	Cu 回收率
45	精矿 1	4.24	28.98	67.87
	精矿 2	8.20	3.96	17.94
	合并精矿	12.44	12.49	85.81
	中矿	6.94	1.03	3.95
	尾矿	80.62	0.23	10.24
	原矿	100.00	1.81	100.00
58	精矿 1	5.67	18.92	59.92
	精矿 2	10.05	4.40	24.73
	合并精矿	15.72	9.63	84.65
	中矿	9.28	1.02	5.29
	尾矿	75.00	0.24	10.06
	原矿	100.00	1.79	100.00

合并精矿的 Cu 品位随着浮选浓度的提高而下降，Cu 回收率则是先上升后下降。说明铜冶炼渣的粗扫选可以采用高浓度浮选。根据试验结果，粗选入选浮选浓度以 45% 为宜；但一般精选矿浆浓度还是控制在 33% 左右为宜。

3.7.5　粗选 II 捕收剂 Z-200 用量试验

粗选 II 捕收剂 Z-200 用量试验流程如图 3-72 所示，试验结果见表 3-64。

表 3-64　粗选 II 捕收剂用量试验结果　　　　　　　　（%）

Z-200 用量/g·t^{-1}	产品	产率	Cu 品位	Cu 回收率
30	精矿	11.02	13.66	83.68
	尾矿	88.98	0.33	16.32
	原矿	100.00	1.80	100.00
40	精矿	11.24	13.66	84.39
	尾矿	88.76	0.32	15.61
	原矿	100.00	1.82	100.00
50	精矿	11.52	13.27	84.38
	尾矿	88.48	0.32	15.62
	原矿	100.00	1.81	100.00
60	精矿	12.60	11.96	84.35
	尾矿	87.40	0.32	15.65
	原矿	100.00	1.79	100.00

根据试验结果，粗选 II 的 Z-200 用量以 40g/t 为佳。

3.7.6 捕收剂种类试验

捕收剂种类试验流程如图 3-72 所示，试验结果见表 3-65。

表 3-65 捕收剂种类试验结果 （%）

捕收剂种类和用量 /g·t⁻¹	产品	产率	Cu 品位	Cu 回收率
Z-200 粗选Ⅰ：20 粗选Ⅱ：40	精矿 1	2.14	40.09	47.14
	精矿 2	9.10	7.45	37.25
	合并精矿	11.24	13.66	84.39
	尾矿	88.76	0.32	15.61
	原矿	100.00	1.82	100.00
BK901 粗选Ⅰ：20 粗选Ⅱ：40	精矿 1	1.44	37.90	30.11
	精矿 2	6.82	13.60	51.16
	合并精矿	8.26	17.84	81.27
	尾矿	91.74	0.37	18.73
	原矿	100.00	1.81	100.00
BK901B 粗选Ⅰ：20 粗选Ⅱ：40	精矿 1	1.86	36.80	37.82
	精矿 2	8.54	9.40	44.36
	合并精矿	10.40	14.30	82.18
	尾矿	89.60	0.36	17.82
	原矿	100.00	1.81	100.00
BK908 粗选Ⅰ：20 粗选Ⅱ：40	精矿 1	2.34	37.06	48.15
	精矿 2	8.08	7.79	34.94
	合并精矿	10.42	14.36	83.09
	尾矿	89.58	0.34	16.91
	原矿	100.00	1.80	100.00
EP 粗选Ⅰ：20 粗选Ⅱ：40	精矿 1	2.52	35.63	50.14
	精矿 2	7.86	7.94	34.85
	合并精矿	10.38	14.66	84.99
	尾矿	89.62	0.30	15.01
	原矿	100.00	1.79	100.00
丁黄药 粗选Ⅰ：40 粗选Ⅱ：80	精矿 1	2.74	32.17	48.75
	精矿 2	12.42	5.07	34.83
	合并精矿	15.16	9.97	83.58
	尾矿	84.84	0.35	16.42
	原矿	100.00	1.81	100.00

整体上看 Z-200 和 EP 较其他捕收剂要好些。在这两者之间比较，Z-200 的选择性高些，而 EP 的捕收力强些。粗选Ⅰ作业的目的是快速浮选出一部分可浮性好的含铜组分直

接作为最终精矿，这里用选择性较高的 Z-200 较为合适；而粗选Ⅱ作业的目的则是尽可能地上浮未能在精选Ⅰ作业上浮的含铜组分（以电炉渣中的含铜组分为主），以通过后续的多次精选获得另一部分最终精矿，这里采用捕收力较强 EP 作捕收剂较好。

3.7.7 粗选Ⅱ捕收剂 EP 用量试验

粗选Ⅱ捕收剂 EP 用量试验流程如图 3-72 所示，试验结果见表 3-66。

表 3-66　粗选Ⅱ捕收剂 EP 用量试验结果　　　　　　　　（%）

EP 用量/g·t^{-1}	产品	产率	Cu 品位	Cu 回收率
35	精矿	10.32	14.56	83.54
	尾矿	89.68	0.33	16.46
	原矿	100.00	1.80	100.00
50	精矿	11.58	13.20	84.38
	尾矿	88.42	0.32	15.62
	原矿	100.00	1.81	100.00
65	精矿	11.40	13.20	84.15
	尾矿	88.60	0.32	15.85
	原矿	100.00	1.79	100.00
80	精矿	13.12	11.46	83.58
	尾矿	86.88	0.34	16.42
	原矿	100.00	1.80	100.00

试验结果表明，粗选Ⅱ捕收剂 EP 用量以 50g/t 为宜。

3.7.8 浮选温度对比试验

浮选温度对比试验流程如图 3-72 所示，试验的浮选矿浆温度为 22℃ 和 45℃。试验结果见表 3-67。

表 3-67　浮选温度对比试验结果　　　　　　　　（%）

矿浆温度/℃	产品	产率	Cu 品位	Cu 回收率
22	精矿 1	2.32	39.92	51.11
	精矿 2	9.26	6.51	33.27
	合并精矿	11.58	13.20	84.38
	尾矿	88.42	0.32	15.62
	原矿	100.00	1.81	100.00
45	精矿 1	3.50	34.85	67.33
	精矿 2	6.36	4.63	16.25
	合并精矿	9.86	15.36	83.58
	尾矿	90.14	0.33	16.42
	原矿	100.00	1.81	100.00

矿浆温度从 22℃ 提高到 45℃ 并未带来浮选指标的改善,合并精矿 Cu 回收率反而有所降低。说明在常温下浮选更有利于选矿过程,因而选矿厂回水温度太高时影响到选矿指标。

3.7.9 浮选 pH 值试验

采用石灰调整浮选 pH 值的试验流程如图 3-72 所示,试验结果见表 3-68。

表 3-68 浮选 pH 值试验结果 (%)

石灰用量/g·t⁻¹	矿浆 pH	产品	产率	Cu 品位	Cu 回收率
0	8.0	精矿 1	2.32	39.52	50.86
		精矿 2	9.26	6.51	33.44
		合并精矿	11.58	13.12	84.30
		尾矿	88.42	0.32	15.70
		原矿	100.00	1.80	100.00
250	8.6	精矿 1	3.36	32.39	61.27
		精矿 2	7.94	5.20	23.25
		合并精矿	11.30	13.28	84.52
		尾矿	88.70	0.31	15.48
		原矿	100.00	1.78	100.00
500	9.1	精矿 1	4.62	27.44	69.60
		精矿 2	9.30	3.27	16.70
		合并精矿	13.92	11.29	86.30
		尾矿	86.08	0.29	13.70
		原矿	100.00	1.82	100.00
1000	10.0	精矿 1	5.02	25.95	71.91
		精矿 2	8.78	2.85	13.81
		合并精矿	13.80	11.25	85.72
		尾矿	86.20	0.30	14.28
		原矿	100.00	1.81	100.00

石灰用量为 500g/t 时合并精矿的回收率最高,此时的矿浆 pH 值为 9.1。另外从试验结果还可看出,在粗选 I 添加石灰会严重影响精矿 1 的品位,石灰宜在粗选 II 添加。

3.7.10 Na₂S 用量试验

粗选 II 中 Na_2S 用量试验流程如图 3-72 所示,试验结果见表 3-69。

表 3-69 用量试验结果 (%)

Na₂S 用量/g·t⁻¹	产品	产率	Cu 品位	Cu 回收率
0	合并精矿	11.58	13.34	84.93
	尾矿	88.42	0.31	15.07
	原矿	100.00	1.82	100.00

Na₂S 用量/g·t⁻¹	产品	产率	Cu 品位	Cu 回收率
125	合并精矿	14.78	10.69	88.54
	尾矿	85.22	0.24	11.46
	原矿	100.00	1.79	100.00
250	合并精矿	13.52	11.92	88.59
	尾矿	86.48	0.24	11.41
	原矿	100.00	1.82	100.00
375	合并精矿	14.24	10.98	87.94
	尾矿	85.76	0.25	12.06
	原矿	100.00	1.78	100.00
500	合并精矿	13.62	11.54	87.50
	尾矿	86.38	0.26	12.50
	原矿	100.00	1.80	100.00

试验结果表明，添加 Na_2S 可使合并精矿铜回收率提高 3 个百分点以上。Na_2S 用量以 250g/t 为宜。

3.7.11 开路试验

根据条件试验结果，采用 Z-200 为粗选 1 捕收剂、EP 为粗选 Ⅱ 和扫选捕收剂进行了二粗二扫三精全流程开路试验，试验流程和添加如图 3-71 所示，试验结果见表 3-70。

表 3-70 全流程开路试验结果 （%）

产品	产率	Cu 品位	Cu 回收率
精矿 1	2.24	36.24	45.07
精矿 2	1.28	43.61	30.99
中矿 1	0.74	10.02	4.12
中矿 2	1.28	4.82	3.43
中矿 3	8.74	0.82	3.98
中矿 4	4.66	0.66	1.70
中矿 5	3.24	0.43	0.77
尾矿	77.82	0.23	9.94
精矿 1+精矿 2	3.52	38.92	76.06
原矿	100.00	1.80	100.00

结果表明，粗选 Ⅱ 的粗精矿经过两次开路精选获得的泡沫产品的 Cu 品位为 31.30%，再精选一次获得的泡沫产品（精矿 2）的 Cu 品位达 43.61%。

3.7.12 闭路试验

闭路试验流程如图 3-73 所示，试验结果见表 3-71。

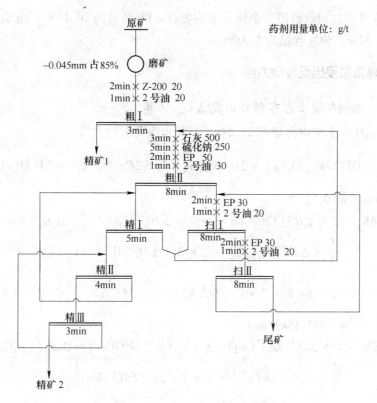

图 3-73 流程结构 3 闭路试验流程

表 3-71 闭路试验结果 （%）

产品	产率	Cu 品位	Cu 回收率
精矿 1	3.05	32.41	54.44
精矿 2	2.65	22.34	32.59
尾矿	94.30	0.25	12.97
原矿	100.00	1.82	100.00

闭路试验获得了 Cu 品位为 32.41% 的精矿 1 及 Cu 品位为 22.34% 的精矿 2，合并精矿的 Cu 品位为 27.73%，Cu 回收率为 87.03%，实现了铜冶炼渣中 Cu 的回收。

另外，铜冶炼渣经磨矿—浮选后，尾矿中还含有大量的磁铁矿。感兴趣的读者可以根据需要，采用磁选方法进行回收。

3.8 含铜冶炼渣制备 CuSO₄ 研究方法试验

3.8.1 铜冶炼渣性质

试验铜渣是含铅锌铜精矿冶炼后产生的冶炼渣。矿物组成复杂，主要矿物有赤铜矿、辉铜矿、铅矾、闪锌矿、硫酸镉、白铁矿、硫酸钙、石英、氧化铝等。主要元素铜主要以赤铜矿和辉铜矿形式存在，锌以闪锌矿形式存在，铁主要以白铁矿形式存在，镉、铅以金属硫酸盐形式存在，铝和砷以金属氧化物形态存在。多元素分析结果表明，该冶炼渣含铜

26.07%，有非常高的回收价值。杂质元素主要有：Pb 含量为 20.19%，Zn 含量为 6.05%，CaO 含量为 9.32%，SiO_2 含量为 5.38%。

3.8.2 铜冶炼渣酸浸出反应动力学

3.8.2.1 赤铜矿浸出吉布斯自由能 $\Delta_r G_m^\ominus$ 计算

赤铜矿 Cu_2O 在铜渣中含量占 25.5%，其浸出主要方程式为：

$$Cu_2O(s) + \frac{1}{2}O_2(g) + 2H_2SO_4(aq) \Longrightarrow 2CuSO_4(aq) + 2H_2O(l)$$

其吉布斯自由能 $\Delta_r G_m^\ominus$ 为：

$$\Delta_r H_m^\ominus(298K) = 2 \times \Delta_f H_m^\ominus[Cu^{2+}(aq)] + 2 \times \Delta_f H_m^\ominus[H_2O(l)] - \Delta_f H_m^\ominus[Cu_2O(s)] -$$

$$\frac{1}{2} \times \Delta_f H_m^\ominus[O_2(g)] - 2 \times 2 \times \Delta_f H_m^\ominus[H^+(aq)]$$

$$= 2 \times 64.8 + 2 \times (-285.83) - (-168.6) - \frac{1}{2} \times 0 - 4 \times 0$$

$$= -273.46 kJ/mol$$

$$\Delta_r S_m^\ominus(298K) = 2 \times \Delta_f S_m^\ominus[Cu^{2+}(aq)] + 2 \times \Delta_f S_m^\ominus[H_2O(l)] - \Delta_f S_m^\ominus[Cu_2O(s)] -$$

$$\frac{1}{2} \times \Delta_f S_m^\ominus[O_2(g)] - 2 \times 2 \times \Delta_f S_m^\ominus[H^+(aq)]$$

$$= 2 \times (-99.6) + 2 \times 69.91 - 93.14 - \frac{1}{2} \times 205.138 - 4 \times 0$$

$$= -255.089 J/(K \cdot mol)$$

$$\Delta_r G_m^\ominus = \Delta_r H_m^\ominus - T\Delta_r S_m^\ominus = -273.46 + 0.255T$$

$$\Delta_r G_m^\ominus(298K) = -273.46 + 0.255 \times 298 = -197.47 kJ/mol$$

3.8.2.2 辉铜矿浸出吉布斯自由能 $\Delta_r G_m^\ominus$ 计算

辉铜矿 Cu_2S 在铜渣中含量占 1.15%，其浸出主要方程式为：

$$Cu_2S(s) + O_2(g) + 2H_2SO_4(aq) \Longrightarrow 2CuSO_4(aq) + S^o(s) + 2H_2O(l)$$

其吉布斯自由能 $\Delta_r G_m^\ominus$ 为：

$$\Delta_r H_m^\ominus(298K) = 2 \times \Delta_f H_m^\ominus[Cu^{2+}(aq)] + \Delta_f H_m^\ominus[S^0(s)] + 2 \times \Delta_f H_m^\ominus[H_2O(l)] -$$

$$\Delta_f H_m^\ominus[Cu_2S(s)] - \Delta_f H_m^\ominus[O_2(g)] - 2 \times 2 \times \Delta_f H_m^\ominus[H^+(aq)]$$

$$= 2 \times 64.8 + 0 + 2 \times (-285.83) - (-79.5) - 0 - 4 \times 0$$

$$= -362.56 kJ/mol$$

$$\Delta_r S_m^\ominus(298K) = 2 \times \Delta_f S_m^\ominus[Cu^{2+}(aq)] + \Delta_f S_m^\ominus[S^0(s)] + 2 \times \Delta_f S_m^\ominus[H_2O(l)] -$$

$$\Delta_f S_m^\ominus[Cu_2S(s)] - \Delta_f S_m^\ominus[O_2(g)] - 2 \times 2 \times \Delta_f S_m^\ominus[H^+(aq)]$$

$$= 2 \times (-99.6) + 31.8 + 2 \times (69.91) - 120.9 - 205.138 - 4 \times 0$$

$$= -353.618 J/(K \cdot mol)$$

$$\Delta_r G_m^\ominus = \Delta_r H_m^\ominus - T\Delta_r S_m^\ominus = -362.56 + 0.354T$$

$$\Delta_r G_m^\ominus(298K) = -362.56 + 0.354 \times 298 = -257.068 kJ/mol$$

3.8.2.3 闪锌矿浸出吉布斯自由能 $\Delta_r G_m^{\ominus}$ 计算

闪锌矿 ZnS 在铜渣中含量占 4.30%，其浸出主要方程式为：

$$ZnS(s) + \frac{1}{2}O_2(g) + H_2SO_4(aq) \rightleftharpoons ZnSO_4(aq) + S^0(s) + H_2O(l)$$

其吉布斯自由能 $\Delta_r G_m^{\ominus}$ 为：

$$\Delta_r H_m^{\ominus}(298K) = \Delta_f H_m^{\ominus}[Zn^{2+}(aq)] + \Delta_f H_m^{\ominus}[S^0(s)] + 2 \times \Delta_f H_m^{\ominus}[H_2O(l)] -$$

$$\Delta_f H_m^{\ominus}[ZnS(s)] - \frac{1}{2} \times \Delta_f H_m^{\ominus}[O_2(g)] - 2 \times \Delta_f H_m^{\ominus}[H^+(aq)]$$

$$= -153.9 + 0 + (-285.83) - (-202.9) - \frac{1}{2} \times 0 - 2 \times 0$$

$$= -236.83 kJ/mol$$

$$\Delta_r S_m^{\ominus}(298K) = \Delta_f S_m^{\ominus}[Zn^{2+}(aq)] + \Delta_f S_m^{\ominus}[S^0(s)] + 2 \times \Delta_f S_m^{\ominus}[H_2O(l)] -$$

$$\Delta_f S_m^{\ominus}[ZnS(s)] - \frac{1}{2} \times \Delta_f S_m^{\ominus}[O_2(g)] - 2 \times \Delta_f S_m^{\ominus}[H^+(aq)]$$

$$= -112.1 + 31.80 + 69.91 - 57.70 - \frac{1}{2} \times 205.138 - 2 \times 0$$

$$= -170.659 J/(K \cdot mol)$$

$$\Delta_r G_m^{\ominus} = \Delta_r H_m^{\ominus} - T\Delta_r S_m^{\ominus} = -236.83 + 0.171T$$

$$\Delta_r G_m^{\ominus}(298K) = -236.83 + 0.171 \times 298 = -185.872 kJ/mol$$

3.8.2.4 白铁矿浸出吉布斯自由能 $\Delta_r G_m^{\ominus}$ 计算

白铁矿 FeS₂ 在铜渣中含量占 0.92%，其浸出主要方程式为：

$$FeS_2(s) + \frac{3}{4}O_2(g) + \frac{3}{2}H_2SO_4(aq) \rightleftharpoons \frac{1}{2}Fe_2(SO_4)_3(aq) + 2S^0(s) + \frac{3}{2}H_2O(l)$$

其吉布斯自由能 $\Delta_r G_m^{\ominus}$ 为：

$$\Delta_r H_m^{\ominus}(298K) = \frac{1}{2} \times 2 \times \Delta_f H_m^{\ominus}[Fe^{3+}(aq)] + 2 \times \Delta_f H_m^{\ominus}[S^0(s)] + \frac{3}{2} \times \Delta_f H_m^{\ominus}[H_2O(l)] -$$

$$\Delta_f H_m^{\ominus}[FeS_2(s)] - \frac{3}{4} \times \Delta_f H_m^{\ominus}[O_2(g)] - \frac{3}{2} \times 2 \times \Delta_f H_m^{\ominus}[H^+(aq)]$$

$$= \frac{1}{2} \times 2 \times (-48.5) + 2 \times 0 + \frac{3}{2} \times (-285.83) - (-178.2) -$$

$$\frac{3}{4} \times 0 - \frac{3}{2} \times 2 \times 0 = -299.045 kJ/mol$$

$$\Delta_r S_m^{\ominus}(298K) = \frac{1}{2} \times 2 \times \Delta_f S_m^{\ominus}[Fe^{3+}(aq)] + 2 \times \Delta_f S_m^{\ominus}[S^0(s)] + \frac{3}{2} \times \Delta_f S_m^{\ominus}[H_2O(l)] -$$

$$\Delta_f S_m^{\ominus}[FeS_2(s)] - \frac{3}{4} \times \Delta_f S_m^{\ominus}[O_2(g)] - \frac{3}{2} \times 2 \times \Delta_f S_m^{\ominus}[H^+(aq)]$$

$$= \frac{1}{2} \times 2 \times (-315.9) + 2 \times 31.8 + \frac{3}{2} \times$$

$$69.91 - 52.93 - \frac{3}{4} \times 205.138 - \frac{3}{2} \times 2 \times 0$$

$$= -354.2185 \text{J/(K·mol)}$$

$$\Delta_r G_m^{\ominus} = \Delta_r H_m^{\ominus} - T\Delta_r S_m^{\ominus} = -299.045 + 0.354T$$

$$\Delta_r G_m^{\ominus}(298\text{K}) = -299.045 + 0.354 \times 298 = -193.55 \text{kJ/mol}$$

将上述 4 种矿物的吉布斯自由能的计算结果作图，可以绘制出这 4 种矿物的吉布斯自由能曲线图，如图 3-74 所示。

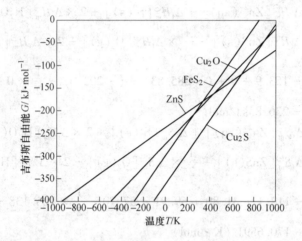

图 3-74　吉布斯自由能 ΔG 变化曲线

为了直观反映出 0~100℃ 下这 4 种矿物的吉布斯自由能变化，图 3-75 给出了 0~100℃ 条件下的吉布斯自由能曲线图。

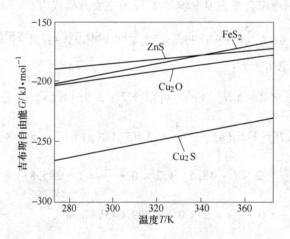

图 3-75　273~373K 温度的吉布斯自由能 ΔG 变化曲线

从图 3-75 可以看出，在 273~373K（0~100℃）温度下，4 种矿物浸出的吉布斯自由能 $\Delta G < 0$，反应都正向进行。根据吉布斯自由能方程式 $\Delta G = -RT\ln K$（K 为化学反应系数）可知，吉布斯自由能越小，K 值就越大，代表反应越完全。

在 273~340K 温度下，根据吉布斯自由能 ΔG 大小预测反应完全程度依次是：$Cu_2S >$ $Cu_2O > FeS_2 > ZnS$；在 340~373K 温度下，根据预测反应完全程度依次是：$Cu_2S > Cu_2O > ZnS >$

FeS₂。故在酸浸时，铜的浸出率要比铁和锌的浸出率要大。

3.8.3 铜渣浸出时的物相计算

为便于计算，以 100g 铜渣的氧化浸出为例进行计算说明。铜渣氧化浸出时，各组分的溶解量和进入渣中的量计算如下。

3.8.3.1 消耗浓硫酸量

Cu₂O 和 Cu₂S 的浸出率按 87% 计算、Fe₂S 按 30% 计算、ZnS 按 70% 计算、Al₂O₃ 按 60% 计算、As₂O₃ 按 50% 计算，则 100g 铜渣浸出时消耗浓硫酸为：

Cu₂O：$25.50 \div 144 \times 87\% \times 2 \times 98 \div 98\% = 30.81g$

Cu₂S：$1.15 \div 160 \times 87\% \times 2 \times 98 \div 98\% = 1.25g$

Fe₂S：$0.92 \div 120 \times 30\% \times 1.5 \times 98 \div 98\% = 0.345g$

ZnS：$4.30 \div 97 \times 70\% \times 1 \times 98 \div 98\% = 3.10g$

Al₂O₃：$0.8 \div 102 \times 60\% \times 3 \times 98 \div 98\% = 1.41g$

As₂O₃：$0.38 \div 198 \times 50\% \times 3 \times 98 \div 98\% = 0.29g$

假设其他物相消耗 10% 的硫酸，共计浸出消耗浓硫酸量为：

$(30.81 + 1.25 + 0.345 + 3.10 + 1.41 + 0.29) \div (1 - 10\%) = 41.34g$

单位质量固体消耗浓硫酸质量 = 41.34/100 = 0.4134g 浓 H₂SO₄/g 铜渣

3.8.3.2 消耗氧气量

消耗氧气量的计算过程为：

Cu₂O：$25.50 \div 144 \times 0.5 \times 32 \times 87\% = 2.46g$

Cu₂S：$1.15 \div 160 \times 1 \times 32 \times 87\% = 0.2g$

FeS₂：$0.92 \div 120 \times 0.75 \times 32 \times 30\% = 0.055g$

ZnS：$4.30 \div 97 \times 0.5 \times 32 \times 70\% = 0.50g$

共计浸出消耗氧气 O₂：$2.46 + 0.2 + 0.055 + 0.5 = 3.22g$

按照 10% 的过剩量，则 90% 纯度氧气消耗为：

氧气消耗 = 3.22g/90%×1.1 = 3.94g

3.8.3.3 对浸出反应条件中酸消耗量与氧气量的推算

A 酸消耗量

根据反应烧杯大小和搅拌器浆尺寸，溶液体积定为 500mL，液固比范围为：5∶1~20∶1，固体质量为 25~100g。再根据上述单位质量固体消耗浓硫酸质量 = 41.34/100 = 0.4134g 浓 H₂SO₄/g 铜渣，则酸至少消耗 10.335~41.34g，即浓度为 20.67~82.68g/L。

实验始酸浓度范围定为 70.56~176.4g/L，浓硫酸加入量与酸浓度关系见表 3-72。

表 3-72 浓硫酸加入量与酸浓度关系

加入浓硫酸体积/mL	20	30	40	50
加入浓硫酸浓度/mol·L⁻¹	0.72	1.08	1.44	1.80
加入浓硫酸浓度/g·L⁻¹	70.56	105.84	141.12	176.4

B 氧气消耗量

单位时间内转移到溶液中的溶解氧量为：

$$R_0 = K_{La}C_sV$$

式中 K_{La}——氧总转移系数，h^{-1}，通常取值 $1.024h^{-1}$；

C_s——饱和溶解氧浓度（60℃饱和溶解氧浓度 4.8mg/L，温度越高，饱和溶解氧浓度越低），mg/L；

V——水体的容积，L，体积 500mL。

则 60℃下酸浸时的耗氧量为：

$$R_0 = K_{La}C_sV = 1.024 \times 4.8 \times 500/1000 = 2.46g/h$$

最少需充氧的时间为：3.94/2.46=1.60h。

另外，浸出时间越长，各种金属的浸出率都会升高，发生的副反应也越多，故实验浸出时间应大于 2h。

3.8.4 铜冶炼渣常压浸出试验方案

3.8.4.1 浸出工艺流程

实验采用"铜渣—恒温搅拌浸出—浓缩结晶"的工艺流程生产 $CuSO_4$。实验装置主要由 601BS 超级恒温水浴锅、2003 型磁力搅拌器、烘箱、WHLO7S-11 型微波设备、pH 值计等组成，其浸出工艺流程如图 3-76 所示。

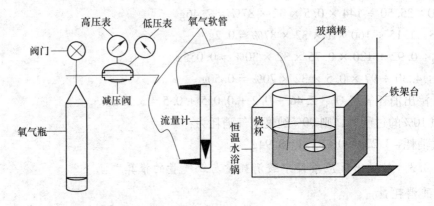

图 3-76 铜渣浸出工艺流程

铜渣浸出时的主要影响因素为液固比、浸出温度、始酸浓度、浸出时间、搅拌速率。氧分压也会影响到浸出过程。

3.8.4.2 浸出条件

氧分压在常压下进行，氧气流量为 $0.15m^3/h$；液固比为 5∶1～20∶1；温度为 60～85℃；始酸浓度为 70.56～176.4g/L；浸出时间为 2～3.5h；浸出搅拌转速为 200～400r/min；浓缩结晶温度为 80～90℃（浓缩结晶烧杯剩余体积 100～150mL）。

各实验浸出条件见表 3-73。

表3-73 实验浸出条件一览表

实验编号	液固比	温度/℃	始酸浓度 /g·L⁻¹	浸出时间/h	搅拌速率 /r·min⁻¹
CHZJ-1	5	80	105.84	2	200
CHZJ-2	10	80	141.12	2	200
CHZJ-3	8	80	70.56	2	200
CHZJ-4	10	70	70.56	2	200
CHZJ-5	8	70	105.84	2	200
CHZJ-6	5	70	141.12	2	200
CHZJ-7	8	60	141.12	2	200
CHZJ-8	10	60	105.84	2	200
CHZJ-9	5	60	70.56	2	200
CHZJ-10	15	80	141.12	2	200
CHZJ-11	20	80	141.12	2	200
CHZJ-12	10	85	141.12	2.5	200
CHZJ-13	10	85	141.12	3	200
CHZJ-14	10	85	176.4	3	200
CHZJ-15	7	85	141.12	3	200
CHZJ-16	10	85	141.12	3	200
CHZJ-17	5	85	141.12	3	200
CHZJ-18	6	85	141.12	3	200
CHZJ-19	8	85	141.12	3	200
CHZJ-20	6	85	141.12	2.5	200
CHZJ-21	6	85	141.12	3	400
CHZJ-22	6 (8)	85	141.12	3	200
CHZJ-23	6 (7)	85	141.12	3	200
CHZJ-24	6 (8)	85	105.84	3	200
CHZJ-182	6	85	141.12	3.5	200

注：浸出时氧气流量为0.15m³/h，氧气压力基本在常压下进行。

3.8.5 浸出过程试验

3.8.5.1 铜冶炼渣原料的磨矿细度

对铜冶炼渣进行磨矿细度实验，设定磨矿浓度为67%，则磨矿后-200目含量与磨矿时间的关系见表3-74。

表3-74 磨矿细度实验结果

磨碎时间/min	0	1	2	3	4	5
-200目含量/%	94.23	94.71	95.25	96.40	97.26	97.07

铜冶炼渣原料中−200目含量占94%以上，各种矿物基本呈单体解离状态，故后续浸出实验均在没有磨矿时进行。

但实际生产时，由于冶炼渣含水量大，易凝聚成团，应考虑浸出前进行擦洗磨矿。

3.8.5.2 液固比对浸出的影响

为了考察液固比对浸出时的影响，固定相同的温度、始酸、浸出时间和搅拌速度，改变不同的液固比，考察铜冶炼渣中Cu、Zn、Fe和Cd的浸出率。液固比对浸出过程的影响实验结果见表3-75。

表3-75 不同液固比下的浸出结果

液固比	温度 /℃	始酸浓度 /g·L⁻¹	浸出时间 /h	搅拌速率 /r·min⁻¹	Cu 浸出率 /%	Zn 浸出率 /%	Fe 浸出率 /%	Cd 浸出率 /%
5	85	141.12	3	200	84.07	37.72	48.73	96.08
6	85	141.12	3	200	82.58	26.16	37.60	95.25
7	85	141.12	3	200	92.42	75.03	48.77	95.66
10	85	141.12	3	200	94.48	79.46	59.92	93.66
20	80	141.12	2	200	97.06	85.30	73.38	97.65

随着液固比的增大（液固比从5、6、7、10到20），反应会更加充分，Cu浸出率也就越高。这是因为液体质量不变（均为500mL），固体质量相应减少，铜渣可以充分接触酸和氧。考虑到实际生产情况，一味增大液固比势必以浸出量为代价。故应充分考虑到既能满足Cu浸出率要求，又能符合工厂的实际生产情况，故实验确定液固比值为10以下。

3.8.5.3 温度对浸出的影响

温度对铜冶炼渣中Cu、Zn、Fe和Cd浸出时的影响结果见表3-76。

表3-76 不同温度下的浸出结果

液固比	温度 /℃	始酸浓度 /g·L⁻¹	浸出时间/h	搅拌速率 /r·min⁻¹	Cu 浸出率 /%	Zn 浸出率 /%	Fe 浸出率 /%	Cd 浸出率 /%
10	60	105.84	2	200	66.15	80.68	56.47	93.11
8	70	105.84	2	200	74.05	80.39	64.03	91.87
10	80	141.12	2	200	82.81	78.48	57.87	92.46
10	85	141.12	2.5	200	91.94	78.40	64.83	94.70

Cu浸出率的大小随着温度的升高而增大。这是因为温度越高，布朗运动越激烈，反应越完全。考虑到后续五水$CuSO_4$浓缩结晶温度，故浸出温度应不小于80℃。

3.8.5.4 始酸用量对浸出的影响

始酸用量对铜冶炼渣中Cu、Zn、Fe和Cd浸出时的影响结果见表3-77。

表3-77 不同始酸用量下的浸出结果

液固比	温度/℃	始酸浓度 /g·L⁻¹	浸出时间/h	搅拌速率 /r·min⁻¹	Cu 浸出率 /%	Zn 浸出率 /%	Fe 浸出率 /%	Cd 浸出率 /%
8	80	70.56	2	200	70.20	80.50	52.62	93.65
8	70	105.84	2	200	74.05	80.39	64.03	91.87

液固比	温度/℃	始酸浓度 /g·L^{-1}	浸出时间/h	搅拌速率 /r·min^{-1}	Cu 浸出率 /%	Zn 浸出率 /%	Fe 浸出率 /%	Cd 浸出率 /%
8	85	141.12	3	200	89.43	36.22	41.90	95.19
10	85	141.12	3	200	94.48	79.46	59.92	93.66
10	85	176.4	3	200	94.99	77.57	50.91	96.25

随着始酸用量的增大，酸度越强，金属与 H$^+$ 置换反应越迅速，Cu 浸出率也就越高。但酸用量太大（从 141.12g/L→176.4g/L），对浸出的提高没有太大的用处（Cu 浸出率仅能提高 0.51%），工业生产时对管道和设备的腐蚀也就越大。故选择始酸浓度应不超过 141.12g/L。

3.8.5.5 时间对浸出的影响

浸出时间的长短对铜冶炼渣中 Cu、Zn、Fe 和 Cd 浸出时的影响结果见表 3-78。

表 3-78 不同浸出时间下的浸出结果

液固比	温度/℃	始酸浓度 /g·L^{-1}	浸出时间/h	搅拌速率 /r·min^{-1}	Cu 浸出率 /%	Zn 浸出率 /%	Fe 浸出率 /%	Cd 浸出率 /%
10	80	141.12	2	200	82.81	78.48	57.87	92.46
10	85	141.12	2.5	200	91.94	78.40	64.83	94.70
10	85	141.12	3	200	94.48	79.46	59.92	93.66
6	85	141.12	3	200	82.58	26.16	37.60	95.25
6	85	141.12	3.5	200	89.52	55.94	67.01	96.46

随着浸出时间的延长，酸与金属的接触时间也就越长，反应更完全，Cu 浸出率明显提高。但浸出时间太长，工业生产时不但会影响到生产率，而且杂质的浸出比例也就越多，影响到后续五水 CuSO$_4$ 的纯度。故选择最佳浸出时间为 2.5~3.5h。

3.8.5.6 搅拌速度对浸出的影响

搅拌速度的快慢对铜冶炼渣中 Cu、Zn、Fe 和 Cd 浸出时的影响结果见表 3-79。

表 3-79 不同搅拌下的浸出结果

液固比	温度 /℃	始酸浓度 /g·L^{-1}	浸出时间 /h	搅拌速率 /r·min^{-1}	Cu 浸出率 /%	Zn 浸出率 /%	Fe 浸出率 /%	Cd 浸出率 /%
6	85	141.12	3	200	82.58	26.16	37.60	95.25
6	85	141.12	3	400	81.72	30.64	48.59	83.05

随着搅拌速度的加快，氧气传质速率相应加快，铜渣和溶液接触几率增多，Cu 浸出率越高。合适的搅拌速度与所选设备有关，一般控制在 200r/min 左右。

3.8.5.7 浸出过程中补水对浸出的影响

浸出过程中，烧杯中的水不断蒸发，后期影响搅拌效果；同时，在搅拌和充气过程中，浸出渣易溅出到烧杯壁上，造成浸出率下降。因此在浸出过程中进行补水，每半小时补水一次。补水对铜冶炼渣中 Cu、Zn、Fe 和 Cd 浸出时的影响结果见表 3-80。

表 3-80　补水的浸出结果

液固比	温度/℃	始酸浓度/g · L⁻¹	浸出时间/h	搅拌速率/r · min⁻¹	Cu 浸出率/%	Zn 浸出率/%	Fe 浸出率/%	Cd 浸出率/%
6 (7)	85	141.12	3	200	91.64	64.50	65.51	98.81
6 (8)	85	141.12	3	200	92.03	63.16	70.87	98.75
6 (8)	85	105.84	3	200	91.68	67.52	72.76	98.94

注:( )内的数据是补加水之后的液固比。

浸出过程补加水,实际上改变了反应的液固比。多次补加水后,液固比增大,Cu 浸出率增高。这与前面液固比对浸出过程的影响结果是一致的。

补加同样水量后,改变不同酸用量,随着酸量加大,Cu 浸出率增高。这与前面始酸用量对浸出过程的影响结果也是一致的。

上述浸出结果表明,铜冶炼渣浸出时液固比:5~10;浸出温度:80~85℃;始酸浓度:100~140g/L;浸出时间:2.5~3.5h;搅拌转速:200r/min。

3.8.6　浸出液浓缩结晶制备五水 CuSO₄ 试验

根据物料平衡原理,将浸出原料重量减去浸出渣重量后,可计算出浸出液的产率。过滤中发现一个影响浸出率大小的现象。浸出渣在烘箱中恒温过滤时由于温度的波动有五水 CuSO₄ 结晶出现,且结晶后的五水 CuSO₄ 会留在渣中,故浸出产率与冲洗渣的洗涤水水量多少有很大关系。冲洗渣的洗涤水水量越多,产率越大,洗涤水水量越少,浸出液产率越小。

3.8.6.1　浸出液过滤速度的影响

过滤实验发现,常温下过滤速率的大小跟浸出液(简称一次母液)的体积有关,表 3-81 列出了不同浸出液的过滤速度。

表 3-81　不同浸出液的过滤速度

液固比	投加铜渣质量	母液密度/g · m⁻³	母液体积/mL	过滤时间/min	过滤速率/mL · min⁻¹
8	62.5	1.34	78	60	1.30
6	83.33	1.34	25	25	1.00
6 (8)	83.33	1.33	130	43	3.02
6 (7)	83.33	1.61	52	43	1.21

当过滤时间相同时,一次母液体积越大,液面差也越大,过滤速率越快。

为了考察恒温下的过滤效果,减少 CuSO₄ 在过滤时产生结晶现象,在 85℃烘箱中进行恒温过滤,如图 3-77 所示。

实验发现,置于 85℃烘箱中恒温过滤,过滤时间加长,在过滤过程中亦有晶体产生,残留在渣中。因此,过滤后对滤渣进行洗涤是非常必要的。

3.8.6.2　浸出液(一次母液)的性质

过滤后得到的一次母液外观上呈现蓝色,如图 3-78 所示。

图 3-77 烘箱中恒温过滤实验

图 3-78 一次母液

随着烧杯液面的波动及温度的下降，附在烧杯壁的 CuSO$_4$ 溶液，出现细小的白色结晶体。过滤过程中，烧杯内会有晶体产生，在烧杯底部也会有细小的白色结晶体出现。各实验条件下浸出液的体积和密度见表 3-82。

表 3-82 一次母液的性质

实验序号	投加原料质量/g	滤后水溶液密度 /g·cm^{-3}	滤后水溶液体积/mL
1	100	1.19	225
2	50	1.21	210
3	62.5	1.17	190
4	50	1.12	225
5	62.5	1.16	225
6	100	1.24	205
7	62.5	1.16	295
8	50	1.11	360
9	100	1.12	290
10	33.3	1.16	230
11	25	1.31	95
12	50	1.34	117
13	60	1.23	197
14	50	1.22	125
15	71.34	1.23	190
16	50	1.33	114
17	100	1.36	45
18	83.33	1.37	25

实验序号	投加原料质量/g	滤后水溶液密度/g·cm⁻³	滤后水溶液体积/mL
19	62.5	1.34	78
20	83.33	1.33	95
21	83.33	1.33	45
22	83.33	1.33	43
23	83.33	1.61	43
24	83.33	1.26	175
18*	83.33	1.34	25

注: 18* 代表 18 号重复试验。

一次母液的体积与浸出时间的长短和浸出温度的高低紧密相关,均影响到浸出时的蒸发量。一般浸出时间越长,蒸发量越大;浸出温度越高,蒸发量也越大。如实验 17~23,其浸出时间均是 3h,浸出温度为 85℃,得到的一次母液体积均在 100mL 以下,远比浸出时间为 2h 或浸出温度为 80℃以下所得到的一次母液体积要少得多。

3.8.6.3 过滤液的浓缩结晶

将一次母液和洗涤后溶液混合后在 85℃恒温水浴锅中进行浓缩结晶。当体积浓缩至 100mL 时,会出现细小蓝白色晶体。然后在空气中室温避光冷却,结晶体会慢慢自然长大。图 3-79 所示为各实验浓缩后的结晶体。

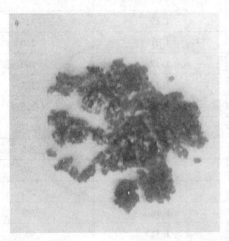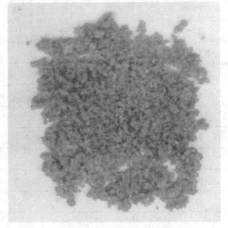

图 3-79 浓缩后得到的五水 $CuSO_4$ 结晶体

浓缩时得到的结晶体的大小与结晶温度、降温速率、浓缩比重、受冷均匀结晶紧密有关。

3.8.6.4 五水 $CuSO_4$ 的产量

理论五水 $CuSO_4$ 质量=从铜渣中浸出的铜质量-二次母液中含铜量=投加铜渣质量×原始铜品位/铜的摩尔质量×五水 $CuSO_4$ 摩尔质量×铜浸出率-二次母液中铜含量×二次母液体积

五水 $CuSO_4$ 产量＝理论五水 $CuSO_4$ 质量/投加铜渣质量

计算结果见表 3-83。

表 3-83　五水 $CuSO_4$ 计算

序号	投加铜渣质量/g	原始铜品位/%	投加铜渣质量/g	铜浸出率/%	理论五水 $CuSO_4$ 质量/g	五水 $CuSO_4$ 产量/g·g铜渣$^{-1}$
17	100	26.58	100	84.07	86.76	0.87
18	83.33	26.58	83.33	82.58	70.56	0.85
19	62.5	26.58	62.5	89.43	57.62	0.92
20	83.33	26.58	83.33	85.65	73.64	0.88
21	83.33	26.58	83.33	81.72	70.32	0.84
22	83.33	25.94	83.33	92.03	79.02	0.95
23	83.33	25.94	83.33	91.64	78.78	0.95
24	83.33	25.94	83.33	91.68	77.63	0.93
18*	83.33	26.58	83.33	89.52	76.87	0.92

注：18* 代表 18 号重复试验。

4 铜资源开发项目驱动选矿厂设计教学案例

对于铜矿而言，浮选依然是铜资源开发的主要选矿工艺。但随着现代矿山资源开发时处理能力的不断增加，矿石磨矿工艺已经从传统的三段—闭路碎矿+球磨工艺转变为粗碎+半自磨+球磨工艺，即 SAB、SABC 工艺。本章选矿厂设计重点介绍铜资源开发项目下传统的三段闭路破碎+球磨工艺和 SAB+浮选工艺方面的设计案例。

4.1 3000t/d 铜硫选矿厂初步设计

4.1.1 矿石性质

矿体属高温热液矿床，中等深度。矿床工业类型属碳酸盐岩石中的裂隙、充填和交代矿床。矿体多产在火成岩和石灰岩、接触带附近或破碎带中，在火成岩、灰岩和砂页岩中均有存在，但主要富集在灰岩中，矿石结构以致密块状为主，其次为浸染状、角砾状、细脉状和条带状等，有 95% 以上矿石为原生矿。矿石储量：B+C1 储量 428 万吨，C2 储量 430 万吨。

矿石中的各金属按其含量依次为：黄铜矿、黄铁矿、铁闪锌矿、方铅矿、纤维锌矿、黄铜矿、白铁矿、毒砂、磁黄铁矿、白铅矿、铅矾、孔雀石、锡石和黝锡矿等；此外，还伴有少量的辉铋矿、辉钼矿、辉银矿、金及稀有元素镓、铟、锗、铊、硒、碲等；其中有回收价值的主要有用矿物为黄铜矿和黄铁矿。主要脉石矿物为石英和方解石，其次为绿泥石、萤石、绢云母等。

几种主要有用矿物的嵌布特性与共生关系如下：

（1）黄铜矿。一般呈不规则粒状嵌布于黄铁矿间隙中，溶蚀和交代黄铁矿，并有部分黄铜矿呈乳状嵌布于铁闪锌矿中，粒径在 0.043mm 以上者占 54.5%。

（2）黄铁矿。一般呈粒状集合体，其粒径在 0.043mm 以上者占 80.7%，黄铁矿生成较早，其颗粒或间隙之间常为较晚的铁闪锌矿、方铅矿、黄铜矿所充填和溶蚀交代，因而形成有用矿物紧密共生，构成致密状矿石。

（3）铁闪锌矿。多呈不规则粒状集合体，嵌布于黄铁矿的裂隙或间隙中，常常溶蚀交代黄铁矿，大部分铁闪锌矿中嵌有乳浊状黄铜矿和磁黄铁矿，粒径 0.043mm 以上者占 86.3%。

（4）方铅矿。多呈不规则粒状集合体，充填在黄铁矿、闪锌矿的裂隙或间隙中，同时交代溶蚀黄铁矿和铁闪锌矿，粒径 0.043mm 以上者占 91%。

（5）斜方铅矿。呈他形半自形晶粒产出，常嵌布于黄铁矿间隙或脉石中，被铁闪锌矿、方铅矿交代溶蚀形成残余状或骸晶状结构，粒度一般在 0.05~0.08mm 之间，个别大者达 3mm 以上。

（6）毒砂。量少，一般呈自形晶粒状，被晚期铁闪锌矿交代溶蚀成交代残余结构和骸晶结构，粒度一般在 0.05~0.08mm 之间。

（7）萤石。多呈细脉（脉宽一般为 0.01~0.03mm）状充填在石英的间隙和其他矿物间隙中与金属矿物的关系密切。

原矿化学多元素分析见表 4-1，原矿物相分析见表 4-2。

表 4-1 原矿多元素化学分析

元素	Cu	S	Pb	Zn	Au/g·t^{-1}	Ag/g·t^{-1}
含量/%	0.959	12.88	0.182	0.016	0.769	16.49

表 4-2 原矿铜物相分析

相别	原生硫化铜	次生硫化铜	结合氧化铜	自由氧化铜	可溶铜	总铜
品位/%	0.516	0.341	0.060	0.026	0.016	0.959
占有率/%	53.81	35.56	6.26	2.71	1.66	100

可见，原矿含铜为 0.959%，含硫 12.88%。铜主要以硫化铜形式存在，占 89.37%，属典型的铜硫矿物类型。

原矿主要物理性质如下：

（1）矿石真密度 3.50t/m^3，假密度 2.16t/m^3；

（2）硬度 f=7~8，围岩 f=7~8；

（3）含水 4%，含泥量小；

（4）堆积角 ρ=38°，陷落角 ρ=48°；

（5）最大块度为 450mm。

随着矿石的开采，原矿铜品位不断降低，而硫品位却不断升高，这对选矿工艺来说是非常不利的。

4.1.2 矿区周边环境

矿区周边是山地、荒地，未来在周边建厂占田少，不会妨碍农田和水利。矿区附近有公路同省道相连，交通便利。

矿区内地表水不发育，未来建厂矿区水量不能够满足生产需求。但离矿区 3.3km 处南阳河，且距长江仅 2.18km。因此未来矿区生产和生活用水非常方便。

矿区附近有供电所，安装有一台 6250kW 变电器，可通过 100kV 线路输送到矿区变压站，为未来选矿厂提供 380V 电源供电。通常矿区应该备有 2 台 1560kW 柴油发电机，用作补充或备用。

矿区东北方向有一处山谷，自然条件非常好，三面环山，占地面积约 17 亩。可设计成基本坝工程小而尾矿的容积很大的尾矿池，累积容积可达 5724600m^3。

4.1.3 选矿工艺流程选择与论证

4.1.3.1 可选性研究对流程的选择

A 铜硫矿石的选别

（1）优先浮选。一般是先浮铜，再浮硫。浮铜时为了抑制大量的黄铁矿，要在强碱性介质中进行，捕收剂常选择黄药与黑药混合使用。

（2）混合浮选。一般是在中性介质中进行浮铜硫，精矿再分离，为了抑制黄铁矿，再加石灰提高其 pH 值。

B 铜硫分离的方法

（1）石灰法。用石灰提高 pH 值抑制黄铁矿，此法的缺点是泡沫易发黏，铜精矿质量不高，设备及管道易结钙。

（2）石灰+氰化物法。用于黄铁矿黏性较大、不易被石灰抑制的矿石，环境污染是此法的缺点；铜和硫优先浮选时，常用石灰法和石灰+氰化物法抑制硫浮铜。

（3）加温法。比较难分离的铜硫混合精矿可用此法来分选，加石灰的蒸汽加温法或不加石灰的蒸汽加温法都会加速黄铁矿表面的氧化，使黄铁矿受到抑制。

C 设计原则流程

根据所述的几种方案，考虑矿石性质，本次设计采用铜硫分离法优先浮选方案，该方案对铜硫矿石的分离效果是理想的，其原则流程如图 4-1 所示。

4.1.3.2 碎矿流程的选择与论证

破碎作业的主要目的是为磨矿作业准备最适宜的给矿粒度。从节能和减少球磨机损耗的角度考虑，在保证不出现严重的过粉碎的基础上，应尽量遵循多碎少磨的原则。目前球磨机最适宜的给矿粒度范围为 10~20mm，本次设计采用破碎最终产物粒度为 10mm。故总破碎比 $S=450/10=45$。

考虑到处理矿石属于中硬矿石，含泥小于 3%，含水量为 4%，故设计破碎流程时不考虑洗矿。当破碎属中等可碎性矿石时，颚式破碎机排矿产物中过大颗粒含量为 25%，标准圆锥破碎机排矿产物中过大颗粒含量为 35%，短头圆锥破碎机排矿产物中过大颗粒含量为 60%。检查筛分可以控制破碎最终产物粒度和充分发挥细碎机的生产能力，可确保破碎产物粒度的均衡。因此，检查筛分是必要的。由于设计原矿的生产能力为 3000t/d，最终确定破碎流程采用三段一闭路工艺流程，如图 4-2 所示。

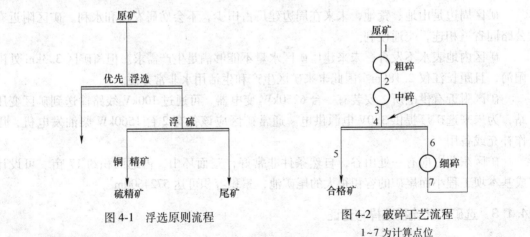

图 4-1 浮选原则流程　　图 4-2 破碎工艺流程
1~7 为计算点位

4.1.3.3 磨矿流程的选择与论证

根据矿石可行性资料，铜矿颗粒一般在 0.1~0.15mm，故要求磨矿细度要求为 -200

目65%左右。根据设计资料可知，当磨矿细度不超过
-0.074mm占72%（相当于小于0.15mm）时，宜采用
一段磨矿。故此次设计选用一段闭路磨矿工艺流程，
如图4-3所示。

4.1.3.4 浮选流程的选择与论证

为了达到设计精矿产品含铜品位23.53%的要求，
确定合理的流程结构十分必要。对铜循环而言，原矿
品位0.959%，确定合理的精选次数十分重要。通过工
业生产实践，铜浮选采用两粗三精两扫浮选工艺，硫
浮选采用两粗两扫浮选工艺是可以保证铜硫的回收的。
其工艺流程如图4-4所示。

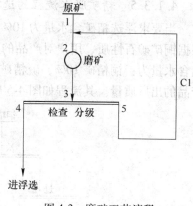

图4-3 磨矿工艺流程
1~5为计算点位

浮选时中矿顺序返回，一般采用石灰作为抑制剂，
MA-1+MOS-2作为铜捕收剂，丁基黄药为硫捕收剂，JT2000作为起泡剂，石灰乳作为调整
剂，$CuSO_4$作为活化剂。

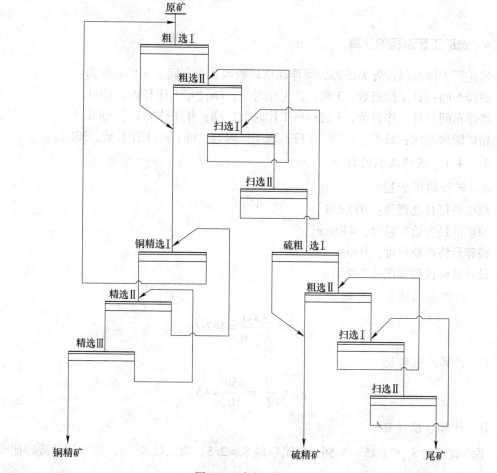

图4-4 浮选工艺流程

4.1.3.5　精矿脱水流程的选择与论证

当要求浮选精矿含水量为 10%～12% 时，采用浓缩和过滤两段脱水流程就能达到要求，根据铜矿矿石性质、用户对产品的要求及国家对产品含水量的有关规定，设计确定精矿产品含水量为：铜精矿 10%，硫精矿 10%。一般采用浓缩-过滤两段脱水作业即可保证精矿产品的出厂质量。其流程如图 4-5 所示。

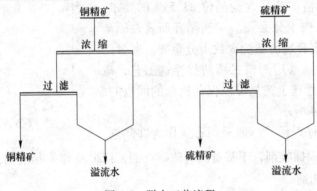

图 4-5　脱水工艺流程

4.1.4　选矿工艺流程的计算

选矿厂主体车间设置为破碎、磨浮和精矿脱水 3 个车间。工作制度为：

破碎车间：日工作班数，3 班；班工作时数，6h；年工作日数，330d。

磨浮车间：日工作班数，3 班；班工作时数，8h；年工作日数，330d。

精矿脱水车间：日工作班数，3 班；班工作时数，8h；年工作日数，330d。

4.1.4.1　破碎流程的计算

A　矿石的原始指标

原矿的每日处理量：3000t/d

原矿的最大给矿粒度：450mm

破碎最终产物粒度：10mm

设计破碎流程如图 4-2 所示。

B　破碎车间的小时处理量

$$Q_{小时} = \frac{3000}{3 \times 6} = 167 t/h$$

C　计算总破碎比

$$S_{总} = \frac{D}{d} = \frac{450}{10} = 45$$

D　计算各段破碎比

平均破碎比 $S_a = \sqrt[3]{45} = 3.56$，取第一段 $S_1 = 2.5$，第二段 $S_2 = 4$，则第三段破碎比 $S_3 = \frac{45}{2.5 \times 4} = 4.5$。

E　计算各段破碎产物的最大粒度

$$d_2 = \frac{D_{\max}}{S_1} = \frac{450}{2.5} = 180\text{mm} \qquad d_3 = \frac{d_2}{S_2} = \frac{180}{4} = 45\text{mm}$$

$$d_7 = \frac{d_3}{S_3} = \frac{45}{4.5} = 10\text{mm}$$

F　计算各段破碎机排矿口宽度

破碎机排矿口宽度与破碎机形式有关，初步选定粗碎用颚式破碎机，中碎用标准型圆锥破碎机，细碎用短头型圆锥破碎机。

排矿口宽度为：

$$e_2 = \frac{d_2}{Z_{1\max}} = \frac{180}{1.6} = 112.50\text{mm}，取 e_2 = 113\text{mm}$$

$$e_3 = \frac{d_3}{Z_{2\max}} = \frac{45}{1.9} = 23.7\text{mm}，取 e_3 = 24\text{mm}$$

e_7根据等值筛分制度，则$e_7 = 0.8d_7 = 0.8 \times 10 = 8\text{mm}$。

G　选择筛孔尺寸和筛分效率

因本设计选厂为中型选厂设计，故采用等值筛分制度。a_1的计算：

$a_1 = 1.2d_7$，即$a_1 = 1.2 \times 10 = 12\text{mm}$，$e_7 = 0.8d_7 = 0.8 \times 10 = 8\text{mm}$，$E_1 = 65\%$。

由于采用等值筛分工作制度，即$a_1 = 12\text{mm}$，$e_7 = 8\text{mm}$，$E_1 = 65\%$。

H　计算各段各产物的产率和重量

（1）粗碎作业

$$Q_1 = 167\text{t/h}，\gamma_1 = 100\%$$
$$Q_2 = Q_1 = 167\text{t/h}$$
$$\gamma_2 = \gamma_1 = 100\%$$

（2）中碎作业

$$Q_3 = Q_2 = 167\text{t/h}$$
$$\gamma_3 = \gamma_1 = \gamma_2 = 100\%$$

（3）细碎作业

$$Q_5 = (Q_3\beta_3^{-12} + Q_7\beta_7^{-12})E_1$$

即：
$$Q_7 = \frac{Q_1(1 - \beta_3^{-12}E_1)}{\beta_7^{-12}E_1} = \frac{167 \times (1 - 0.35 \times 0.65)}{0.68 \times 0.65} = 291.87\text{t/h}$$

$$\gamma_7 = \frac{Q_7}{Q_1} \times 100\% = \frac{291.87}{167} \times 100\% = 174.77\%$$

$$Q_6 = Q_7 = 291.87\text{t/h}$$

$$Q_4 = Q_3 + Q_7 = 167 + 291.87 = 458.87\text{t/h}$$

$$\gamma_4 = \frac{Q_4}{Q_1} \times 100\% = \frac{458.87}{167} \times 100\% = 274.77\%$$

$$\gamma_5 = \gamma_1 = 100\%$$

式中 β_7^{-12}——产物 7 中小于 12mm 的粒级含量。细筛筛孔尺寸与细碎机排矿口宽度之比

            $Z_3 = 12 \div 8 = 1.5$，查《矿物加工工程设计》一书可知：$\beta_7^{-12} = 0.68$；

       β_3^{-12}——产物 3 中小于 12mm 的粒级含量。可直接用中碎机排矿产物中小于 12mm 的

            粒级含量，细筛筛孔尺寸与中碎机排矿口宽度之比 $Z_3 = 12 \div 24 = 0.5$，查

            《矿物加工工程设计》一书可知：$\beta_3^{-12} = 0.35$。

I 计算结果数据统计

碎矿工艺流程计算结果见表 4-3。

表 4-3 破碎流程数据统计

产率	γ_1	γ_2	γ_3	γ_4	γ_5	γ_6	γ_7
数量/%	100	100	100	274.77	100	174.77	174.77
产量	Q_1	Q_2	Q_3	Q_4	Q_5	Q_6	Q_7
数量/t·h^{-1}	167	167	167	458.87	167	291.87	291.87

4.1.4.2 磨矿流程的计算

本设计采用的磨矿流程如图 4-3 所示。根据资料可知，原矿中 -0.074mm 的含量为 72%，设计磨矿分级循环负荷 C1 为 350%。

磨矿流程计算过程如下：

$$Q_1 = \frac{3000}{24} = 125 \text{t/h}$$

$$Q_5 = C_1 Q_1 = 125 \times 350\% = 437.5 \text{t/h}$$

$$Q_2 = Q_1 + Q_5 = 125 + 437.5 = 562.5 \text{t/h}$$

$$Q_3 = Q_2 = 562.5 \text{t/h}$$

$$Q_4 = Q_1 = 125 \text{t/h}$$

4.1.4.3 浮选流程的计算

浮选工艺流程源数据：原矿中含 Cu 品位为 0.959%，原矿中硫品位为 12.88%。产物中铜精矿中铜品位为 23.53%，含硫量为 32.26%。产物硫精矿中含铜量为 0.321%，含硫量为 40.62%。尾矿中含铜量为 0.084%。

设计计算的浮选流程如图 4-6 所示。

A 原始指标数的确定

$$N_p = C(n_p - a_p)$$

式中 N_p——原始指标数；

    C——计算成分，单金属 $C = 3$；

    n_p——流程中的选别产物数（不含混合产物），则 $n_p = 22$；

    a_p——流程中的选别作业数（不含混合作业），则 $a_p = 11$。

故 $N_p = C(n_p - a_p) = 3 \times (22 - 11) = 33$。

B 原始指标的分配

$$N_p = N_r + N_\beta + N_\varepsilon$$

则 $N_r \leqslant n_p - a_p$，$N_\varepsilon \leqslant n_p - a_p$，$N_\beta \leqslant 2(n_p - a_p)$。

C　选择方案

$\beta_3 = 15.43\%$，$\beta_4 = 0.526\%$，$\beta_6 = 5.18\%$，$\beta_7 = 0.227\%$，$\beta_{10} = 0.192\%$，
$\beta_{11} = 0.207\%$，$\beta_{12} = 0.951\%$，$\beta_{13} = 0.133\%$，$\beta_{15} = 18.89\%$，$\beta_{16} = 3.64\%$，
$\beta_{17} = 0.438\%$，$\beta_{18} = 0.095\%$，$\beta_{20} = 22.40\%$，$\beta_{21} = 11.82\%$，$\beta_{23} = 0.186\%$，
$\beta_{24} = 0.092\%$，$\beta_{25} = 23.53\%$，$\beta_{26} = 17.24\%$，$\beta_{29} = 0.158\%$，$\beta_{30} = 0.089\%$，
$\beta_{31} = 0.136\%$，$\beta_{32} = 0.084\%$，$\beta_3' = 25.84\%$，$\beta_6' = 16.56\%$，$\beta_{10}' = 12.35\%$，
$\beta_{12}' = 11.18\%$，$\beta_{15}' = 28.472\%$，$\beta_{20}' = 30.736\%$，$\beta_{23}' = 35.79\%$，$\beta_{25}' = 32.26\%$，
$\beta_{29}' = 30.31\%$，$\beta_{31}' = 25.09\%$。

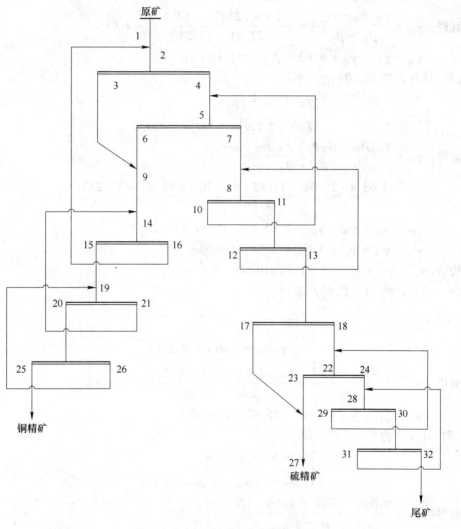

图 4-6　浮选流程计算

1~32 为计算点位

D　列平衡方程计算各产物产率

（1）计算产物 13、25 的产率：

$$\begin{cases} \gamma_1 = \gamma_{13} + \gamma_{25} \\ \gamma_1 \beta_1 = \gamma_{13} \beta_{13} + \gamma_{25} \beta_{25} \end{cases}$$

解得：$\gamma_{25} = \dfrac{\gamma_1(\beta_1 - \beta_{13})}{\beta_{25} - \beta_{13}} = \dfrac{100 \times (0.959 - 0.133)}{23.53 - 0.133} = 3.53\%$

$\gamma_{13} = \gamma_1 - \gamma_{25} = 100 - 3.53 = 96.47\%$

（2）计算产物 20、26 的产率：

$$\begin{cases} \gamma_{20} = \gamma_{25} + \gamma_{26} \\ \gamma_{20} \beta_{20} = \gamma_{25} \beta_{25} + \gamma_{29} \beta_{26} \end{cases}$$

解得：$\gamma_{20} = \dfrac{\gamma_{25}(\beta_{25} - \beta_{26})}{\beta_{20} - \beta_{26}} = \dfrac{3.53 \times (23.53 - 17.24)}{22.04 - 17.24} = 4.63\%$

$\gamma_{26} = \gamma_{20} - \gamma_{25} = 4.63 - 3.53 = 1.10\%$

（3）计算产物 15、21 的产率：

$$\begin{cases} \gamma_{15} + \gamma_{26} = \gamma_{20} + \gamma_{21} \\ \gamma_{15} \beta_{15} + \gamma_{26} \beta_{26} = \gamma_{20} \beta_{20} + \gamma_{21} \beta_{21} \end{cases}$$

解得：$\gamma_{15} = \dfrac{\gamma_{20}(\beta_{20} - \beta_{21}) + \gamma_{26}(\beta_{21} - \beta_{26})}{\beta_{15} - \beta_{21}}$

$\qquad = \dfrac{4.63 \times (22.04 - 11.82) + 1.10 \times (11.82 - 17.24)}{18.89 - 11.82} = 5.85\%$

$\gamma_{21} = \gamma_{15} + \gamma_{26} - \gamma_{20} = 5.85 + 1.10 - 4.63 = 2.32\%$

$\gamma_{19} = \gamma_{20} + \gamma_{21} = 4.63 + 2.32 = 6.95\%$

校核：$\gamma_{19} = \gamma_{15} + \gamma_{26} = 5.85 + 1.10 = 6.95\%$

（4）计算产物 11、12 的产率：

$$\begin{cases} \gamma_{11} = \gamma_{12} + \gamma_{13} \\ \gamma_{11} \beta_{11} = \gamma_{12} \beta_{12} + \gamma_{13} \beta_{13} \end{cases}$$

解得：$\gamma_{12} = \dfrac{\gamma_{13}(\beta_{13} - \beta_{11})}{\beta_{11} - \beta_{12}} = \dfrac{96.47 \times (0.133 - 0.207)}{0.207 - 0.951} = 9.60\%$

$\gamma_{11} = \gamma_{12} + \gamma_{13} = 9.60 + 96.47 = 106.07\%$

（5）计算产物 7、10 的产率：

$$\begin{cases} \gamma_7 + \gamma_{12} = \gamma_{10} + \gamma_{11} \\ \gamma_7 \beta_7 + \gamma_{12} \beta_{12} = \gamma_{10} \beta_{10} + \gamma_{11} \beta_{11} \end{cases}$$

解得：$\gamma_{10} = \dfrac{\gamma_{11}(\beta_{11} - \beta_7) + \gamma_{12}(\beta_7 - \beta_{12})}{\beta_7 - \beta_{10}}$

$\qquad = \dfrac{106.07 \times (0.207 - 0.227) + 9.60 \times (0.227 - 0.951)}{0.227 - 1.492} = 7.17\%$

$\gamma_7 = \gamma_{10} + \gamma_{11} - \gamma_{12} = 7.17 + 106.07 - 9.60 = 103.64\%$

$\gamma_8 = \gamma_7 + \gamma_{12} = 103.64 + 9.60 = 113.24\%$

校核：$\gamma_8 = \gamma_{10} + \gamma_{11} = 7.17 + 106.07 = 113.24\%$

（6）计算产物 4、6 的产率：

$$\begin{cases} \gamma_4 + \gamma_{10} = \gamma_6 + \gamma_7 \\ \gamma_4\beta_4 + \gamma_{10}\beta_{10} = \gamma_6\beta_6 + \gamma_7\beta_7 \end{cases}$$

解得：
$$\gamma_6 = \frac{\gamma_7(\beta_7 - \beta_4) + \gamma_{10}(\beta_4 - \beta_{10})}{\beta_4 - \beta_6}$$
$$= \frac{103.64 \times (0.227 - 0.526) + 7.17 \times (0.526 - 1.492)}{0.526 - 5.18} = 8.15\%$$

$$\gamma_4 = \gamma_6 + \gamma_7 - \gamma_{10} = 8.15 + 103.64 - 7.17 = 104.62\%$$

$$\gamma_5 = \gamma_4 + \gamma_{10} = 104.62 + 7.17 = 111.79\%$$

校核：$\gamma_5 = \gamma_6 + \gamma_7 = 8.15 + 103.64 = 111.79\%$

（7）计算产物 3、16 的产率：

$$\begin{cases} \gamma_1 + \gamma_{16} = \gamma_3 + \gamma_4 \\ \gamma_1\beta_1 + \gamma_{16}\beta_{16} = \gamma_3\beta_3 + \gamma_4\beta_4 \end{cases}$$

解得：
$$\gamma_3 = \frac{\gamma_4(\beta_{16} - \beta_4) + \gamma_1(\beta_1 - \beta_{16})}{\beta_3 - \beta_{16}}$$
$$= \frac{104.62 \times (3.64 - 0.526) + 100 \times (0.959 - 3.64)}{15.43 - 3.64} = 4.89\%$$

$$\gamma_{16} = \gamma_3 + \gamma_4 - \gamma_1 = 4.89 + 104.62 - 100 = 9.51\%$$

$$\gamma_9 = \gamma_3 + \gamma_6 = 4.89 + 8.15 = 13.04\%$$

$$\gamma_{14} = \gamma_{15} + \gamma_{16} = 5.85 + 9.51 = 15.36\%$$

校核：$\gamma_{14} = \gamma_9 + \gamma_{21} = 13.04 + 2.32 = 15.36\%$

$$\gamma_2 = \gamma_1 + \gamma_{16} = 100 + 9.51 = 109.51\%$$

校核：$\gamma_2 = \gamma_3 + \gamma_4 = 4.89 + 104.62 = 109.51\%$

（8）计算产物 27、32 的产率：

$$\begin{cases} \gamma_{13} = \gamma_{27} + \gamma_{32} \\ \gamma_{13}\beta_{13} = \gamma_{27}\beta_{27} + \gamma_{32}\beta_{32} \end{cases}$$

解得：
$$\gamma_{27} = \frac{\gamma_{13}(\beta_{13} - \beta_{32})}{\beta_{27} - \beta_{32}} = \frac{96.47 \times (0.133 - 0.084)}{0.321 - 0.084} = 19.95\%$$

$$\gamma_{32} = \gamma_{13} - \gamma_{27} = 96.47 - 19.95 = 76.52\%$$

（9）计算产物 30、31 的产率：

$$\begin{cases} \gamma_{30} = \gamma_{31} + \gamma_{32} \\ \gamma_{30}\beta_{30} = \gamma_{31}\beta_{31} + \gamma_{32}\beta_{32} \end{cases}$$

解得：
$$\gamma_{31} = \frac{\gamma_{32}(\beta_{32} - \beta_{30})}{\beta_{30} - \beta_{31}} = \frac{76.52 \times (0.084 - 0.089)}{0.089 - 0.136} = 8.14\%$$

$$\gamma_{30} = \gamma_{31} + \gamma_{32} = 8.14 + 76.52 = 84.66\%$$

（10）计算产物 24、29 的产率：

$$\begin{cases} \gamma_{24} + \gamma_{31} = \gamma_{29} + \gamma_{30} \\ \gamma_{24}\beta_{24} + \gamma_{31}\beta_{31} = \gamma_{29}\beta_{29} + \gamma_{30}\beta_{30} \end{cases}$$

解得：$\gamma_{29} = \dfrac{\gamma_{30}(\beta_{30} - \beta_{24}) + \gamma_{31}(\beta_{24} - \beta_{31})}{\beta_{24} - \beta_{29}}$

$$= \dfrac{84.66 \times (0.089 - 0.092) + 8.14 \times (0.092 - 0.136)}{0.092 - 0.158} = 9.28\%$$

$$\gamma_{24} = \gamma_{29} + \gamma_{30} - \gamma_{31} = 9.28 + 84.66 - 8.14 = 85.80\%$$

$$\gamma_{28} = \gamma_{24} + \gamma_{31} = 85.80 + 8.14 = 93.94\%$$

校核：$\gamma_{28} = \gamma_{29} + \gamma_{30} = 9.28 + 84.66 = 93.94\%$

（11）计算产物 18、23 的产率：

$$\begin{cases} \gamma_{18} + \gamma_{29} = \gamma_{23} + \gamma_{24} \\ \gamma_{18}\beta_{18} + \gamma_{29}\beta_{29} = \gamma_{23}\beta_{23} + \gamma_{24}\beta_{24} \end{cases}$$

解得：$\gamma_{23} = \dfrac{\gamma_{18}(\beta_{19} - \beta_{24}) + \gamma_{29}(\beta_{29} - \beta_{18})}{\beta_{23} - \beta_{18}}$

$$= \dfrac{85.80 \times (0.095 - 0.092) + 9.28 \times (0.158 - 0.095)}{0.186 - 0.095} = 9.25\%$$

$$\gamma_{18} = \gamma_{23} + \gamma_{24} - \gamma_{29} = 9.25 + 85.80 - 9.28 = 85.77\%$$

$$\gamma_{22} = \gamma_{18} + \gamma_{29} = 85.77 + 9.28 = 95.05\%$$

校核：$\gamma_{22} = \gamma_{23} + \gamma_{24} = 9.25 + 85.80 = 95.05\%$

$$\gamma_{17} = \gamma_{13} - \gamma_{18} = 96.47 - 85.80 = 10.67\%$$

E 计算各产物重量

（1）$Q_{25} = Q_1\gamma_{25} = 125 \times 0.0353 = 4.41\text{t/h}$

$Q_{13} = Q_1 - Q_{25} = 125 - 4.41 = 120.59\text{t/h}$

（2）$Q_{20} = Q_1\gamma_{20} = 125 \times 0.0463 = 5.79\text{t/h}$

$Q_{26} = Q_{20} - Q_{25} = 5.79 - 4.41 = 1.38\text{t/h}$

（3）$Q_{15} = Q_1\gamma_{15} = 125 \times 0.0585 = 7.31\text{t/h}$

$Q_{21} = Q_{15} + Q_{26} - Q_{20} = 7.31 + 1.38 - 5.79 = 2.90\text{t/h}$

$Q_{19} = Q_{20} + Q_{21} = 5.79 + 2.90 = 8.69\text{t/h}$

校核：$Q_{19} = Q_{15} + Q_{26} = 7.31 + 1.38 = 8.69\text{t/h}$

（4）$Q_{12} = Q_1\gamma_{12} = 125 \times 0.96 = 12.00\text{t/h}$

$Q_{11} = Q_{12} + Q_{13} = 12.00 + 120.59 = 132.59\text{t/h}$

（5）$Q_{10} = Q_1\gamma_{10} = 125 \times 0.0717 = 8.96\text{t/h}$

$Q_7 = Q_{10} + Q_{11} - Q_{12} = 8.96 + 132.59 - 12.00 = 129.55\text{t/h}$

$Q_8 = Q_7 + Q_{12} = 129.55 + 12.00 = 141.55\text{t/h}$

校核：$Q_8 = Q_{10} + Q_{11} = 8.96 + 132.59 = 141.55\text{t/h}$

（6）$Q_6 = Q_6\gamma_6 = 125 \times 0.0815 = 10.19\text{t/h}$

$Q_4 = Q_6 + Q_7 - Q_{10} = 10.19 + 129.55 - 8.96 = 130.78\text{t/h}$

$Q_5 = Q_4 + Q_{10} = 130.78 + 8.96 = 139.74\text{t/h}$

校核：$Q_5 = Q_6 + Q_7 = 10.19 + 129.55 = 139.74\text{t/h}$

（7）$Q_3 = Q_1\gamma_3 = 125 \times 0.0489 = 6.11\text{t/h}$

$$Q_{16} = Q_3 + Q_4 - Q_1 = 6.11 + 130.78 - 125 = 11.89t/h$$

$$Q_2 = Q_1 + Q_{16} = 125 + 11.89 = 136.89t/h$$

$$Q_{14} = Q_{15} + Q_{16} = 7.31 + 11.89 = 19.20t/h$$

校核: $Q_{14} = Q_9 + Q_{21} = 16.30 + 2.90 = 19.20t/h$

$$Q_2 = Q_3 + Q_4 = 6.11 + 130.78 = 136.89t/h$$

(8) $Q_{27} = Q_1 \gamma_{27} = 125 \times 0.1995 = 24.94t/h$

$$Q_{32} = Q_{13} - Q_{27} = 120.59 - 24.94 = 95.65t/h$$

(9) $Q_{31} = Q_1 \gamma_{31} = 125 \times 0.0814 = 10.18t/h$

$$Q_{30} = Q_{31} + Q_{32} = 10.18 + 95.65 = 105.83t/h$$

(10) $Q_{29} = Q_1 \gamma_{29} = 125 \times 0.0928 = 11.59t/h$

$$Q_{24} = Q_{29} + Q_{30} - Q_{31} = 11.59 + 105.83 - 10.18 = 107.25t/h$$

$$Q_{28} = Q_{24} + Q_{31} = 107.25 + 10.18 = 117.43t/h$$

校核: $Q_{28} = Q_{29} + Q_{30} = 11.54 + 105.83 = 117.43t/h$

(11) $Q_{23} = Q_1 \gamma_{23} = 125 \times 0.0925 = 11.56t/h$

$$Q_{18} = Q_{23} + Q_{24} - Q_{29} = 11.56 + 107.25 - 11.59 = 107.22t/h$$

$$Q_{22} = Q_{18} + Q_{29} = 107.22 + 11.59 = 118.81t/h$$

校核: $Q_{22} = Q_{23} + Q_{24} = 11.56 + 107.25 = 118.81t/h$

$$Q_{17} = Q_1 \gamma_{17} = 125 \times 0.1067 = 13.37t/h$$

F　计算各产物的回收率

(1) $\varepsilon_{25} = \dfrac{\gamma_{25}\beta_{25}}{\beta_1} = \dfrac{3.53 \times 23.53}{0.959} = 86.61\%$

$$\varepsilon'_{25} = \dfrac{\gamma'_{25}\beta'_{25}}{\beta'_1} = \dfrac{3.53 \times 32.26}{12.88} = 8.84\%$$

$$\varepsilon_{13} = \varepsilon_1 - \varepsilon_{25} = 100 - 86.61 = 13.39\%$$

$$\varepsilon'_{13} = \varepsilon'_1 - \varepsilon'_{25} = 100 - 8.84 = 91.16\%$$

(2) $\varepsilon_{20} = \dfrac{\gamma_{20}\beta_{20}}{\beta_1} = \dfrac{4.63 \times 22.04}{0.959} = 106.41\%$

$$\varepsilon'_{20} = \dfrac{\gamma'_{20}\beta'_{20}}{\beta'_1} = \dfrac{4.63 \times 30.736}{12.88} = 11.05\%$$

$$\varepsilon_{26} = \varepsilon_{20} - \varepsilon_{25} = 106.41 - 86.61 = 19.80\%$$

$$\varepsilon'_{26} = \varepsilon'_{20} - \varepsilon'_{25} = 11.05 - 8.84 = 2.21\%$$

(3) $\varepsilon_{15} = \dfrac{\gamma_{15}\beta_{15}}{\beta_1} = \dfrac{5.85 \times 18.89}{0.959} = 115.23\%$

$$\varepsilon'_{15} = \dfrac{\gamma'_{15}\beta'_{15}}{\beta'_1} = \dfrac{5.85 \times 28.472}{12.88} = 12.93\%$$

$$\varepsilon_{21} = \varepsilon_{15} + \varepsilon_{26} - \varepsilon_{20} = 115.23 + 19.80 - 106.41 = 28.62\%$$

$$\varepsilon'_{21} = \varepsilon'_{16} + \varepsilon'_{26} - \varepsilon'_{20} = 12.93 + 2.21 - 11.05 = 4.09\%$$

$$\varepsilon_{19} = \varepsilon_{20} + \varepsilon_{21} = 106.41 + 28.62 = 135.03\%$$

$$\varepsilon'_{19} = \varepsilon'_{20} + \varepsilon'_{21} = 11.05 + 4.09 = 15.14\%$$

校核： $\varepsilon_{19} = \varepsilon_{15} + \varepsilon_{26} = 115.23 + 19.80 = 135.03\%$

$$\varepsilon'_{19} = \varepsilon'_{15} + \varepsilon'_{26} = 12.93 + 2.21 = 15.14\%$$

(4) $\varepsilon_{12} = \dfrac{\gamma_{12}\beta_{12}}{\beta_1} = \dfrac{9.60 \times 0.951}{0.959} = 9.52\%$

$$\varepsilon'_{12} = \dfrac{\gamma'_{12}\beta'_{12}}{\beta'_1} = \dfrac{9.60 \times 11.18}{12.88} = 8.33\%$$

$$\varepsilon_{11} = \varepsilon_{12} + \varepsilon_{13} = 9.52 + 13.39 = 22.91\%$$

$$\varepsilon'_{11} = \varepsilon'_{12} + \varepsilon'_{13} = 8.33 + 91.16 = 99.49\%$$

(5) $\varepsilon_{10} = \dfrac{\gamma_{10}\beta_{10}}{\beta_1} = \dfrac{7.17 \times 1.492}{0.959} = 11.15\%$

$$\varepsilon'_{10} = \dfrac{\gamma_{10}\beta'_{10}}{\beta'_1} = \dfrac{7.17 \times 12.53}{12.88} = 6.98\%$$

$$\varepsilon_7 = \varepsilon_{10} + \varepsilon_{11} - \varepsilon_2 = 11.15 + 22.91 - 9.52 = 24.54\%$$

$$\varepsilon'_7 = \varepsilon'_{10} + \varepsilon'_{11} - \varepsilon'_2 = 6.98 + 99.49 - 8.33 = 98.14\%$$

$$\varepsilon_8 = \varepsilon_7 + \varepsilon_{12} = 24.54 + 9.52 = 34.06\%$$

$$\varepsilon'_8 = \varepsilon'_7 + \varepsilon'_{12} = 98.14 + 8.33 = 106.47\%$$

校核： $\varepsilon_8 = \varepsilon_{10} + \varepsilon_{11} = 11.15 + 22.91 = 34.06\%$

$$\varepsilon'_8 = \varepsilon'_{10} + \varepsilon'_{11} = 6.98 + 99.49 = 106.47\%$$

(6) $\varepsilon_6 = \dfrac{\gamma_6\beta_6}{\beta_1} = \dfrac{8.15 \times 5.18}{0.959} = 44.02\%$

$$\varepsilon'_6 = \dfrac{\gamma'_6\beta'_6}{\beta'_1} = \dfrac{8.15 \times 16.56}{12.88} = 10.48\%$$

$$\varepsilon_4 = \varepsilon_6 + \varepsilon_7 - \varepsilon_{10} = 44.02 + 24.54 - 11.15 = 57.41\%$$

$$\varepsilon'_4 = \varepsilon'_6 + \varepsilon'_7 - \varepsilon'_{10} = 10.48 + 98.03 - 6.87 = 101.64\%$$

$$\varepsilon_5 = \varepsilon_4 + \varepsilon_{10} = 57.41 + 11.15 = 68.56\%$$

$$\varepsilon'_5 = \varepsilon'_4 + \varepsilon'_{10} = 104.64 + 6.98 = 108.62\%$$

校核： $\varepsilon_5 = \varepsilon_6 + \varepsilon_7 = 44.02 + 24.54 = 68.56\%$

$$\varepsilon'_5 = \varepsilon'_6 + \varepsilon'_7 = 10.48 + 98.14 = 108.62\%$$

(7) $\varepsilon_3 = \dfrac{\gamma_3\beta_3}{\beta_1} = \dfrac{4.89 \times 15.43}{0.959} = 78.68\%$

$$\varepsilon'_3 = \dfrac{\gamma'_3\beta'_3}{\beta'_1} = \dfrac{4.89 \times 25.84}{12.88} = 9.81\%$$

$$\varepsilon_{16} = \varepsilon_3 + \varepsilon_4 - \varepsilon_1 = 78.68 + 57.41 - 100 = 36.09\%$$

$$\varepsilon'_{16} = \varepsilon'_3 + \varepsilon'_4 - \varepsilon'_1 = 9.81 + 101.64 - 100 = 11.45\%$$

$$\varepsilon_9 = \varepsilon_3 + \varepsilon_6 = 78.68 + 44.02 = 122.70\%$$

$$\varepsilon'_9 = \varepsilon'_3 + \varepsilon'_6 = 9.81 + 10.48 = 20.29\%$$

$$\varepsilon_{14} = \varepsilon_{15} + \varepsilon_{16} = 115.23 + 36.09 = 151.32\%$$

$$\varepsilon'_{14} = \varepsilon'_{15} + \varepsilon'_{16} = 12.93 + 11.45 = 24.38\%$$

校核：$\varepsilon_{14} = \varepsilon_9 + \varepsilon_{21} = 122.70 + 28.62 = 151.32\%$

$\varepsilon_{14}' = \varepsilon_9' + \varepsilon_{21}' = 20.29 + 4.09 = 24.38\%$

$\varepsilon_2 = \varepsilon_1 + \varepsilon_{16} = 100 + 36.09 = 136.09\%$

$\varepsilon_2' = \varepsilon_1' + \varepsilon_{16}' = 100 + 11.45 = 111.45\%$

(8) $\varepsilon_{27} = \dfrac{\gamma_{27}\beta_{27}}{\beta_1} = \dfrac{19.95 \times 0.321}{0.959} = 6.68\%$

$\varepsilon_{27}' = \dfrac{\gamma_{27}'\beta_{27}'}{\beta_1'} = \dfrac{19.95 \times 40.62}{12.88} = 62.92\%$

$\varepsilon_{32} = \varepsilon_{13} - \varepsilon_{27} = 13.39 - 6.68 = 6.71\%$

$\varepsilon_{32}' = \varepsilon_{13}' - \varepsilon_{27}' = 91.16 - 62.92 = 28.24\%$

(9) $\varepsilon_{31} = \dfrac{\gamma_{31}\beta_{31}}{\beta_1} = \dfrac{8.14 \times 0.136}{0.959} = 1.15\%$

$\varepsilon_{31}' = \dfrac{\gamma_{31}'\beta_{31}'}{\beta_1'} = \dfrac{8.14 \times 25.09}{12.88} = 15.86\%$

$\varepsilon_{30} = \varepsilon_{31} + \varepsilon_{32} = 1.15 + 6.71 = 7.86\%$

$\varepsilon_{30}' = \varepsilon_{31}' + \varepsilon_{32}' = 15.86 + 28.24 = 44.10\%$

(10) $\varepsilon_{29} = \dfrac{\gamma_{29}\beta_{29}}{\beta_1} = \dfrac{9.28 \times 0.158}{0.959} = 1.53\%$

$\varepsilon_{29}' = \dfrac{\gamma_{29}\beta_{29}'}{\beta_1'} = \dfrac{9.28 \times 30.31}{12.88} = 21.83\%$

$\varepsilon_{24} = \varepsilon_{29} + \varepsilon_{30} - \varepsilon_{31} = 1.53 + 17.86 - 1.15 = 8.24\%$

$\varepsilon_{24}' = \varepsilon_{29}' + \varepsilon_{30}' - \varepsilon_{31}' = 21.83 + 44.10 - 15.86 = 50.07\%$

$\varepsilon_{28} = \varepsilon_{24} + \varepsilon_{31} = 8.24 + 1.15 = 9.39\%$

$\varepsilon_{28}' = \varepsilon_{24}' + \varepsilon_{31}' = 50.07 + 15.86 = 65.93\%$

校核：$\varepsilon_{28} = \varepsilon_{29} + \varepsilon_{30} = 1.53 + 7.86 = 9.39\%$

$\varepsilon_{28}' = \varepsilon_{29}' + \varepsilon_{30}' = 21.83 + 44.10 = 65.93\%$

(11) $\varepsilon_{23} = \dfrac{\gamma_{23}\beta_{23}}{\beta_1} = \dfrac{9.25 \times 0.186}{0.959} = 1.79\%$

$\varepsilon_{23}' = \dfrac{\gamma_{23}\beta_{23}'}{\beta_1'} = \dfrac{9.25 \times 35.79}{12.88} = 25.70\%$

$\varepsilon_{28} = \varepsilon_{23} + \varepsilon_{24} - \varepsilon_{19} = 1.79 + 8.24 - 1.53 = 8.50\%$

$\varepsilon_{28}' = \varepsilon_{23}' + \varepsilon_{24}' - \varepsilon_{29}' = 25.70 + 50.07 - 21.83 = 53.94\%$

$\varepsilon_{22} = \varepsilon_{18} + \varepsilon_{29} = 8.50 + 1.53 = 10.03\%$

$\varepsilon_{22}' = \varepsilon_{18}' + \varepsilon_{29}' = 53.94 + 21.83 = 75.77\%$

校核：$\varepsilon_{22} = \varepsilon_{23} + \varepsilon_{24} = 1.79 + 8.24 = 10.03\%$

$\varepsilon_{22}' = \varepsilon_{23}' + \varepsilon_{24}' = 25.70 + 50.07 = 75.77\%$

$\varepsilon_{17} = \varepsilon_{13} - \varepsilon_{18} = 13.39 - 8.50 = 4.89\%$

$\varepsilon_{17}' = \varepsilon_{13}' - \varepsilon_{18}' = 91.16 - 53.94 = 37.22\%$

校核：$\varepsilon_{17} = \varepsilon_{27} - \varepsilon_{23} = 6.68 - 1.79 = 4.89\%$

$$\varepsilon'_{17} = \varepsilon'_{27} - \varepsilon'_{23} = 62.62 - 25.70 = 37.22\%$$

G　计算各产物的品位

$$\beta'_{13} = \frac{\beta'_1 \varepsilon'_{13}}{\gamma_{13}} = \frac{12.88 \times 91.16}{96.47} = 12.171\%$$

$$\beta'_{26} = \frac{\beta'_1 \varepsilon'_{26}}{\gamma_{26}} = \frac{12.88 \times 2.21}{1.10} = 25.877\%$$

$$\beta'_{21} = \frac{\beta'_1 \varepsilon'_{23}}{\gamma_{21}} = \frac{12.88 \times 4.09}{2.32} = 22.707\%$$

$$\beta_{19} = \frac{\beta_1 \varepsilon_{19}}{\gamma_{19}} = \frac{0.959 \times 135.03}{6.95} = 18.632\%$$

$$\beta'_{19} = \frac{\beta'_1 \varepsilon'_{19}}{\gamma_{17}} = \frac{12.88 \times 15.14}{6.95} = 28.058\%$$

$$\beta'_{11} = \frac{\beta'_1 \varepsilon'_{11}}{\gamma_{11}} = \frac{12.88 \times 99.49}{106.07} = 12.081\%$$

$$\beta'_7 = \frac{\beta'_1 \varepsilon'_7}{\gamma_7} = \frac{12.88 \times 98.14}{103.64} = 12.196\%$$

$$\beta_8 = \frac{\beta_1 \varepsilon_8}{\gamma_8} = \frac{0.959 \times 34.06}{113.24} = 0.288\%$$

$$\beta'_8 = \frac{\beta'_1 \varepsilon'_8}{\gamma_8} = \frac{12.88 \times 106.47}{113.24} = 12.110\%$$

$$\beta'_4 = \frac{\beta'_1 \varepsilon'_4}{\gamma_4} = \frac{12.88 \times 101.64}{104.62} = 12.513\%$$

$$\beta_5 = \frac{\beta_1 \varepsilon_5}{\gamma_5} = \frac{0.959 \times 68.56}{111.79} = 0.588\%$$

$$\beta'_5 = \frac{\beta'_1 \varepsilon'_5}{\gamma_5} = \frac{12.88 \times 108.62}{111.79} = 12.515\%$$

$$\beta'_{16} = \frac{\beta'_1 \varepsilon'_{16}}{\gamma_{16}} = \frac{12.88 \times 11.45}{9.51} = 15.507\%$$

$$\beta_9 = \frac{\beta_1 \varepsilon_9}{\gamma_9} = \frac{0.959 \times 122.70}{13.04} = 9.024\%$$

$$\beta'_9 = \frac{\beta'_1 \varepsilon_9}{\gamma_9} = \frac{12.88 \times 20.29}{13.04} = 20.041\%$$

$$\beta_{14} = \frac{\beta_1 \varepsilon_{14}}{\gamma_{14}} = \frac{0.959 \times 151.32}{15.36} = 9.448\%$$

$$\beta'_{14} = \frac{\beta'_1 \varepsilon'_{14}}{\gamma_{14}} = \frac{12.88 \times 24.38}{15.36} = 20.444\%$$

$$\beta_2 = \frac{\beta_1 \varepsilon_2}{\gamma_2} = \frac{0.959 \times 136.09}{109.51} = 1.192\%$$

$$\beta'_2 = \frac{\beta'_1 \varepsilon'_2}{\gamma_2} = \frac{12.88 \times 111.45}{109.51} = 13.108\%$$

$$\beta'_{32} = \frac{\beta'_1 \varepsilon'_{32}}{\gamma_{32}} = \frac{12.88 \times 28.24}{76.52} = 4.753\%$$

$$\beta'_{30} = \frac{\beta'_1 \varepsilon'_{30}}{\gamma_{30}} = \frac{12.88 \times 44.10}{84.66} = 6.709\%$$

$$\beta'_{24} = \frac{\beta'_1 \varepsilon'_{24}}{\gamma_{24}} = \frac{12.88 \times 50.07}{85.80} = 7.516\%$$

$$\beta_{28} = \frac{\beta_1 \varepsilon_{28}}{\gamma_{28}} = \frac{0.959 \times 9.38}{93.89} = 0.096\%$$

$$\beta'_{28} = \frac{\beta'_1 \varepsilon'_{28}}{\gamma_{28}} = \frac{12.88 \times 65.93}{93.94} = 9.039\%$$

$$\beta'_{18} = \frac{\beta'_1 \varepsilon'_{18}}{\gamma_{18}} = \frac{12.88 \times 53.94}{85.77} = 8.100\%$$

$$\beta_{22} = \frac{\beta_1 \varepsilon_{22}}{\gamma_{22}} = \frac{0.959 \times 10.03}{95.05} = 0.101\%$$

$$\beta'_{22} = \frac{\beta'_1 \varepsilon'_{22}}{\gamma_{22}} = \frac{12.88 \times 75.77}{95.05} = 10.267\%$$

$$\beta'_{17} = \frac{\beta'_1 \varepsilon'_{17}}{\gamma_{17}} = \frac{12.88 \times 37.22}{10.69} = 44.845\%$$

4.1.4.4　矿浆流程的计算

A　确定磨矿过程浓度

（1）必须保证的浓度：磨矿作业浓度 $C_m = 75\%$，分级溢流浓度：$C_c = 45\%$。

（2）不可调节的浓度：原矿含水量为 5%（原矿浓度 $C = 95\%$），分级返砂浓度为 $C_s = 80\%$。

（3）按 $R_n = \dfrac{100 - C_n}{C_n}$ 计算液固比

$$R_1 = \frac{100 - C_0}{C_0} = \frac{100 - 95}{95} = 0.053$$

$$R_4 = \frac{100 - C_c}{C_c} = \frac{100 - 45}{45} = 1.222$$

$$R_5 = \frac{100 - C_s}{C_s} = \frac{100 - 80}{80} = 0.25$$

$$R_m = \frac{100 - C_m}{C_m} = \frac{100 - 75}{75} = 0.333$$

（4）按 $W_n = Q_n R_n$ 计算水量

$$W_1 = Q_1 R_1 = 125 \times 0.053 = 6.63 t/h$$

$$W_4 = Q_4 R_4 = 125 \times 1.222 = 152.75 t/h$$

$$W_5 = Q_5 R_5 = 437.5 \times 0.250 = 109.38 \text{ t/h}$$

$$W_m = Q_m R_m = Q_2 R_m = 562.5 \times 0.333 = 187.31 \text{t/h}$$

$$W_3 = W_m = 187.31 \text{t/h}$$

(5) 按 $L_n = W_{作业} - \sum W_n$ 计算补加水 L_{m1} 和 L_{c1}

$$L_m = W_m - W_1 - W_5 = 187.31 - 6.63 - 109.38 = 71.30 \text{t/h}$$

$$L_c = W_4 + W_5 - W_m = 152.75 + 109.38 - 187.31 = 74.82 \text{t/h}$$

B   确定浮选过程浓度

(1) 必须保证的浮选作业浓度

铜粗选 I 作业浓度 $C_{r1} = 40\%$；铜粗选 II 作业浓度 $C_{r2} = 38\%$

铜精选 I 作业浓度 $C_{k1} = 25\%$；铜精选 II 作业浓度 $C_{k2} = 20\%$

铜精选 III 作业浓度 $C_{k3} = 18\%$；硫粗选 I 作业浓度 $C'_{r1} = 36\%$

硫粗选 II 作业浓度 $C'_{r2} = 34\%$；

(2) 不可调节的选别浓度

铜粗选 I 精矿浓度 $C_3 = 45\%$；铜粗选 II 精矿浓度 $C_6 = 42\%$

铜精选 I 精矿浓度 $C_{15} = 40\%$；铜精选 II 精矿浓度 $C_{20} = 45\%$

铜精选 III 精矿浓度 $C_{25} = 45\%$；硫粗选 I 精矿浓度 $C_{17} = 45\%$

硫粗选 II 精矿浓度 $C_{23} = 42\%$；铜扫选 I 精矿浓度 $C_{10} = 35\%$

铜扫选 II 精矿浓度 $C_{12} = 30\%$；硫扫选 I 精矿浓度 $C_{29} = 35\%$

硫扫选 II 精矿浓度 $C_{31} = 30\%$

(3) 按 $R_n = \dfrac{100 - C_n}{C_n}$ 计算液固比

$$R_{r1} = \frac{100 - C_{r1}}{C_{r1}} = \frac{100 - 40}{40} = 1.5$$

$$R_{r2} = \frac{100 - C_{r2}}{C_{r2}} = \frac{100 - 38}{38} = 1.632$$

$$R_{k1} = \frac{100 - C_{k1}}{C_{k1}} = \frac{100 - 25}{25} = 3$$

$$R_{k2} = \frac{100 - C_{k2}}{C_{k2}} = \frac{100 - 20}{20} = 4$$

$$R_{k3} = \frac{100 - C_{k3}}{C_{k3}} = \frac{100 - 18}{18} = 4.556$$

$$R'_{r1} = \frac{100 - C'_{r1}}{C'_{r1}} = \frac{100 - 36}{36} = 1.778$$

$$R'_{r2} = \frac{100 - C'_{r2}}{C'_{r2}} = \frac{100 - 34}{34} = 1.941$$

$$R_3 = \frac{100 - C_3}{C_3} = \frac{100 - 45}{45} = 1.222$$

$$R_6 = \frac{100 - C_6}{C_6} = \frac{100 - 42}{42} = 1.381$$

$$R_{15} = \frac{100 - C_{15}}{C_{15}} = \frac{100 - 40}{40} = 1.5$$

$$R_{20} = \frac{100 - C_{20}}{C_{20}} = \frac{100 - 45}{45} = 1.222$$

$$R_{25} = \frac{100 - C_{25}}{C_{25}} = \frac{100 - 45}{45} = 1.222$$

$$R_{10} = \frac{100 - C_{10}}{C_{10}} = \frac{100 - 35}{35} = 1.857$$

$$R_{12} = \frac{100 - C_{12}}{C_{12}} = \frac{100 - 30}{30} = 2.333$$

$$R_{17} = \frac{100 - C_{17}}{C_{17}} = \frac{100 - 45}{45} = 1.222$$

$$R_{23} = \frac{100 - C_{23}}{C_{23}} = \frac{100 - 42}{42} = 1.381$$

$$R_{29} = \frac{100 - C_{29}}{C_{29}} = \frac{100 - 35}{35} = 1.857$$

$$R_{31} = \frac{100 - C_{31}}{C_{31}} = \frac{100 - 30}{30} = 2.333$$

（4）按 $W_n = Q_n R_n$ 计算水量

$$W_{r1} = Q_2 R_{r1} = 136.89 \times 1.500 = 205.34 \ \text{m}^3/\text{h}$$

$$W_{r2} = Q_5 R_{r2} = 139.74 \times 1.632 = 228.06 \text{m}^3/\text{h}$$

$$W_{k1} = Q_{14} R_{k1} = 19.20 \times 3.000 = 57.60 \text{m}^3/\text{h}$$

$$W_{k2} = Q_{19} R_{k2} = 8.69 \times 4.000 = 34.60 \text{m}^3/\text{h}$$

$$W_{k3} = Q_{20} R_{r1} = 5.79 \times 4.556 = 26.38 \text{m}^3/\text{h}$$

$$W'_{r1} = Q_{13} R'_{r1} = 120.59 \times 1.778 = 214.41 \text{m}^3/\text{h}$$

$$W'_{r2} = Q_{22} R'_{r2} = 118.81 \times 1.941 = 230.61 \text{m}^3/\text{h}$$

$$W_3 = Q_3 R_3 = 6.11 \times 1.222 = 7.47 \text{m}^3/\text{h}$$

$$W_4 = W_{r1} - W_3 = 205.34 - 7.47 = 197.87 \text{m}^3/\text{h}$$

$$W_6 = Q_6 R_6 = 10.19 \times 1.381 = 14.07 \text{m}^3/\text{h}$$

$$W_7 = W_{r2} - W_{36} = 228.06 - 14.07 = 213.99 \text{m}^3/\text{h}$$

$$W_{15} = Q_{15} R_{15} = 7.31 \times 1.5 = 10.97 \text{m}^3/\text{h}$$

$$W_{16} = W_{k2} - W_{16} = 57.60 - 10.97 = 46.63 \text{m}^3/\text{h}$$

$$W_{20} = Q_{20} R_{20} = 5.79 \times 1.222 = 7.08 \text{m}^3/\text{h}$$

$$W_{21} = W_{k2} - W_{20} = 34.76 - 7.08 = 27.68 \text{m}^3/\text{h}$$

$$W_{25} = Q_{25} R_{25} = 4.41 \times 1.222 = 5.39 \text{m}^3/\text{h}$$

$$W_{26} = W_{k3} - W_{25} = 26.38 - 5.39 = 20.99 \text{m}^3/\text{h}$$

$$W_{10} = R_{10} = 8.96 \times 1.857 = 16.64 \text{m}^3/\text{h}$$

$$W_{12} = Q_{12} R_{12} = 12.00 \times 2.333 = 28.00 \text{m}^3/\text{h}$$

$$W_8 = W_7 + W_{12} = 213.99 + 28.00 = 241.99 \text{t}/\text{h}$$

$$W_9 = W_3 + W_6 = 7.47 + 14.07 = 21.54 \text{m}^3/\text{h}$$

$$W_{11} = W_8 - W_{10} = 241.99 - 16.64 = 225.35 \text{m}^3/\text{h}$$

$$W_{17} = Q_{17} R_{17} = 13.37 \times 1.222 = 16.34 \text{m}^3/\text{h}$$

$$W_{23} = Q_{23} R_{23} = 11.56 \times 1.381 = 15.96 \text{m}^3/\text{h}$$

$$W_{27} = W_{17} + W_{23} = 16.34 + 15.96 = 32.30 \text{m}^3/\text{h}$$

$$W_{29} = Q_{29} R_{29} = 11.59 \times 1.857 = 21.52 \text{m}^3/\text{h}$$

$$W_{18} = W_{r3} - W_{17} = 214.41 - 16.34 = 198.07 \text{m}^3/\text{h}$$

$$W_{13} = W_{11} - W_{12} = 225.35 - 28.00 = 197.35 \text{m}^3/\text{h}$$

$$W_{24} = W_{r2} - W_{23} = 230.61 - 15.96 = 214.65 \text{m}^3/\text{h}$$

$$W_{31} = Q_{31} R_{31} = 10.18 \times 2.333 = 23.75 \text{m}^3/\text{h}$$

$$W_{28} = W_{24} + W_{31} = 214.65 + 23.75 = 238.40 \text{m}^3/\text{h}$$

$$W_{30} = W_{28} - W_{29} = 238.27 - 21.43 = 216.88 \text{m}^3/\text{h}$$

$$W_{32} = W_{30} - W_{31} = 216.88 - 23.75 = 193.13 \text{m}^3/\text{h}$$

（5）按 $L_n = W_{\text{作业}} - \sum W_n$ 计算补加水

$$L_{r1} = W_{r1} - W_1 - W_{16} = 205.34 - 152.75 - 46.63 = 5.96 \text{m}^3/\text{h}$$

$$L_{r2} = W_{r2} - W_4 - W_{10} = 228.06 - 197.87 - 16.64 = 13.55 \text{m}^3/\text{h}$$

$$L'_{r1} = W'_{r1} - W_{13} = 214.41 - 197.35 = 17.06 \text{m}^3/\text{h}$$

$$L'_{r2} = W'_{r2} - W_{18} - W_{29} = 230.61 - 198.07 - 21.52 = 10.02 \text{m}^3/\text{h}$$

$$L_{k1} = W_{k1} - W_9 - W_{21} = 57.60 - 21.54 - 27.68 = 8.38 \text{m}^3/\text{h}$$

$$L_{k2} = W_{k2} - W_{15} - W_{26} = 34.76 - 10.97 - 20.99 = 2.80 \text{m}^3/\text{h}$$

$$L_{k3} = W_{k3} - W_{20} = 26.38 - 7.08 = 19.30 \text{m}^3/\text{h}$$

（6）按 $V_n = Q_n \left(R_n + \dfrac{1}{\delta} \right)$ 计算矿浆体积 V_r，V_k，V_n。

$$V_{r1} = Q_2 \left(R_{r1} + \frac{1}{\delta} \right) = 136.89 \times \left(1.5 + \frac{1}{3.5} \right) = 244.44 \text{m}^3/\text{h}$$

$$V_{r2} = Q_5 \left(R_{r2} + \frac{1}{\delta} \right) = 139.74 \times \left(1.632 + \frac{1}{3.5} \right) = 267.78 \text{m}^3/\text{h}$$

$$V_{k1} = Q_{14} \left(R_{k1} + \frac{1}{\delta} \right) = 19.20 \times \left(3 + \frac{1}{3.5} \right) = 63.09 \text{m}^3/\text{h}$$

$$V_{k2} = Q_{19} \left(R_{k2} + \frac{1}{\delta} \right) = 8.69 \times \left(4 + \frac{1}{3.5} \right) = 37.24 \text{m}^3/\text{h}$$

$$V_{k3} = Q_{20} \left(R_{k3} + \frac{1}{\delta} \right) = 5.79 \times \left(4.556 + \frac{1}{3.5} \right) = 28.03 \text{m}^3/\text{h}$$

$$V'_{r1} = Q_{13} \left(R'_{r1} + \frac{1}{\delta} \right) = 120.59 \times \left(1.778 + \frac{1}{3.5} \right) = 248.86 \text{m}^3/\text{h}$$

$$V'_{r2} = Q_{22}\left(R'_{r2} + \frac{1}{\delta}\right) = 118.81 \times \left(1.941 + \frac{1}{3.5}\right) = 264.56 \text{m}^3/\text{h}$$

$$V_3 = Q_3\left(R_3 + \frac{1}{\delta}\right) = 6.11 \times \left(1.222 + \frac{1}{3.5}\right) = 9.21 \text{m}^3/\text{h}$$

$$V_4 = V_{r1} - V_3 = 244.44 - 9.21 = 235.23 \text{m}^3/\text{h}$$

$$V_6 = Q_6\left(R_6 + \frac{1}{\delta}\right) = 10.19 \times \left(1.381 + \frac{1}{3.5}\right) = 16.99 \text{m}^3/\text{h}$$

$$V_7 = V_{r2} - V_6 = 267.98 - 16.98 = 251.00 \text{m}^3/\text{h}$$

$$V_{15} = Q_{15}\left(R_{15} + \frac{1}{\delta}\right) = 7.31 \times \left(1.5 + \frac{1}{3.5}\right) = 13.05 \text{m}^3/\text{h}$$

$$V_{16} = V_{k1} - V_{15} = 63.09 - 13.05 = 50.04 \text{m}^3/\text{h}$$

$$V_{20} = Q_{20}\left(R_{20} + \frac{1}{\delta}\right) = 5.79 \times \left(1.222 + \frac{1}{3.5}\right) = 8.73 \text{m}^3/\text{h}$$

$$V_{21} = V_{k2} - V_{20} = 37.25 - 8.73 = 28.52 \text{m}^3/\text{h}$$

$$V_{25} = Q_{25}\left(R_{25} + \frac{1}{\delta}\right) = 4.41 \times \left(1.222 + \frac{1}{3.5}\right) = 6.65 \text{m}^3/\text{h}$$

$$V_{26} = V_{k3} - V_{26} = 28.03 - 6.65 = 21.38 \text{m}^3/\text{h}$$

$$V_{10} = Q_{10}\left(R_{10} + \frac{1}{\delta}\right) = 8.96 \times \left(1.857 + \frac{1}{3.5}\right) = 19.20 \text{m}^3/\text{h}$$

$$V_{12} = Q_{12}\left(R_{12} + \frac{1}{\delta}\right) = 12.00 \times \left(2.333 + \frac{1}{3.5}\right) = 31.42 \text{m}^3/\text{h}$$

$$V_8 = V_7 + V_{12} = 251.00 + 31.42 = 282.42 \text{m}^3/\text{h}$$

$$V_9 = V_3 + V_6 = 9.21 + 16.98 = 26.19 \text{m}^3/\text{h}$$

$$V_{11} = V_8 - V_{10} = 282.46 - 19.20 = 263.26 \text{m}^3/\text{h}$$

$$V_{17} = Q_{17}\left(R_{17} + \frac{1}{\delta}\right) = 13.37 \times \left(1.222 + \frac{1}{3.5}\right) = 20.22 \text{m}^3/\text{h}$$

$$V_{23} = Q_{23}\left(R_{23} + \frac{1}{\delta}\right) = 11.56 \times \left(1.381 + \frac{1}{3.5}\right) = 19.27 \text{m}^3/\text{h}$$

$$V_{27} = V_{17} + V_{23} = 20.16 + 19.27 = 39.43 \text{m}^3/\text{h}$$

$$V_{29} = Q_{29}\left(R_{29} + \frac{1}{\delta}\right) = 11.54 \times \left(1.857 + \frac{1}{3.5}\right) = 24.73 \text{m}^3/\text{h}$$

$$V_{18} = V'_{r1} - V_{17} = 248.86 - 20.16 = 228.70 \text{m}^3/\text{h}$$

$$V_{13} = V_{11} - V_{12} = 263.26 - 31.43 = 231.83 \text{m}^3/\text{h}$$

$$V_{24} = V'_{r2} - V_{23} = 264.39 - 19.22 = 245.17 \text{m}^3/\text{h}$$

$$V_{31} = Q_{31}\left(R_{31} + \frac{1}{\delta}\right) = 10.18 \times \left(2.333 + \frac{1}{3.5}\right) = 26.66 \text{m}^3/\text{h}$$

$$V_{28} = V_{24} + V_{31} = 245.29 + 26.66 = 271.95 \text{m}^3/\text{h}$$

$$V_{30} = V_{28} - V_{29} = 271.95 - 24.83 = 247.12 \text{m}^3/\text{h}$$

$$V_{32} = V_{30} - V_{31} = 247.12 - 26.66 = 220.46 \text{m}^3/\text{h}$$

（7）按 $C_n = \dfrac{100}{1 + \dfrac{W_n}{Q_n}}$ 计算某些作业和产物中的未知浓度

$$C_4 = \frac{100}{1 + \dfrac{W_4}{Q_4}} = \frac{100}{1 + \dfrac{197.87}{130.78}} = 39.79\%$$

$$C_7 = \frac{100}{1 + \dfrac{W_7}{Q_7}} = \frac{100}{1 + \dfrac{213.99}{129.55}} = 37.71\%$$

$$C_8 = \frac{100}{1 + \dfrac{W_8}{Q_8}} = \frac{100}{1 + \dfrac{241.99}{141.55}} = 36.91\%$$

$$C_9 = \frac{100}{1 + \dfrac{W_9}{Q_9}} = \frac{100}{1 + \dfrac{21.54}{16.30}} = 43.08\%$$

$$C_{11} = \frac{100}{1 + \dfrac{W_{11}}{Q_{11}}} = \frac{100}{1 + \dfrac{225.35}{132.59}} = 37.04\%$$

$$C_{13} = \frac{100}{1 + \dfrac{W_{13}}{Q_{13}}} = \frac{100}{1 + \dfrac{197.35}{120.59}} = 37.93\%$$

$$C_{16} = \frac{100}{1 + \dfrac{W_{16}}{Q_{16}}} = \frac{100}{1 + \dfrac{46.63}{11.89}} = 20.33\%$$

$$C_{18} = \frac{100}{1 + \dfrac{W_{18}}{Q_{18}}} = \frac{100}{1 + \dfrac{198.07}{107.22}} = 35.09\%$$

$$C_{21} = \frac{100}{1 + \dfrac{W_{21}}{Q_{21}}} = \frac{100}{1 + \dfrac{27.68}{2.90}} = 9.48\%$$

$$C_{24} = \frac{100}{1 + \dfrac{W_{24}}{Q_{24}}} = \frac{100}{1 + \dfrac{214.52}{107.19}} = 33.33\%$$

$$C_{26} = \frac{100}{1 + \dfrac{W_{26}}{Q_{26}}} = \frac{100}{1 + \dfrac{20.99}{1.38}} = 6.17\%$$

$$C_{27} = \frac{100}{1 + \dfrac{W_{27}}{Q_{27}}} = \frac{100}{1 + \dfrac{32.31}{24.94}} = 43.56\%$$

$$C_{28} = \frac{100}{1 + \dfrac{W_{28}}{W_{28}}} = \frac{100}{1 + \dfrac{238.40}{117.43}} = 33.00\%$$

$$C_{30} = \frac{100}{1 + \dfrac{Q_{30}}{Q_{30}}} = \frac{100}{1 + \dfrac{216.88}{105.83}} = 32.79\%$$

$$C_{32} = \frac{100}{1 + \dfrac{W_{32}}{Q_{32}}} = \frac{100}{1 + \dfrac{193.13}{95.65}} = 33.11\%$$

（8）按下式计算工艺过程补加水总量 $\sum L$

$$\sum L_{总} = \sum W_K - W_0 = W_{25} + W_{27} + W_{32} - W_1 = 5.39 + 32.31 + 193.13 - 152.75$$
$$= 78.08 \text{m}^3/\text{h}$$

校核：各选别阶段补加水等于 $\sum L_{总}$，

即：$\sum L_{总} = L_{r1} + L_{r2} + L_{k1} + L_{k2} + L_{k3} + L'_{r1} + L'_{r2}$
$$= 5.96 + 13.55 + 8.38 + 2.80 + 19.30 + 17.06 + 10.99$$
$$= 78.08 \text{m}^3/\text{h}$$

（9）按下式计算选矿厂总耗水量 $\sum L_0$

$$\sum L_0 = (1.1 \sim 1.15) \sum L = 1.13 \times 78.08 = 88.23 \text{m}^3/\text{h}$$

（10）选别流程单位耗水量（未含磨矿流程）W_g

$$W_g = \frac{\sum L_0}{Q} = \frac{88.19}{125} = 0.706 \text{m}^3/(\text{t} \cdot \text{h})$$

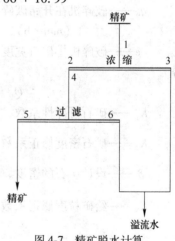

图 4-7 精矿脱水计算
（1~6 计算点位）

4.1.4.5 脱水流程的计算

精矿脱水计算流程如图 4-7 所示。

A 铜精矿

设计最终铜精矿含水量为 10%；浮选铜精矿浓度为 45%；浓密机底流浓度为 60%。则

$Q_1 = Q_4 = Q_5 = 4.41 \text{t/h}$

$W_1 = Q_1(1 - C_1)/C_1 = 4.41 \times (1 - 0.45)/0.45 = 5.39 \text{m}^3/\text{h}$

$W_4 = Q_4(1 - C_4)/C_4 = 4.41 \times (1 - 0.6)/0.6 = 2.94 \text{m}^3/\text{h}$

$W_5 = Q_5(1 - C_5)/C_5 = 4.41 \times (1 - 0.9)/0.9 = 0.49 \text{m}^3/\text{h}$

$W_6 = W_4 - W_5 = 2.94 - 0.49 = 2.45 \text{m}^3/\text{h}$

$W_2 = W_1 + W_6 = 5.39 + 2.45 = 7.84 \text{m}^3/\text{h}$

$W_3 = W_2 - W_4 = 7.84 - 2.94 = 4.90 \text{m}^3/\text{h}$

B 硫精矿

设计最终硫精矿含水量为 10%；浮选硫精矿浓度为 45%；浓密机底流浓度为 60%；硫

精矿脱水流程图同铜精矿。

$$Q_1 = Q_4 = Q_5 = 24.94\text{t/h}$$

$$W_1 = Q_1(1 - C_1)/C_1 = 24.94 \times (1 - 0.45)/0.45 = 30.48\text{m}^3\text{/h}$$

$$W_4 = Q_4(1 - C_4)/C_4 = 24.94 \times (1 - 0.6)/0.6 = 16.63\text{m}^3\text{/h}$$

$$W_5 = Q_5(1 - C_5)/C_5 = 24.94 \times (1 - 0.9)/0.9 = 2.77\text{m}^3\text{/h}$$

$$W_6 = W_4 - W_5 = 16.63 - 2.77 = 13.86\text{m}^3\text{/h}$$

$$W_2 = W_1 + W_6 = 30.48 + 13.86 = 44.34\text{m}^3\text{/h}$$

$$W_3 = W_2 - W_4 = 44.34 - 16.63 = 27.71\text{m}^3\text{/h}$$

4.1.5 主体设备的选择与计算

4.1.5.1 破碎设备的选择与计算

A 粗碎设备

预先选择型号为 PJ900×1200 的简摆式颚式破碎机:

(1) 当开路破碎时,颚式破碎机的生产能力的计算

$$Q = K_1 K_2 K_3 K_4 Q_0$$

式中 Q——在设计条件下破碎机的生产能力,t/h;

Q_0——在标准条件下破碎机的生产能力,t/h,$Q_0 = q_0 e$;

q_0——破碎机在开路破碎机排矿口宽度为 1mm 时,破碎标准状态矿石的单位生产能力,t/(mm·h),查选矿厂设计表 5-1-5,取 $q_0 = 1.28(\text{t/mm·h})$;

e——破碎机排矿口宽度,mm,本设计 $e = 113\text{mm}$;

得

$$Q_0 = q_0 e = 1.28 \times 113 = 144.64 \text{ t/h}$$

K_1——矿石可碎性系数,查《矿物加工工程设计》查表 5-6,取 $K_1 = 1$;

K_2——矿石密度修正系数,$K_2 = \dfrac{\delta}{2.7} = \dfrac{3.5}{2.7} = 1.30$;

δ——设计矿石的密度,t/m³;

K_3——给矿粒度修正系数,$K_3 = \dfrac{D_{\max}}{B} = \dfrac{450}{900} = 0.5$,查《矿物加工工程设计》表 5-7, $K_3 = 1.11$;

K_4——水分修正系数,查《矿物加工工程设计》表 5-9,取 $K_4 = 1$。

故

$$Q = K_1 K_2 K_3 K_4 Q_0 = 1 \times 1.30 \times 1.11 \times 144.64 \times 1 = 208.72 \text{ t/h}$$

(2) 计算 PJ900 × 1200 颚式破碎机所需的台数

$$n = \frac{KQ_0}{Q} = \frac{1.1 \times 167}{208.72} = 0.8001 , \text{所以取 } n = 1 \text{ 台}$$

式中 n——设计需要的破碎机的台数;

Q_0——需要破碎的矿量,t/h;

Q——所选破碎机的生产能力,t/(h·台);

K——不均匀系数,$K = 1.1 \sim 1.2$,本设计取 $K = 1.1$。

（3）计算破碎机的负荷

$$\eta = \frac{Q_0}{nQ} = \frac{167}{1 \times 208.72} = 80.01\% ，满足使用要求$$

故粗碎选择 PJ900 × 1200 型简摆式颚式破碎机一台。

B　中碎设备

预先选择标准圆锥破碎机 PYY1650/230：

（1）开路破碎时，标准圆锥破碎机的生产能力的计算：

$$Q = K_1 K_2 K_3 K_4 Q_0$$

式中　Q——在设计条件下破碎机的生产能力，t/h；

　　Q_0——在标准条件下破碎机的生产能力，t/h，$Q_0 = q_0 e$；

　　q_0——破碎机在开路破碎排矿口宽度为 1mm 时，破碎标准状态矿石的单位生产能力，t/（mm · h），查选矿厂设计表 5-1-5，取 $q_0 = 7.0$t/（mm · h）；

　　e——破碎机排矿口宽度，mm，本设计 $e = 24$mm；

得

$$Q_0 = q_0 e = 7.0 \times 24 = 168 \text{ t/h}$$

　　K_3——给矿粒度修正系数，$K_3 = \frac{D_{max}}{B} = \frac{180}{230} = 0.78$，查选矿厂设计表 5-7，$K_3 = 1.02$；

　　K_4——水分修正系数，查《矿物加工工程设计》表 5-9，取 $K_4 = 1$。

故　　　　$Q = K_1 K_2 K_3 K_4 Q_0 = 1 \times 1.30 \times 1.02 \times 168 = 222.77$t/h

（2）计算标准圆锥破碎机 PYY1650/230 所需的台数：

$$n = \frac{KQ_0}{Q} = \frac{1.1 \times 167}{222.77} = 0.825 ，所以取 n = 1 台$$

式中　n——设计需要的破碎机的台数；

　　Q_0——需要破碎的矿量，t/h；

　　Q——所选破碎机的生产能力，t/（h · 台）；

　　K——不均匀系数，$K = 1.1 \sim 1.2$。本设计取 $K = 1.1$。

（3）计算破碎机的负荷：

$$\eta = \frac{Q_0}{nQ} = \frac{167}{1 \times 222.77} = 74.97\% ，满足使用要求$$

故中碎选择破碎机为标准圆锥破碎机 PYY1650/230 一台。

C　细碎设备

预先选择短头圆锥破碎机 PYY2200/130：

（1）闭路破碎时，破碎机的生产能力计算：

$$Q' = KQ$$

式中　Q——开路破碎时，破碎机的生产能力，t/h；

　　Q'——闭路破碎时，破碎机的生产能力，t/h；

　　K——闭路破碎系数，$K = 1.15 \sim 1.4$，易碎性矿石取大值，难碎性矿石取小值，本设计取 $K = 1.3$。

（2）开路破碎时，短头圆锥破碎机的生产能力的计算：

$$Q = K_1 K_2 K_3 K_4 Q_0$$

式中 Q——在设计条件下破碎机的生产能力，t/h；

Q_0——在标准条件下破碎机的生产能力，t/h，$Q_0 = q_0 e$；

q_0——破碎机在开路破碎排矿口宽度为 1mm 时，破碎标准状态矿石的单位生产能力，t/(mm·h)，查选矿厂设计表 5-1-5 取 $q_0 = 24.0$t/(mm·h)；

e——破碎机排矿口宽度，mm，本设计 $e = 8$mm；

得

$$Q_0 = q_0 e = 24.0 \times 8 = 192 \text{ t/h}$$

K_3——给矿粒度修正系数，$K_3 = \dfrac{D_{max}}{B} = \dfrac{8}{130} = 0.06$，查选矿厂设计表 5-7，$K_3 = 1.20$；

K_4——水分修正系数，查《矿物加工工程设计》表 5-9，取 $K_4 = 1$；

$$Q = K_1 K_2 K_3 K_4 Q_0 = 1 \times 1.30 \times 1.20 \times 192 = 299.52 \text{ t/h}$$

则

$$Q' = KQ = 1.3 \times 299.52 = 389.38 \text{ t/h}$$

（3）计算短头圆锥破碎机 PYY2200/130 所需的台数

$$n = \frac{KQ_0}{Q'} = \frac{1.1 \times 291.87}{389.38} = 0.82 \text{，所以取 } n = 1 \text{ 台}$$

式中 n——设计需要的破碎机的台数；

Q_0——需要破碎的矿量，t/h；

K——不均匀系数，$K = 1.1 \sim 1.2$。本设计取 $K = 1.1$。

（4）计算破碎机的负荷

$$\eta = \frac{Q_0}{nQ'} = \frac{291.87}{1 \times 389.38} = 74.96\% \text{，满足设计要求。}$$

故细碎选择破碎机为短头圆锥破碎机 PYY2200/130 一台。

4.1.5.2 筛分设备的选择与计算

细筛预先选择 YA1848 圆振动筛。

振动筛的生产能力，计算经验公式为

$$Q = \varphi K_1 K_2 K_3 K_4 K_5 K_6 K_7 K_8 F \gamma q$$

式中 Q——振动筛的生产能力，t/(台·h)；

φ——振动筛的有效面积系数，本设计取 $\varphi = 0.85$；

F——振动筛的几何面积，m²/台；

q——振动筛单位面积的平均容积生产能力，m³/(m²·h)，查表《矿物加工工程设计》5-13，取 $q = 20.1$m³/(m²·h)；

γ——筛分物料松散密度，t/m³，本设计 $\gamma = 2.16$t/m³；

$K_1 \sim K_6$——修正系数，查《矿物加工工程设计》表 5-14 得：$K_1 = 0.8$，$K_2 = 1.13$，$K_3 = 1.75$，$K_4 = 1$，$K_5 = 0.80$，$K_6 = 1.30$，$K_7 = 1.0$，$K_8 = 1.0$；

则 $Q = \varphi K_1 K_2 K_3 K_4 K_5 K_6 K_7 K_8 F \gamma q$

$= 0.85 \times 0.8 \times 1.13 \times 1.75 \times 1.0 \times 0.80 \times 1.30 \times 1.00 \times 1.00 \times 8.6 \times 2.16 \times 20.1$

$= 522.16$t/h

大于 458.87(t/h) 的设计处理量，满足设计要求。

故细碎筛分选择 YA1848 圆振动筛。

4.1.5.3 磨矿设备的选择与计算

球磨机预选 MQY3600×6000 型。预选球磨机的生产能力计算为：

A q 值计算

$$q = K_1 K_2 K_3 K_4 q_0$$

式中 q——设计磨矿机按新生成计算级别的单位生产能力，t/(m³·h)；

q_0——现场生产磨矿机按新生成计算级别的单位生产能力，本设计取 $q_0 = 1.5$ t/(m³·h)；

K_1——被磨矿石的磨矿难易度系数，查《矿物加工工程设计》表 5-15，取 $K_1 = 1.0$；

K_2——磨矿机直径校正数，查《矿物加工工程设计》表 5-16，取 $K_2 = 1.17$；

K_3——设计磨矿机的型式校正系数，查《矿物加工工程设计》表 5-18，取 $K_3 = 0.87$；

K_4——设计与生产磨矿机给矿粒度，产品粒度差异系数，$K_4 = m/m'$；

m——设计磨矿机按新生成计算级别的不同给矿粒度，产品粒度条件下的相对生产能力，查《矿物加工工程设计》表 5-19，取 $m = 0.97$；

m'——现厂磨矿机按新生成计算级别的不同给矿粒度，产品粒度条件下的相对生产能力，查《矿物加工工程设计》表 5-19，取 $m' = 0.91$。

故：$q = 1.0 \times 1.17 \times 0.87 \times 1.07 \times 1.5 = 1.63$ t/(m³·h)。

B 磨矿机生产能力计算

计算公式：

$$Q = \frac{qV}{\beta_2 - \beta_1}$$

式中 Q——设计磨矿机的生产能力，t/(台·h)；

V——设计磨矿机的有效容积，$V_1 = 45$m³，$V_2 = 55$m³；

q——设计磨矿机按新生成计算级别的单位容积生产能力，$q_1 = q_2 = q_3 = 1.63$ t/(m³·h)；

β_1——设计磨矿机给矿中小于计算级别的含量，查《矿物加工工程设计》表 4-9，取 $\beta_1 = 10\%$；

β_2——设计磨矿机排矿中小于计算级别的含量，取 $\beta_2 = 65\%$。

故：$Q = 1.63 \times \dfrac{45}{0.65 - 0.1} = 133.4$ t/(台·h)。

C 磨矿机台数的计算

计算公式：

$$n = \frac{Q_0}{Q}$$

式中 n——设计磨矿机需要的台数，台；

Q_0——设计磨矿中需要磨矿的矿量，本设计 $Q_0 = 125$t/h；

Q——设计磨矿机的生产能力。

故：$n_{\mathrm{I}} = \dfrac{125}{133.4} = 0.937$，取 1 台。

D 磨矿机负荷系数的计算

计算公式：

$$\eta = \frac{Q_0}{nQ} \times 100\%$$

故：$\eta_1 = \dfrac{125}{1 \times 133.4} \times 100\% = 93.7\%$。

4.1.5.4　水力旋流器的选择与计算

根据溢流中最大粒度和处理量，初步确定水力旋流器直径 $D = 360\text{mm}$。

A　水力旋流器的溢流粒度

计算公式：
$$d_{max} = (1.5 - 2)d$$

式中　d_{max}——溢流粒度，μm；本设计为 0.15mm；

$\quad\quad d$——分离粒度，μm。

故：$d = 0.1\text{mm}$。

B　验证溢流粒度

$$d_{max} = 1.5\sqrt{\dfrac{Dd_c\beta}{d_h K_D P^{0.5}(\delta - \delta_0)}}$$

式中　β——给矿中固体的含量，%，本设计 $\beta = 80\%$；

$\quad\quad d_c$——水力旋流器溢流口直径，cm，本设计取 $d_c = 11.5\text{cm}$；

$\quad\quad d_h$——水力旋流器沉沙口直径，cm，本设计中取 $d_h = 5.0\text{cm}$；

$\quad\quad D$——水力旋流器直径，cm，本设计 $D = 36.0\text{cm}$；

$\quad\quad P$——水力旋流器进口压力，MPa，本设计由 $d = 0.1\text{mm}$，查《矿物加工工程设计》
表 5-24，取 $P = 0.10\text{MPa}$；

$\quad\quad \delta$——矿石密度，t/m^3，$\delta = 3.4\text{t/m}^3$；

$\quad\quad \delta_0$——水的密度，t/m^3，$\delta_0 = 1.0\text{t/m}^3$；

$\quad\quad K_D$——水力旋流器直径修正系数，$K_D = 0.8 + \dfrac{1.2}{1 + 0.1D}$，本设计 $K_D = 0.8 +$

$\quad\quad\quad \dfrac{1.2}{1 + 0.1 \times 36} = 1.06$。

故：$d_{max} = 1.5 \times \sqrt{\dfrac{36 \times 11.5 \times 80}{5.0 \times 1.06 \times 0.10^{0.5} \times (3.5 - 1)}} = 133.36\mu\text{m} < 150\mu\text{m}$，验证计算的
溢流粒度小于计算粒度，所以此粒度满足要求。

C　计算水力旋流器处理量

$$V = 3K_\alpha K_D d_n d_c \sqrt{P}$$

式中　V——按给矿矿浆体积计算的处理量，$\text{m}^3/(\text{h} \cdot \text{台})$；

$\quad\quad d_n$——水力旋流器给矿口直径，cm，本设计 $d_n = 0.15 \sim 0.25$；$D = 5.4 \sim 9.0(\text{cm})$，
取 9.0cm；

$\quad\quad K_\alpha$——锥角修正系数，$K_\alpha = 0.799 + \dfrac{0.044}{0.0397 + \tan\dfrac{\alpha}{2}} = 1.004$。

故：$V = 3 \times 1.004 \times 1.06 \times 9.0 \times 11.5 \times \sqrt{0.1} = 104.50\text{m}^3/(\text{h} \cdot \text{台})$。

D 计算水力旋流器所需台数

$$n = \frac{V_0}{V}$$

式中 V_0——按给矿矿浆体积计的设计处理量，m^3/h。

故：$n = \dfrac{V_0}{V} = \dfrac{423.00}{104.50} = 4.13$，所以选 5 台水力旋流器并备用 3 台。

查《选矿设备手册》表 4-2-17，取 8 台 FX-360 型水力旋流器。

4.1.5.5 浮选机、搅拌桶的选择与计算

A 浮选机的选择

根据设计原矿性质和处理矿量，本设计选用 SF 浮选机。其特点是：1）吸气量大，能耗小。2）有自吸空气、自吸矿浆的能力，水平配置，不需要泡沫泵。3）叶轮圆周速度低，易磨损件使用寿命长，叶轮与盖板之间的间隙较大，叶轮与盖板因磨损而增大间隙对吸气量影响较小。4）槽内矿浆按固定的流动方式进行上下双循环，有利于粗粒矿物的悬浮，分选效率高，提高粗粒和细粒回收率。

B 浮选机的计算

（1）原始指标见表 4-4。

表 4-4 原始指标

作 业 名 称		系列数	矿浆体积 /$m^3 \cdot min^{-1}$	矿浆体积 /$m^3 \cdot h^{-1}$	液固比	浮选时间/min
铜浮选	粗选Ⅰ	1	4.07	244.44	1.50	10
	粗选Ⅱ	1	4.47	267.98	1.632	10
	精选Ⅰ	1	1.05	63.09	3.00	15
	精选Ⅱ	1	0.62	37.24	4.00	15
	精选Ⅲ	1	0.47	28.03	4.556	15
	扫选Ⅰ	1	4.71	282.42	1.71	8
	扫选Ⅱ	1	4.39	263.22	1.70	8
硫浮选	粗选Ⅰ	1	4.15	248.86	1.778	10
	粗选Ⅱ	1	4.41	264.56	1.941	10
	扫选Ⅰ	1	4.53	271.95	2.03	8
	扫选Ⅱ	1	4.12	247.12	2.05	8

（2）浮选时间的确定。

由生产实践资料可得，粗选时间：10~15min，本设计取 $t_1 = 10min$；

精选时间：10~15min，本设计取 $t_2 = 15min$；

扫选时间：5~15min，本设计取 $t_3 = 8min$。

其选择结果见表 4-4。

（3）浮选机槽数的计算。

1）浮选矿浆体积的计算：

$$V = \frac{K_1 Q \left(R + \dfrac{1}{\delta} \right)}{60}$$

式中 V——进入作业（如粗选）的矿浆体积，m^3/min；

  Q——进入作业中的矿石量，t/h；

  R——矿浆的液固比；

  δ——矿石密度，t/m^3；

  K_1——给矿不均匀系数，如果浮选前为球磨时，则 $K_1 = 1.0$，如果浮选前为湿式自磨时，则 $K_1 = 1.3$。

其详细结果见表4-4。

2）浮选机槽数计算：

$$n = \frac{Vt}{V_0 K_V}$$

式中 n——浮选机所需要的计算槽数；

  V——计算矿浆的体积，其数据见表4-5，m^3/min；

  t——浮选时间，其数据见表4-5，min；

  V_0——选用浮选机的几何容积，m^3；

  K_V——浮选槽有效容积和几何容积之比，$K_V = 0.75 \sim 0.85$，本设计取 $K_V = 0.8$。

然后利用公式 $t = \dfrac{n V_0 K_V}{V}$ 返算时间，计算结果见表4-5。

表4-5 浮选设备的选择和计算结果

作业名称		系列数	浮选时间/min	浮选机型号	计算槽数	安装槽数
铜浮选	粗选 I	1	10	SF-10	4.07	5
	粗选 II	1	10	SF-10	4.47	5
	精选 I	1	15	SF-4	3.94	4
	精选 II	1	15	SF-4	2.33	3
	精选 III	1	15	SF-4	1.75	2
	扫选 I	1	8	SF-10	3.77	4
	扫选 II	1	8	SF-10	3.51	4
硫浮选	粗选 I	1	10	SF-10	3.32	4
	粗选 II	1	10	SF-10	3.53	4
	扫选 I	1	8	SF-10	3.62	4
	扫选 II	1	8	SF-10	3.29	4

C 搅拌槽的选择和计算

浮选作业为了使药剂和矿浆充分接触以取得良好的选别指标，通常设计采用搅拌槽，此外搅拌槽还有缓冲矿浆的作用。本设计分别在铜粗选和硫粗选设置搅拌槽。

（1）铜粗 I 搅拌槽。

搅拌槽容积计算公式：

$$V = \frac{K_1 Qt\left(R + \frac{1}{\delta}\right)}{60}$$

式中 V——搅拌槽容积，m³；

Q——给入搅拌槽的矿量，本设计 $Q = 136.89$t/h；

R——矿浆液固比，本设计 $R = 1.50$；

δ——矿石比重，本设计 $\delta = 3.50$t/m³；

K_1——处理量不均匀系数，本设计取 $K_1 = 1.0$；

t——搅拌时间一般为 5~10min，本设计 $t = 8$min

故：$V = 1.0 \times 136.89 \times 8 \times \dfrac{1.5 + \frac{1}{3.5}}{60.00} = 32.59$m³。

查《中国选矿设备手册》表 5-4-1，选择 1 台沈矿生产的 XB-4000 搅拌槽。

（2）硫粗选 I 搅拌槽。

计算公式：

$$V = \frac{K_1 Qt\left(R + \frac{1}{\delta}\right)}{60}$$

式中，$Q = 120.59$t/h，$R = 1.222$，$\delta = 3.5$t/m³，$K_1 = 1.0$，$t = 7$min。

故：$Q = 1.0 \times 120.59 \times 7 \times \dfrac{1.222 + \frac{1}{3.5}}{60.00} = 21.21$m³。

查《中国选矿设备手册》表 5-4-4，选择 1 台沈矿生产的 XB-3500 搅拌槽。

（3）铜精选 I 搅拌槽。

搅拌槽容积计算公式：

$$V = \frac{K_1 Qt\left(R + \frac{1}{\delta}\right)}{60}$$

式中 V——搅拌槽容积，m³；

Q——给入搅拌槽的矿量，本设计 $Q = 19.20$t/h；

R——矿浆液固比，本设计 $R = 3.0$；

δ——矿石比重，本设计 $\delta = 3.5$t/m³；

K_1——处理量不均匀系数，本设计取 $K_1 = 1.0$；

t——搅拌时间一般为 5~10min，本设计 $t = 8$min。

故：$V = 1.0 \times 19.20 \times 8 \times \dfrac{3 + \frac{1}{3.5}}{60.00} = 8.41$m³。

查《中国选矿设备手册》表 5-4-1，选择 1 台 XB-2500 搅拌槽。

4.1.5.6 脱水设备的选择与计算

A 浓缩机的选择

浮游选矿的精矿含有大量的水分，需要进行脱水以方便运输。细粒精矿的脱水大都使用浓缩—过滤两段作业或者浓缩—过滤—干燥三段作业。有时在选别过程中为了提高下段作业浓度和改善选别效果，对中间产品也进行脱水。

B 浓缩机的计算

（1）面积的计算。

计算公式：

$$F = \frac{Q}{q}$$

式中 F——需要的浓缩机的面积，m^2；

Q——给入浓缩机的固体量，本设计 $Q_{Cu} = 4.41t/h = 105.84t/d$，$Q_S = 24.94t/h = 598.55t/d$；

q——单位面积的生产能力，本设计 $q_{Cu} = 2.4t/(m^2 \cdot h)$，$q_S = 7.2t/(m^2 \cdot h)$。

故：$F_{Cu} = 44.1m^2$，$F_S = 83.13m^2$。

（2）直径的计算。

计算公式：

$$D = 1.13\sqrt{F}$$

式中 D——需要的浓缩机的直径，m。

得：$D_{Cu} = 7.5m$，查《矿物加工工程设计》附表 2-23，选用 NZS-9 一台；

$D_S = 10.63m$，查《矿物加工工程设计》附表 2-23，选用 NZS-12 一台。

C 过滤机的选择

本设计用于铜、硫精矿的脱水，可采用总体面积小且易修整和卸料、清洗的陶瓷真空过滤机，所以本设计采用 TT 系列陶瓷过滤机作为脱水设备。

D 过滤机的计算

计算公式：

$$n = \frac{Q}{F \cdot q}$$

式中 n——计算所需过滤机的台数，台；

Q——需要处理的干矿量，本设计 $Q_{Cu} = 4.41t/h$，$Q_S = 24.94t/h$；

F——需选择的一台过滤机面积，$F_{Cu} = 45m^2$，$F_S = 45m^2$；

q——过滤机的单位面积生产能力 $q_{Cu} = 0.1t/(m^2 \cdot h)$，$q_S = 0.3t/(m^2 \cdot h)$。

故：$n_{Cu} = 0.97$，选用 TT-45 陶瓷过滤机一台；

$n_S = 1.84$，选用 TT-45 陶瓷过滤机两台。

4.1.6 辅助设备的选择与计算

4.1.6.1 原矿仓给矿机的选择与计算

预选电磁振动给矿机，它结构简单、体积小，适用粒度范围广（0.3~500mm），给矿均匀，给量调节方便。考虑到本设计原矿最大粒度 450mm，预选 GZ_9 型电磁振动给矿机。

计算公式：

$$Q = 3600\Psi bh\gamma v$$

式中 Q——生产能力，t/h；

　　Ψ——充满系数，一般取 0.7；

　　b——两侧壁间钢板带宽度，本设计取 $b=1\times1=1m^2$；

　　h——料层厚度，本设计取 $h=0.5m$；

　　γ——矿石松散密度，本设计 $\gamma=1.56t/m^3$；

　　v——带速，本设计 $v=0.1m/s$。

故：$Q=199.56>167t/h$，满足要求。

所以本设计选择一台 GZ_9 型电磁振动给矿机即满足设计要求。

4.1.6.2 磨矿仓底部给矿机的选择与计算

摆式给矿机广泛用于磨矿矿仓下的排矿，该机适用于小块物料，给矿粒度一般为 0~50mm，构造简单、价格便宜、操作方便，本设计采用摆式给矿机作为磨矿机的给矿设备。

计算公式：

$$Q=60BLhvr\psi$$

式中：Q——生产能力，t/h；

　　B——排矿口宽度，m，本设计取 $B=0.8m$；

　　h——阀门与阀体间隙宽度，m，本设计取 $h=0.8m$；

　　L——给料机的摆动行程，m，本设计取 $L=0.2m$；

　　v——偏心轮转速，r/min，$v=45.8r/min$；

　　r——矿石堆比重，t/m³，$r=2.16t/m^3$；

　　ψ——充满系数，一般为 0.3~0.4，本设计取 0.38。

故：$Q=288.71/h$，$n=\dfrac{167}{288.71}=0.58$，取 1 台。

查《中国选矿设备手册》表 13-4-5，选用摆式给矿机 600×600，取 1 台。

4.1.6.3 皮带运输机的选择与计算

以 2 号皮带（粗碎产品运出皮带）为例进行计算，其余列表。

A 原始指标

$$Q=167t/h,\ d=112.5-0mm,\ \delta=2.16t/m^3。$$

B 皮带的计算

皮带宽 B 的计算。

计算公式：

$$B=\sqrt{\dfrac{Q}{k\gamma vc\delta\xi}}$$

式中 B——带宽，m；

　　Q——运输量，t/h；

　　γ——矿石的松散密度，本设计 $\gamma=2.16t/m^3$；

　　v——带速，查《选矿厂设计》表 5-33，本设计 $v=1.5m/s$；

　　c——倾角系数，查《选矿厂设计》表 5-35，本设计 $c=0.9$（14°）；

　　k——断面系数，查《选矿厂设计》表 5-34 选择槽形皮带，本设计 $k=355$；

　　ξ——速度系数，查《选矿厂设计》表 5-36，本设计 $\xi=1.0$。

得：$B = \sqrt{\dfrac{167}{355 \times 1.5 \times 0.9 \times 2.16 \times 1.0}} = 401\text{mm}$，取 $B = 500\text{mm}$。

验算：$B \geq 2 \times 112.5 + 200 = 425\text{mm}$，满足最大块要求。

C 选厂各车间皮带运输机计算结果

选矿厂各车间皮带运输机计算结果见表4-6。

表 4-6 选厂各车间皮带运输机计算结果表

编号	安装地点	数量	带宽/mm	带长/m	传动电动机			倾角/(°)
					型号	功率/kW	电压/V	
1 号	粗碎-中碎	1	500	17	Y160L-2	30	380	16
2 号	细碎-筛分	1	500	55	Y220L$_1$-2	18.5	380	14
3 号	筛上产物至细碎	1	500	50	Y160L-2	18.5	380	12
4 号	筛下产物至粉矿仓	1	500	30	Y160L-2	18.5	380	20
5 号	粉矿仓-磨机	1	500	8	Y160L-2	18.5	380	0

4.1.6.4 起重设备的选择与计算

选厂各车间起重设备选择结果见表4-7。

表 4-7 起重设备一览表

车间名称	型号规格	超重量/t	台数	跨度/m	起吊高度/m
粗碎车间	电动桥式起重机	15/3	1	10.5	12.10
细碎车间	电动桥式起重机	20/5	1	10	12.50
筛分车间	手动单梁起重机	3	1	8	8.20
磨浮车间	电动桥式起重机	50/10	1	17.5	24.51
	手动链式起重机	3	2	17.5	11.4
脱水车间	抓斗桥式起重机	15	1	17.5	10

4.1.6.5 砂泵的选择与计算

以尾矿砂泵扬送为例进行计算，其余见列表。

原始指标为

$$V = 24.83\text{m}^3/\text{h} = 0.007\text{m}^3/\text{s}, \quad \delta = 3.5\text{t/m}^3, \quad R = R_{29} = \dfrac{100 - C_{29}}{C_{29}} = \dfrac{100 - 35.00}{35.00} = 1.857$$

砂泵管径的计算公式为

$$d = \sqrt{\dfrac{4kV}{\pi v}}$$

式中 d——砂泵出口管径，m；

V——所需输送的矿浆量，m^3/s；

k——矿浆波动系数，一般取 1.1~1.2，本设计取 1.15；

v——矿浆临界流速，m/s，查《矿物加工工程设计》 P_{135} 表 5-39，取 1.2m/s。

故：$d = \sqrt{\dfrac{4 \times 1.5 \times 0.007}{\pi \times 1.2}} = 0.09\text{m}$。

矿浆压力输送的总扬程计算公式为

$$H_0 = H_x + h + iL_a$$

式中　H_0——需要的总扬程，m；

　　　H_x——需要的几何扬程，m，本设计 $H_x = 20$m；

　　　h——剩余扬程，m，一般为 2m 左右；

　　　i——管道清水阻力损失，本设计 $i = 0.015$；

　　　L_a——包管直管，弯头等阻力损失折合直管的总长度，m，本设计 $L_a = 15$m。

故：$H_0 = 22.23$m。

需要的矿浆总扬程折合为清水的总扬程计算公式为

$$H = H_0\delta$$

式中　H_0——输送矿浆需要的总扬程，m；

　　　H——输送矿浆折合为清水的总扬程，m；

　　　δ——矿浆比重，本设计 $\delta = 3.5$。

故：$H = 77.81$m。

砂泵的轴功率计算公式为

$$N_0 = \frac{VH\delta_p}{102\eta}$$

式中　N_0——砂泵的轴功率，kW；

　　　V——扬送的矿浆量，L/s；

　　　H——总扬程，m；

　　　η——泵的总效率，本设计中取 0.65；

　　　δ_p——矿浆的密度，t/m³。本设计为 3.5。

故：$N_0 = 222.91$kW。

选用电动机的功率计算公式为

$$N = \frac{KN_0}{\eta}$$

式中　N——电动机的功率，kW；

　　　N_0——泵的轴功率，kW；

　　　K——安全系数，按泵的轴功率定为 1.1；

　　　η——传动效率，本设计取 0.98。

故：$N = \frac{KN_0}{\eta} = 250.2$kW。

查《中国选矿设备手册》表 15-1-11，选用 1 台 8/6R-AH（R）型砂泵。

选厂各车间砂泵的选择计算结果见表 4-8。

表 4-8　各车间砂泵一览表

砂泵安装地点	型号	台数	电动机/kW		备注
			型号	功率	
尾矿扬送	8/6R-AH(R)	1	JS125-8	95	备用1台
磨机-水力旋流器	3PNL	4	Y160M-6	55	备用1台
输送铜浓缩产物	50ZY-35	2	Y200L-4	30	备用1台
输送硫浓缩产物	50ZY-35	2	Y200L-4	30	备用1台

4.1.7 矿仓及堆栈业务设计

4.1.7.1 矿仓的用途

选矿厂设置矿仓主要是用来调节选矿厂与采矿场之间产品运输以及选矿厂各车间作业之间的生产过程中给矿和受矿不平衡的情况，以保证选矿厂的生产均衡连续进行，提高设备的作业率。

4.1.7.2 矿仓的选择与计算

A 原矿受矿仓的选择和计算

原始数据为：$Q=167t/h$，储矿时间 1.4h。

原矿仓上部设有原矿堆场，采用自卸卡车运矿。已知最大粒度为 500mm。设计采用矩形漏斗型矿仓，三面倾斜从矿仓底部排矿。该矿仓结构简单，造价便宜，对本设计较为适用，如图 4-8 所示。

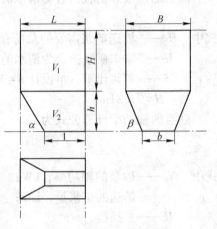

B 矿仓几何容积的计算

计算公式：

$$V = \frac{Qt}{\xi\delta}$$

图 4-8 原矿受矿仓三视图

式中 V——矿仓几何容积，m^3；

t——储矿时间，h；

δ——矿石的松散密度，本设计 $\delta=2.16t/m^3$；

ξ——充填系数，本设计 $\xi=0.9$。

故：$V = \dfrac{167 \times 1.4}{2.16 \times 0.9} = 120.27m^3$。

C 矿仓几何尺寸的计算

本设计取：$L=6.0m$，$H=4m$，$b=1.8m$，$l=2.5m$，$B=3m$，$h=5.0m$

$$C_1 = \frac{B-b}{2} = \frac{3-1.8}{2} = 0.6m，C_2 = L-l = 6-2.5 = 3.5m$$

$$\alpha = \beta = \arctan\frac{h}{C_1^2 + C_2^2} = \arctan\frac{5}{0.6^2 + 3.5^2} = 21.63$$

故：$V_1 = BLH = 3 \times 6 \times 4 = 72m^3$

$$V_2 = \frac{h}{6}\left[BL + (B+b)(L+l) + bl\right]$$

$$= \frac{5}{6} \times \left[3 \times 6 + (3+1.8) \times (6+2.5) + 1.8 \times 2.5\right] = 52.75m^3$$

$V = V_1 + V_2 = 124.75m^3 > 120.27m^3$，满足设计要求。

4.1.7.3 粉矿仓的选择和计算。

原始数据为 $Q=125t/h$，储矿时间 24h。

A　矿仓形式选择

本设计粉矿仓为圆形矿仓，如图 4-9 所示。

B　矿仓主要尺寸的确定和有效容积的计算

计算公式：

$$V = \frac{Qt}{\xi\delta}$$

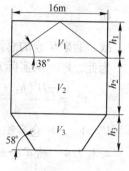

式中　V——矿仓有效几何容积，m^3；

t——储矿时间，h；

δ——矿石的松散密度，本设计 $\delta = 2.16t/m^3$；

ξ——充填系数，本设计 $\xi = 0.9$。

故：$V = \dfrac{125 \times 24}{2.16 \times 0.9} = 1543.2m^3$。

矿仓的几何容积：

$$V_{几} = \frac{V_{有}}{K}$$

式中　K——矿仓的利用系数，本设计取 $K = 0.85$。

故：$V_{几} = \dfrac{1543.2}{0.85} = 1815.53m^3$。

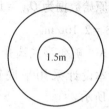

图 4-9　磨矿矿仓设计图

本设计采用 1 个粉矿仓，根据几何容积，由 $V_{几} = \dfrac{\pi D^2}{4}H$，初步确定矿仓直径 $D = 14m$，排矿口直径 $d = 1.5m$，如图 4-9 所示。

矿仓有效容积由三部分组成，如下所示。

（1）堆积角所组成的有效容积：

$$V_1 = \frac{\pi}{24}D^3\tan\rho$$

查《矿物加工工程设计》P148 表 5-44，得物料堆积角 $\rho = 38°$，代入式中：

$$V_1 = \frac{\pi}{24} \times 14^3 \times \tan38° = 280.63m^3$$

$$h_1 = \frac{D}{2}\tan\rho = \frac{14}{2} \times \tan38° = 5.47m$$

（2）陷落角所组成的有效容积：

$$V_3 = \frac{\pi}{24}(D^3 - d^3)\tan\varphi$$

查《矿物加工工程设计》P148 表 5-44，得物料的陷落角 $\varphi = 58°$，代入式中得：

$$V_3 = \frac{\pi}{24} \times (14^3 - 1.5^3) \times \tan58° = 574.12m^3$$

$$h_3 = \frac{D-d}{2}\tan\varphi = \frac{14 - 1.5}{2} \times \tan58° = 10.00m$$

（3）仓壁所组成的有效容积：

$$V_有 = V_1 + V_2 + V_3 = 1815.53$$

即　　　　　　$280.63 + V_2 + 574.12 = 1815.53$，得 $V_2 = 960.78\text{m}^3$

而　　　　　　$$h_2 = \frac{4V_2}{\pi D^2} = \frac{4 \times 960.78}{\pi \times 14^2} = 6.24\text{m}$$

故，磨矿矿仓的总高度 $h = h_1 + h_2 + h_3 = 5.47 + 6.24 + 10.00 = 21.71\text{m}$。

为此，矿仓的实际几何容积为：

$$V'_几 = \frac{\pi D^2(h_1 + h_2)}{4} + V_3 = \frac{\pi \times 14^2(5.47 + 6.24)}{4} + 574.12 = 2375.82\text{m}^3$$

$V'_几 > V_几$，矿仓容积计算符合要求。

4.1.7.4　精矿仓的选择和计算

原始数据为 $Q_{Cu} = 105.84\text{t/d}$，储矿时间 9d，$\delta = 2.16\text{t/m}^3$；$Q_S = 598.56\text{t/d}$，储矿时间 6d，$\delta = 2.16\text{t/m}^3$。

A　矿仓形式选择

本设计采用平底矩形矿仓，如图 4-10 所示。

B　矿仓几何容积的计算

计算公式为：

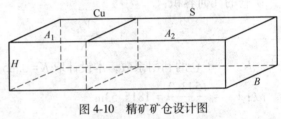

图 4-10　精矿矿仓设计图

$$V = \frac{Qt}{\xi\delta}$$

式中　V——矿仓几何容积，m^3；

　　　t——储矿时间，h；

　　　δ——矿石的松散密度；

　　　ξ——充填系数，本设计 $\xi = 0.9$。

故：$V_{Cu} = \dfrac{Qt}{\delta\xi} = \dfrac{105.84 \times 9}{2.16 \times 0.9} = 490\text{m}^3$，取 $V_{Cu} = 500\text{m}^3$，$V_S = \dfrac{Qt}{\delta\xi} = \dfrac{598.56 \times 6}{2.16 \times 0.9} = 1847.2\text{m}^3$，

取 $V_S = 1900\text{m}^3$。

C　矿仓几何尺寸的确定

由：$V_{Cu} = BHA_1$，$V_S = BHA_2$，$V = V_{Cu} + V_S = BH(A_1 + A_2)$ 取 $B = 12\text{m}$，$H = 5$，$A_1 = 8.3\text{m}$，$A_2 = 31.67\text{m}$。

4.1.8　药剂制度设计

4.1.8.1　药剂的用途及种类

设计集中给药。集中给药室设置在磨矿车间与浮选车间之间的中间厂房中部的最高处，以集中控制各浮选作业的给药，并且自流到各个加药点。这样的布置可大大改善劳动条件，给药集中控制，便于实现自动化控制，从而稳定选矿指标。

本设计浮选车间用的药剂有五种，他们分别是 MA-1、MOS-2、JT2000 及用石灰制成的石灰乳作为矿浆 pH 的调整剂，同时它又对硫起着抑制作用。MA-1+MOS-2 配合使用是铜的捕收剂，它不仅效果好，而且可降低氰化物的含量，减小环境污染，同时硫也可以得

到很好的回收,比单独使用一种捕收剂的浮选效果更好,JT2000作为起泡剂。

4.1.8.2 药剂的用量及添加地点

A 药剂的总用量

浮选药剂的种类、用量见表4-9。

表4-9 浮选药剂的种类、用量

药剂的种类	药剂用量/g·t⁻¹	药剂的种类	药剂用量/g·t⁻¹
MA-1	22.00	石灰	267
MOS-2	21.00	丁基黄药	55
JT2000	6.00		

B 各个作业的药剂用量

各作业的药剂种类、用量见表4-10。

表4-10 各作业的药剂种类、用量

药剂名称	铜系列					硫系列			
	粗选Ⅰ	粗选Ⅱ	精Ⅰ	精Ⅱ	精Ⅲ	粗选Ⅰ	粗选Ⅱ	扫Ⅰ	扫Ⅱ
石灰	—	—	100	—	—	—	—	167	—
MA-1	22	—	—	—	—	—	—	—	—
MOS-2	21	—	—	—	—	—	—	—	—
JT200	4	—	2	—	—	8	—	—	—
丁基黄药	—	—	—	—	—	55	—	—	—

4.1.8.3 药剂的管理及运输

A 药剂的储存

药剂主要是为主厂房服务,为方便起见,仓库应建在主厂房附近,其容量能储存1~10周药剂用量;药剂进货方便,配有专人管理,药剂仓库通风条件要好。

B 药剂的制备

药剂的制备是浮选厂生产的主要环节,由于本设计用药剂种类及数量较多,故需设置一个制备室。特别是MA-1、MOS-2和JT2000的储存与制备,采用集中制备。给药室位于浮选车间的上方,给药机选用结构简单的虹吸式给药机。

C 药剂室的配置

本设计主厂房有两个选别系列,选厂规模中型,故药剂车间用集中给药方式,以便于操作管理。给药台采用楼格式,建在浮选车间上方。

虹吸式给药机的结构简单、操作方便、工作稳定性好,是目前选厂广泛采用的给药装置,本设计有20个φ400×800虹吸式给药机,7个φ1500的药剂搅拌桶。药剂经搅拌后,自流到给药机,经过给药机调整,输送到给药点,为生产服务。假如需要,也可以在虹吸式给药机前添加不同的装置,如微机控制的加药装置、负压加药装置等,即可实现药剂控制的自动化。

4.1.9　检修工作制度设计

检修车间主要负责各车间设备的小修，对于中修和大修，则由矿山机修厂负责。机修工作范围主要是定期检查磨选、浮选、脱水各车间设备易磨部件的损坏情况以及液压装置、润滑系统的工作情况，对各段设备的紧固件进行检查、维修。另外，还需要更换磨机的衬板、垫圈及附带的一些部件。

4.1.9.1　检修工作组织

矿部设有机修总厂负责全矿主要设备的检修及设备零件的制造，选矿厂设有机修车间，专门检修机械设备运转情况及一般非标准件的工作稳定情况。选矿各车间均设有机修维护组，专门对各车间的设备进行定期的检查与维修。

4.1.9.2　机修制度

为了不断提高机修质量，提高设备完好率及提高工作效率和确保生产的正常进行，检修工作应尽早做好计划，使检修计划与生产计划紧密结合，以保证设备处于良好的工作状态，使机械运转正常，工作稳定、安全。选厂每月底小修一周，对主要设备进行重点检查与维修，每年大修三周，对所有设备进行全面检修，以便如期完成检修任务，保证生产按计划进行。对各机械人员，要求不能无故缺席或请假，如有人旷班，则按选厂制度制定的奖惩条件进行处罚。

4.1.9.3　机修车间主要设备

为使检修工作顺利进行，根据车间性质须配有必要的维修专用设备，具体有：

(1) 普通车床；

(2) 普通牛头床；

(3) 普通钻床；

(4) 各类焊接设备；

(5) 各类切割设备等。

各车间的机修组设有钳工、焊工、电工等，为减轻工人劳动强度，配置有各种相应起重机或电葫芦。本设计在各车间均设有足够的场地，以便及时对设备进行检修。

4.1.10　生产过程自动化与取样化验设计

4.1.10.1　选厂自动化

随着科学技术的发展，选厂自动化程度逐渐提高；同时，选厂自动化也越来越受人们重视，它能保证最佳的作业条件，稳定工艺流程的生产，求得生产过程的最终最优效果，获得最佳经济指标。

根据现场生产的实际情况，以及现有技术水平，本着提高劳动生产率，减轻工人劳动强度，保证生产的顺利进行的目的，本设计在选厂自动化方面采取以下措施：

(1) 设置球磨机恒定给矿系统，使磨机操作稳定、工作更可靠，为实现磨机与分级机组的自动化创造条件。

(2) 在磨矿仓与磨机的输送皮带上设有皮带秤，计量尾矿处理量。

(3) 水力旋流器装有浓度自动调节装置，以保证浮选作业所需的磨矿细度；此外，还设有酸碱度测定仪、水量测定仪等多种自动化程度较高的设备，从而使整个流程的稳定生产能力得以自动控制。

（4）浓缩机、过滤机自动化作业线控制过滤机的矿浆液面位置，实现自动调节。

（5）给药室配有微机自调系统，实现加药自动化。

（6）水池上安装有水位检测仪。

（7）物料的取样设有自动取样称量仪。

（8）脱水系统采用陶瓷过滤机，电脑自动控制。

4.1.10.2　称量

本设计在磨矿机给矿皮带上安装皮带秤，测算选厂的实际日处理量。

在精矿矿出厂时，由于本设计精矿采用载重汽车运输，故在精矿仓出口处设精矿计量室，测量精矿产量。

4.1.10.3　取样

为了不断提高选厂的生产水平，降低生产成本，确保产品质量，需对选厂整个工艺过程进行取样检测，如化学分析、产品含水量分析、浓度分析、品位及回收率分析，以指导工艺过程的进行。工艺流程各取样点是根据选厂总的生产情况决定的。

原矿及选矿产品的取样，除过滤机滤饼采用人工取得样品外，其余全部自动取样。人工取样时间间隔为10min。

4.1.10.4　化验室、实验室

取样由机械控制与人工操作结合进行，采取的样品经恒温烘干，用堆锥四分法送至化验室，精矿全通过180目筛，尾矿全通过120目筛后送化验室。

化验高品位采用铜硫连续测定EDNA络合滴定法测定铜含量。

化验室主要设计仪器设备为：电光分析天平1/10mg两台、电光分析天平1/100mg一台，83型笔录式极谱仪两台，F_2型光电分析光度计、试金炉。

实验室分岩矿鉴定及单元实验两部分。岩矿鉴定设备仪应设计有磨片、切片、抛光镜及偏光、双筒显微镜等。实验室的仪器设有600×600颚式破碎机一台、200×750对辊机一台、S_2型振动筛一台、200×200筒型球磨机一台及小型浮选机组等。

4.1.11　尾矿库设计

4.1.11.1　尾矿库的容积计算

尾矿坝设在距选厂1个小时左右路程的山谷中，山坡上长满树木，农田较少，通过几个不同方案的比较，本次设计尾矿坝位置选在原来老尾矿库下面的山谷中，其地理位置依赖山谷。其容积的计算如下：

原始数据：选厂每年排放干尾矿量Q（按330天计算）则：

$$Q = q \times 24 \times 330$$
$$= 95.65 \times 24 \times 330$$
$$= 757548t$$

若服务年限为20年，$\delta = 2.16$，尾矿充满系数$\hat{e} = 0.6$，

则尾矿库容积：11690555.56m^3。

4.1.11.2　尾矿堆积地点

尾矿坝设在距选厂的路程约 1 个小时左右的山谷中，尾矿基本的位置选在尾矿出口狭窄处，它分为老尾矿库和新尾矿库。老尾矿库属于三级库，汇水面积 0.558km²，总库容 572 万立方米，有效库容 529 万立方米。新尾矿库位于老尾矿库的下游，总库容 57529 万立方米，尾矿库的一般技术条件：

水面积 0.13km²；年最大降雨量 2533mm；年最小量 1300mm；日最大雨量 306mm；日最大泄洪量 $W = 2hF = 35700\text{m}^3$。

尾矿坝坝址内外附近为土壤建筑，坝中间逐步透水强，尾矿排水采用 $\phi600\text{mm}$ 排水管排放，长 80m，进水部分 600mm×600mm 用斜槽，长 80m。

4.1.11.3　尾矿设施

选厂排出的尾矿，首先集中于尾矿砂泵站的砂泵池中，然后砂泵厂送至尾矿库，采用坝前排放，利于尾矿堆坝。子坝规格：上底宽 2m，下底宽 15.5m，内坡 1∶1.5，外坡 1∶4.5，高 3m，生产初期只设一级泵站，采用 8PNJ 衬板胶泵 2 台，尾矿输送管道为直径 200mm 的泵压式铸铁管，共两路。当尾矿堆积至标高 75m 以上时，设二级砂泵站，在 82.5m 标高处，尾矿经两次加压后入库，现在一、二级泵站设有衬胶泵两台，生产达 800t/d 时，只需开动 6PNJ 胶泵，排水系统有断面为 0.7m×1.5m 双格斜槽直径 2m 连接偏移段面×2.1m，排洪隧道组成。

设计将尾矿库的水位由原 23.5m 提高到 45m，加上调洪高度 2.2m。安全指标高 0.8m，最终堆积提高 15m，新增库容量 100 万立方米，按年处理 55 万吨，年尾矿 2 万立方米计算，服务年限可延长 12 年。

4.1.12　经济技术指标设计

4.1.12.1　选矿厂技术经济指标

选矿厂技术经济指标见表 4-11。

表 4-11　选厂技术经济指标

编号	指标名称		单位	数量	备注
1	年处理量		万吨/年	100	工作日为 330 天
2	日处理原矿量		t/d	3000	
3	原矿品位	Cu	%	0.959	
		S	%	12.88	
4	精矿年产量	Cu	万吨/年	3.4927	
		S	万吨/年	19.7524	
5	精矿品位	Cu	%	23.53	
		S	%	40.62	
6	精矿回收率	Cu	%	86.61	
		S	%	62.92	

编号	指标名称		单位	数量	备注
7	尾矿品位	Cu	%	0.084	
		S	%	4.753	
8	年废弃尾矿		万吨/年	75.7548	
9	选矿厂工作制度	磨浮脱水		330×3×8	工作日330天3班×8
10	全年总安装功率		kW	69238.69	
11	全年总耗电量		kW·h/a	15889500	
12	全年生产用水量		万立方米/年	158.0967	
13	在册工人数量		人	200	
14	劳动生产率		t/人	5000	在册职工年处理原矿量
15	在册职工年处理原矿量	Cu	t/人	176.50	
16		S	t/人	997.50	
17	年处理1t原矿投资		元/t	138.11	
18	年生产1t精矿投资		元/t	1249.0	
19	年工资总额		万元/a	1360.8	
20	材料消耗	钢球	kg/t	3.6	
		衬板	kg/t	1.92	
		备件	kg/t	1.14	
		其他	kg/t	1.22	
21	年药剂消耗量	石灰	kg	264330	
		MOS-2	kg	20790	
		MA-1	kg	21780	
		丁基黄药	kg	54450	
		JT-2000	kg	5940	
22	基建投资总额		万元	2589.15	
23	1t尾矿运输费		元/t	25.2	
24	1t精矿运输费		元/t	309.6	

4.1.12.2 基本建设投资的计算

各种技术设备投资见表4-12。

表4-12 选厂技术设备投资

编号	设备名称及规格	数量	单位价格/万元			合计价/万元
			价格	运费	安装量	
1	MQY3600×4500磨矿机	1	100	2	0.5	102.5
2	振动给料机	1	8	0.3	0.15	8.45
3	颚式破碎机	1	50	1	0.3	51.3

续表 4-12

编号	设备名称及规格	数量	价格	运费	安装量	合计价/万元
4	PYYB1650/250 圆锥破碎机	1	40	1	0.2	41.2
5	PYYD2200/130 圆锥破碎机	1	30	1	0.2	31.2
6	XB-4000 搅拌槽	1	4	0.2	0.1	4.3
7	XB-3500 搅拌槽	2	2	0.2	0.1	4.6
8	NT-15 浓缩机	1	15	0.2	0.1	15.3
9	NT-30 浓缩机	1	25	0.2	0.1	25.3
10	TT-30 陶瓷过滤机	1	15	0.2	0.1	15.3
11	TT-45 陶瓷过滤机	3	12	0.2	0.1	36.9
12	FX-350 水力旋流器	8	1	0.1	0.1	9.6
13	液下渣浆泵	3	0.6	0.1	0.05	2.25
14	粉矿仓→磨机皮带机	1	0.2	0.05	0.05	0.3
15	15/3 电动桥式起重机	1	5	0.1	0.05	5.15
16	50/10 电动桥式起重机	1	8	0.1	0.05	8.15
17	15t 抓斗桥式起重机	1	5	0.1	0.05	5.15
18	CD.5-6 电葫芦	7	1	0.05	0.05	7.70
19	3PNL 砂泵	3	0.4	0.05	0.02	1.41
20	渣浆泵	4	0.8	0.05	0.05	3.60
21	IS200 水泵	4	0.2	0.05	0.05	1.20
22	PSh-700 水喷射泵	4	0.25	0.03	0.02	1.2
23	气水分离器	8	0.4	0.03	0.02	3.6
24	600×800 给药机	11	0.1	0.01	0.01	1.32
25	其他（包括皮带秤）	—	—	—	—	65.38
26	总计			452.36		
27	折合计为（物价上涨）			452.36 × 300% = 1357.08		

房屋和建筑物投资见表 4-13。

表 4-13 选厂房屋和建筑物投资

编号	建筑物名称	面积/m²	单位面积费用/元	总价格/万元
1	主厂房	1352.7	350	47.34
2	脱水车间	540	350	18.90
3	粉矿仓	1080	85	9.18
4	皮带通廊	53.25	100	4.09
5	浓缩池	235.41	800	18.59
6	石灰乳制备车间	225.00	200	5.70
7	药剂制备车间	285.00	200	5.70

编号	建筑物名称	面积/m²	单位面积费用/元	总价格/万元
8	机修车间	375	350	13.13
9	试、化验室	201.25	400	8.05
10	水池	779.50	850	66.26
11	配电房	228.00	350	7.98
12	地磅房	97.50	250	3.44
13	其他建筑物	—	—	90
18	合计	298.36×300% = 895.07 万元		

基本建设投资综合见表4-14。

表 4-14 选厂基本建设综合投资

编号	项 目	投资总额/万元
1	选厂工艺设备（包括电节）造价费	1357.08
2	建筑物投资费	895.07
3	非生产性建筑及其他费用	337.00
4	合计	2589.15

4.1.12.3 折旧费的计算

A 各种工艺设备折旧费

设备折旧费 P1

$$P_1 = A \times i_1$$

式中 P_1——设备总投资；

i_1——平均折旧率，取 $i = 8.61\%$。

则 $P_1 = 1357.08 \times 8.60\% = 116.71$ 万元。

B 建筑物折旧费

建筑物平均折旧率为 3.5%，

则 $P_2 = Bi_2 = 895.07 \times 3.5\% = 31.32$ 万元。

C 生产性建筑及其他费用的折旧费

平均折旧率为 2.0%，

则 $P_3 = Ci_3 = 337 \times 2.0\% = 16.74$ 万元。

D 基本建设投资的总折旧费

$$P_0 = P_1 + P_2 + P_3$$

式中 P_1，P_2，P_3——上述计算的各种折旧费。

则 $P_0 = 116.71 + 31.32 + 16.74 = 164.77$ 万元。

4.1.12.4 各类人员工资的计算

A 各类人员工资情况

各类人员工资情况见表4-15。

表 4-15   选厂各类人员工资情况

单位名称	工作名称	定员人数	在册人数
厂长办公室	正书记	1	共计 15 人
	正厂长	1	
	副厂长	3	
	工会主席	1	
	政工干事	3	
	工会干事	2	
	培训员	1	
	团总支书记	1	
	俱乐部管理员	2	
生产技术科	选厂工程师	5	共计 23 人
	选厂技术员	10	
	安全人员	5	
	统计员	3	
磨浮工段	正副段长	3	共计 57 人
	组长	4	
	磨矿工	20	
	浮选工	20	
	药剂工	10	
破碎工段	正副段长	2	共计 32 人
	破碎工	15	
	皮带工	15	
精矿段	正副段长	2	共计 26 人
	浓缩机工	12	
	过滤机工	12	
维修工段		28	共计 28 人
其他服务人员		19	共计 19 人
全厂合计		200 人	

B   工资计算（包括基本工资及辅助工资在内）

①生产工人平均月工资：6500 元/（人·月）。

②工程技术人员平均月工资：6000 元/（人·月）。

③服务及其他工人平均月工资：3500 元/（人·月）。

则在册生产工人月平均工资：6500 × 143 = 92.95 万元

在册工程技术员平均工资：6000 × 23 = 13.8 万元

服务及其他工人平均工资：3500 × 19 = 6.65 万元

全年全厂平均工资总额 =（92.95 + 13.8 + 6.65）× 12 = 1360.8 万元。

4.1.12.5 产品成本的计算

A 原料及主要材料

1）原矿石价格：145.0 元/t。

2）运输费价格：5 元/t。

3）总计 = (145 + 5) × 330 × 3000 = 14850 万元

B 工艺生产用电

全年用电量 = 2200 万度/年。

电价：0.7 元/度。

则：全年生产用电量 = 15889500 × 0.7 = 1540 万元。选厂产品成本情况见表4-16。

表 4-16 选厂产品成本情况

编号	名称	单位	单价/元	消耗量		总价格/万元
				定额/kg·t^{-1}	年耗量/kg	
1	钢球	kg	3.2	3.6	3564000	1140.48
2	钢球	kg	4.8	1.2	1188000	570.24
3	衬板	kg	8.9	0.098	97020	86.33
4	盖板	kg	8.2	0.008	7920	6.48
5	胶带	m^2	1200	0.01	9900	1188
6	机油	kg	4.5	0.04	39600	17.82
7	黄油	kg	5.33	0.076	75240	40.13
8	石灰	kg	1	267.00	264330	26.43
9	MOS-2	kg	30	21.00	20790	62.37
10	MA-1	kg	30	22.00	21780	65.34
11	丁基黄药	kg	20	55.00	54450	108.9
12	JT-2000	kg	30	6.00	5940	17.28
合 计						3329.80

C 生产用水

仓库生产用水量：1580966.64m^3/a。

水费：1.5 元/m^3。

则：全年生产用水费 = 1580966.64 × 1.5 = 237.1 万元。

D 折旧费

折旧费为 164.77 万元。

E 工人工资费用

在册生产工人月工资：113.4 万元。

在册工人年工资：1360.8 万元。

F 车间人员工资

1115.4 万元/年，附加费 200 万元。

固定资产维修如下：

1）工艺设备维修费占工艺设备投资的 5%，

则工艺设备维修费 = 1357.08 × 5% = 67.85 万元。

2）建筑物修理费占原造价的 3.5%~4%，取 3.5%，

则建筑物修理费 = 895.07 × 3.5% = 31.32 元。

3）劳动保护费：占车间人员工资的 3%，

则车间办公费用 = 1115.4 × 3% = 33.46 万元。

4）其他费用：占以上金额之和的 3%，

则其他费用 = 3.97 万元。

G　企业管理费

企业管理费 = 1485 万元。

H　工厂成本

以上 7 项之和为工厂成本，

工厂成本 = 23139.3 万元。

I　非生产性支出（销售费）

占工厂成本的 2%，即为 462.78 万元。

J　商业成本

商业成本 = 工厂成本 + 非生产性支出 = 23602.5 万元。

4.1.12.6　全年利润及投资偿还期

A　全年利润 P

$$P = 年精矿销售总额 - 年精矿总成本 - 税金$$

精矿销售额：铜精矿（金属量）　　　3.0 万元/t

硫精矿（金属量）　　0.035 万元/t

铜精矿全年金属量：3.53% × 23.53% × 3000 × 330 = 8223.03t

硫精矿全年金属量：19.95% × 40.62% × 3000 × 330 = 80226.53t

则全年销售总额 = 3 × 8223.03 + 0.035 × 80226.53 = 27476.99 万元；

全年精矿总成本 = 23602.5 万元；

所以全年利润 P = 3874.48 万元。

B　总投资 P_0

$$P_0 = 选厂工艺设备费 + 建筑投资费 + 非生产性建筑及其他费用 +$$
$$尾矿工程费 + 供电费 + 总运输费$$

则 P_0 = 12689.5 万元。

C　偿还期

$$偿还期 = 总投资／年利润 = 12689.5/3874.48 = 3.2 年$$

实际偿还期应在 4~5 年，本设计金额计算只作为参考数据。

4.2 10000t/d 铜硫选矿厂设计

4.2.1 设计概述

4.2.1.1 设计依据

(1)《×××铜矿远期选矿工艺技术研究报告》，××矿冶研究总院，20××年××月；

(2) 业主提供的基础资料；

(3) 项目有关会议纪要以及来往函件等。

4.2.1.2 设计采用的标准、规范

(1)《有色金属矿山工程建设项目设计文件编制标准》（GB/T 50951—2013）；

(2)《有色金属选矿厂工艺设计规范》（GB 50782—2012）；

(3)《有色金属选矿厂工艺设计制图标准》（YS/T 5023—94）；

(4)《有色金属矿山节能设计规范》（GB 50595—2010）；

(5)《选矿安全规程》（GB 18152—2000）。

4.2.1.3 建设规模、产品方案及服务年限

建设规模：10000t/d。

产品方案：铜精矿、高硫精矿。

服务年限：稳产 18 年，减产 2 年，总服务年限 20 年。

4.2.2 原矿概述

4.2.2.1 原矿供矿条件

原矿采用露天开采方式，粗碎设在采场，破碎后的产品通过胶带输送至选厂，块度为 0~250mm，平均出矿品位：Cu 0.62%、S 13.40%。

4.2.2.2 原矿物理性质

矿石密度：$3.02t/m^3$；松散系数：1.3~1.6，平均 1.45；矿石普氏硬度：5~14；矿石安息角：38°。

4.2.2.3 矿床类型、矿石结构及构造

该铜矿区是一个以铜、硫为主的大型矿床，共生锌、铁、钼，伴生金、银，还有硒、碲、铊、镓、锗、铼、镉、铟等多种稀散元素。矿床上部风化严重，矿石性质复杂，不仅矿石类型多，含铜矿物种类也繁多，在铜矿体的浅部因淋滤作用生成铁帽，其下部产生次生富集作用，深部为原生矿。铜矿物既有原生铜矿物，又有次生铜矿物，氧化铜有水溶铜、自由氧化铜以及褐铁矿与角砾岩中的结合氧化铜。总之，铜的浸染和分布相当广泛而分散。

矿石按自然类型划分如下：

(1) 氧化矿石（氧化率大于 30%）。氧化矿石全区平均氧化率为 37%，占全区铜矿总矿石量 7.2%，氧化矿金属量占总金属量的 8.9%；

(2) 混合矿石（氧化率 10%~30%）。混合矿石全区平均氧化率为 19%，占全区铜矿石总量的 29.4%，混合矿金属量占总金属量的 33.2%；

（3）原生矿石（氧化率小于 10%）。原生矿石全区平均氧化率为 5%，占全区铜矿石总量的 63.3%，原生矿金属量占总金属量的 57.8%。

矿石按工业类型划分为含铜黄铁矿矿石、含铜矽卡岩矿石、含铜斑岩矿石、含铜角砾岩矿石和含铜黄铁矿-磁铁矿矿石，以含铜黄铁矿矿石、含铜矽卡岩矿石和含铜斑岩矿石为主。其中，含铜黄铁矿矿石的铜金属量占全区铜储量的 40.4%，矿石量占 24.5%，平均含铜 1.24%。含铜矽卡岩矿石（包括含铜大理岩、含铜矽化灰岩等，又称含铜碳酸盐矿石）的铜金属量占全区铜储量的 34.4%，矿石量占 42.2%，平均含 Cu 0.61%。含铜斑岩矿石的铜金属量占全区铜储量的 19.8%，矿石量占 27.2%，平均含 Cu 0.55%。

矿石的结构主要有结晶粒状结构、胶状结构、包含结构、放射状结构、溶蚀结构、残余结构、边缘状结构、次文象和文象蠕虫状结构、网格状结构、骸晶结构等。

矿石的构造主要有块状、浸染状、细脉浸染状，其次有松散状、角砾状、条带及似条带状、环状构造等。

4.2.2.4　矿石工艺矿物研究

依据《铜矿远期选矿工艺技术研究报告》，远期选厂处理的矿石工艺矿物研究如下。

A　矿石化学组成

矿石的化学组成见表 4-17。

表 4-17　矿石的化学组成

化学成分	Cu	Mo	S	Pb	Zn	TFe	Mn
含量/%	0.67	0.009	10.69	0.030	0.62	13.56	0.15
化学成分	As	SiO_2	Al_2O_3	CaO	MgO	K_2O	Na_2O
含量/%	0.012	52.19	7.70	4.54	0.62	3.24	0.20
化学成分	Au	Ag	WO_3	Bi	Sb	C	P_2O_5
含量/%	0.11	9.00	0.22	0.0058	<0.005	0.60	0.048

注：Au、Ag 的单位为 g/t，以下同。

化学多元素分析结果表明，原矿中 Cu 品位为 0.67%、Mo 品位为 0.009%、Zn 品位为 0.62%，其他金属元素的含量均较低，贵金属 Au、Ag 的含量分别为 0.11g/t 和 9.00g/t，矿石中 S 的含量为 10.69%，有害组分 As 含量不高。

B　矿石中铜物相分析

矿石的铜物相分析结果见表 4-18。

表 4-18　原矿铜物相分析结果

相别	自由氧化铜	原生硫化铜	次生硫化铜	结合铜	总铜
铜含量/%	0.07	0.33	0.25	0.02	0.67
分布率/%	10.45	49.25	37.31	2.99	100.00

物相分析结果表明，原矿中铜矿物主要为原生硫化铜及次生硫化铜。

C　矿石中矿物组成

矿石的矿物组成见表 4-19。

表 4-19 矿石矿物种类及含量

矿物名称	矿物含量/%	矿物名称	矿物含量/%
辉钼矿	0.02	石英	30.50
黄铜矿	0.95	钾长石	22.31
辉铜矿		钠长石	
蓝辉铜矿	0.29	钙铁榴石	11.20
铜蓝		高岭石	4.12
斑铜矿		方解石	1.81
硫砷铜矿	0.04	白云石	2.15
砷黝铜矿		白云母	
闪锌矿	0.95	黑云母	
毒砂	0.03	透辉石	0.92
黄铁矿	18.75	绿泥石	0.47
磁铁矿	3.57	磷灰石	0.02
褐铁矿	0.94	其他矿物	0.16
菱铁矿	0.80		

4.2.2.5 主要矿物嵌布特征

该矿石主要矿物为黄铜矿。其他金属矿物主要为黄铁矿，其次为蓝辉铜矿、铜蓝、斑铜矿、磁铁矿以及微量的硫砷铜矿、砷黝铜矿、闪锌矿、毒砂、褐铁矿、辉钼矿等其他金属矿物。脉石矿物主要为石英，其次为长石、钙铁榴石以及少量的高岭石、方解石、白云石、白云母等。此外，矿石中还含有微量的透辉石、绿泥石、磷灰石等其他矿物。主要矿物的嵌布特征简述如下。

A 黄铜矿

黄铜矿是矿石中最主要的铜矿物，在矿石中主要呈不规则状嵌布，常与闪锌矿、黄铁矿、蓝辉铜矿、斑铜矿、黝铜矿等矿物共生，少量黄铜矿与磁铁矿、褐铁矿共生。矿石中多数黄铜矿的粒度分布在 0.01~0.2mm 之间，最大粒度为 0.5mm，微细粒黄铜矿较少。

矿石中黄铜矿主要有以下几个典型的嵌布特点：

（1）中等粒度及粗粒的黄铜矿呈不规则状嵌布在脉石矿物中，偶尔与斑铜矿、蓝辉铜矿、砷黝铜矿、硫砷铜矿组成中粗粒铜矿物集合体或与黄铁矿呈简单的共边结构，这部分黄铜矿在选矿作业时容易得到富集回收。

（2）细粒和中粒、微细粒黄铜矿与黄铁矿间紧密共生，除了粗粒度黄铜矿与黄铁矿间呈简单共边结构共生外，常见矿石中黄铜矿呈不规则状充填在黄铁矿裂隙中，偶尔可见中等粒度的黄铜矿中包裹细粒草莓状黄铁矿或者是微细粒黄铜矿与蓝辉铜矿、闪锌矿、胶状黄铁矿组成复杂的硫化物集合体，这种复杂结构的矿物集合体在磨矿时各矿物之间彼此难以充分单体解离。

（3）黄铜矿与闪锌矿共生紧密，黄铜矿以包裹体的形式嵌布在闪锌矿中形成典型的乳滴状结构，这是造成铜精矿中含 Zn 高的重要原因之一。

（4）细粒不规则状黄铜嵌布在脉石矿物中，偶尔可见黄铜矿与细粒黄铁矿、闪锌矿一同嵌布在脉石矿物中，提高铜的选矿回收率必须加强对细粒黄铜矿的浮选回收。

B　辉铜矿、蓝辉铜矿、铜蓝及斑铜矿

辉铜矿、蓝辉铜矿、铜蓝和斑铜矿都是含铜较高的铜矿物。矿石中辉铜矿主要呈不规则状嵌布在脉石矿物中，偶尔沿黄铜矿边部交代黄铜矿，而蓝辉铜矿是本矿石中含量最高的次生铜矿物，该矿物常与黄铜矿、铜蓝、闪锌矿等矿物共生，其与黄铜矿组成的铜矿物集合体粒度相对较粗，铜矿物集合体的粒度大多数都大于 0.06mm。相对而言，铜蓝在该矿石中的矿物含量较少，且其嵌布粒度较细，常与闪锌矿、胶状黄铁矿一同组成共生关系极为密切的硫化物集合体，其次是铜蓝与褐铁矿共生，这部分次生铜矿物在选矿时不仅难以有效富集，且在磨矿过程中往往易于粉碎，从而影响其他铜矿物与黄铁矿、闪锌矿间的浮选分离。

对于次生铜矿物来说，因此类矿物中含铜较高，对提高铜精矿的品位有较大贡献。但部分次生铜矿物嵌布粒度细，且部分次生铜矿物与黄铁矿、闪锌矿间的紧密嵌布，使磨矿作业时难以充分单体解离；加之次生铜矿物对闪锌矿、黄铁矿的不同活化作用，易于影响硫化物间的分选，会给铜的选别带来较大困难。为获得较为理想的选矿指标，加强对次生铜矿物在磨选过程中的浮选行为及相关影响因素分析极为重要。

C　硫砷铜矿和砷黝铜矿

硫砷铜矿和砷黝铜矿是矿石中 As 的重要载体矿物。矿石中硫砷铜矿和砷黝铜矿常与黄铜矿共生，它们的粒度多数都小于 0.06mm，与其他铜矿物组成的硫化物集合体粒度相对较粗，偶尔可见黄铁矿的裂隙及其粒间嵌布有不规则状砷黝铜矿和硫砷铜矿，毒砂是矿石中除黄铁矿之外含量最高的硫化物，其结晶程度较高，多呈自形晶、半自形晶结构嵌布于脉石矿物中，有时可见毒砂与黄铁矿共生在一起，偶尔可见其中包裹有细粒的金红石。矿石中毒砂的整体嵌布粒度相对黄铁矿要细，但分布较为均匀，主要集中在 0.040 ~ 0.100mm 之间。

D　闪锌矿

矿石中闪锌矿的矿物相对含量与黄铜矿的矿物含量相同，闪锌矿在浮选黄铜矿时富集会明显影响铜精矿的品位和质量。矿石中闪锌矿有 4 个典型的嵌布特点：一是闪锌矿呈不规则状嵌布在脉石矿物中，偶尔与黄铁矿共生，具有这种嵌布特点的闪锌矿在磨矿时容易实现单体解离；二是中粗粒度的闪锌矿中包裹微细粒-细粒的黄铜矿，乳浊状黄铜矿在磨矿作业时很难与闪锌矿之间充分单体解离，是铜精矿中难以降锌的重要原因之一；三是闪锌矿与次生铜矿物以及微细粒黄铁矿组成的硫化物集合体，此种矿物集合体因各矿物的嵌布粒度细，在磨矿时不能实现单体解离，在浮选作业时与次生铜矿物组成集合体形式产出的闪锌矿也多富集在铜精矿中，从而导致铜精矿中含 Zn；四是细粒闪锌矿呈不规则状嵌布在脉石矿物中，这部分闪锌矿在磨矿作业时很难实现充分解离，容易损失在尾矿中。

矿石中闪锌矿的嵌布粒度不均匀，大多数闪锌矿的粒度分布在 0.05mm 以上，粗者可达 0.5mm 以上。

E　磁铁矿

矿石中磁铁矿主要呈半自形粒状嵌布在脉石矿物中，偶尔与黄铜矿、褐铁矿及黄铁矿、闪锌矿共生，其粒度主要分布在 0.02 ~ 0.25mm 之间，在选硫的尾矿中可以考虑回收磁铁矿。

F　黄铁矿

黄铁矿是矿石中含量最高的金属硫化物，主要以粒状、不规则状嵌布，其次有部分以自形、半自形晶的形式嵌布于脉石矿物中，还可见少量黄铁矿以交代残余结构、骸晶结构、胶状结构、压碎结构产出，在其压碎结构造成的裂隙及粒间常见褐铁矿嵌布，偶尔可见黄铜矿呈不规则状充填在黄铁矿的裂隙中。矿石中黄铁矿的粒度主要分布在 0.03~0.5mm 之间，最大粒度达 1mm 以上。

G　辉钼矿

矿石中辉钼矿主要呈细粒片状嵌布在脉石矿物中，微细粒片状辉钼矿比较常见，矿石中辉钼矿的粒度一般为 0.005~0.035mm 之间，最大粒度为 0.1mm。总体上看，由于辉钼矿的矿物含量比较低，大部分辉钼矿的嵌布粒度细，辉钼矿的分布较为分散，高效率回收钼的难度较大。

4.2.2.6　金属矿物粒度组成

对原矿的重要金属矿物进行分级化验，并测定了重要金属矿物的粒度组成、分布特征与单体解离特征，结果见表 4-20~表 4-22。

表 4-20　原矿中重要金属矿物粒度组成

粒度范围 /mm	黄铜矿		次生铜矿物		黄铁矿	
	含量/%	累计/%	含量/%	累计/%	含量/%	累计/%
+0.589					8.52	8.52
−0.589+0.417	0.20	0.20			17.12	25.64
−0.417+0.295	2.03	2.23			12.34	37.98
−0.295+0.208	6.31	8.54	0.15	0.15	15.11	53.09
−0.208+0.147	5.56	14.10	0.27	0.42	9.81	62.90
−0.147+0.104	7.08	21.18	2.17	2.59	8.57	71.47
−0.104+0.074	19.53	40.71	12.87	15.46	10.08	81.55
−0.074+0.043	5.87	46.58	29.00	44.45	9.17	90.72
−0.043+0.020	32.78	79.36	31.23	75.68	6.51	97.23
−0.020+0.015	5.70	85.06	11.20	86.89	1.58	98.81
−0.015+0.010	13.40	98.46	9.81	96.70	0.88	99.69
<0.01	1.54	100.00	3.30	100.00	0.31	100.00

表 4-21　原矿中重要金属矿物分布特征

粒度名称	粒度范围/mm	矿物名称		
		黄铜矿/%	次生铜矿物/%	黄铁矿/%
粗粒	+0.30	2.23	—	37.98
中粒	−0.30+0.074	38.48	15.46	43.57
细粒	−0.074+0.010	57.75	81.24	18.14
微粒	−0.010	1.54	3.30	0.31

表 4-22　原矿中 Cu、S 矿物解离特征

磨矿细度 （−0.074mm）/%	Cu/%			S/%		
	单体	与黄铁矿连生	与其他矿物连生	单体	与黄铜矿等铜矿物连生	与其他矿物连生
55	56.27	17.19	26.54	82.33	2.55	15.12
65	62.06	15.09	22.85	85.61	1.71	12.68
70	65.23	13.16	21.61	88.73	1.05	10.22
75	69.42	10.24	20.34	91.58	0.72	7.70
80	72.23	9.13	18.64	93.07	0.55	6.38

4.2.3　选矿试验及选厂生产现状

4.2.3.1　选矿试验

由于铜矿矿石类型多、矿石性质复杂，历史上进行过大量的选矿试验研究。在勘探过程中，地质部门先后对该铜矿各类型矿石进行了 10 多次可选性试验。2014 年该铜矿重新采样委托××矿冶研究院进行了选矿工艺技术试验研究，以确定适合处理该铜矿远期矿石的选矿工艺流程和所能达到的工艺指标。该试验矿样为采自多个矿体的混合样，其中 10 号矿体占 50%左右，7 号、13 号、15 号等以含铜黄铁矿为主的矿体占 50%左右。

××矿冶研究院首先按原优先—混合浮选工艺流程对混合样进行了实验室验证试验，然后分别进行了优先浮选和混合浮选工艺流程的试验研究，两种流程均进行了浮选药剂条件试验、磨矿细度试验、开路试验、闭路试验、回水影响试验、产品检查等研究工作。

对混合样采用原优先—混合浮选工艺流程进行验证试验。试验流程如图 4-11 所示，试验结果见表 4-23。

表 4-23　混合样实验室验证试验指标试验结果

产品名称	产率/%	品位/%			回收率/%		
		Cu	Mo	S	Cu	Mo	S
铜精矿	2.86	17.42	0.11	33.05	76.98	31.35	8.79
硫精矿	18.79	0.18	0.013	41.01	5.23	24.34	71.63
尾 2（脱除物）	7.81	0.21	0.019	17.22	2.53	14.79	12.50
尾矿（浮选尾）	70.54	0.14	0.0042	1.08	15.26	29.52	7.08
总尾矿	78.35	0.15	0.0057	2.69	17.79	44.31	19.58
原矿	100.00	0.65	0.010	10.76	100.00	100.00	100.00

混合样采用原优先—混合浮选工艺流程仅能获得 Cu 品位 17.42%、Cu 回收率 76.98%的铜精矿以及 S 品位 41.01%、S 回收率 71.63%的硫精矿，选矿工艺指标较差，证明原优先—混合浮选工艺流程已不适应未来需要处理的矿石。

同时，为了解一段磨矿细度和粗精矿再磨细度，试验还对一段磨矿和粗精矿再磨的细度进行了试验研究，研究结果见表 4-24、表 4-25。

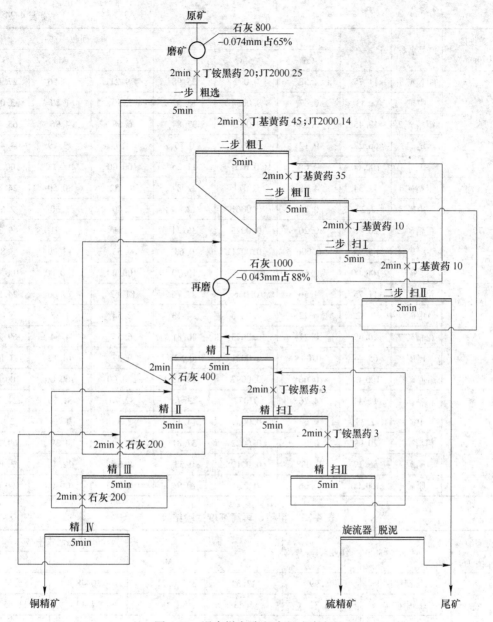

图 4-11　混合样实验室验证试验流程

表 4-24　一段磨矿细度试验结果

磨矿细度 (-0.074mm)/%	产品名称	产率/%	品位/%			回收率/%		
			Cu	Mo	S	Cu	Mo	S
	粗精矿1	9.73	5.26	0.068	24.63	74.77	71.92	22.17
	中矿	2.73	0.92	0.0062	18.34	3.67	1.84	4.63
60	粗精矿2	18.75	0.31	0.0026	37.33	8.49	5.30	64.74
	尾矿	68.79	0.13	0.0028	1.33	13.07	20.94	8.46
	原矿	100.00	0.68	0.0092	10.81	100.00	100.00	100.00

磨矿细度 (-0.074mm)/%	产品名称	产率/%	品位/%			回收率/%		
			Cu	Mo	S	Cu	Mo	S
65	粗精矿1	11.75	4.58	0.072	25.98	79.21	79.96	27.13
	中矿	2.53	0.67	0.0054	13.52	2.50	1.29	3.04
	粗精矿2	19.45	0.23	0.0027	37.84	6.58	4.96	65.41
	尾矿	66.27	0.12	0.0022	0.75	11.71	13.79	4.42
	原矿	100.00	0.68	0.011	11.25	100.00	100.00	100.00
70	粗精矿1	11.34	4.78	0.074	22.87	81.52	80.50	24.24
	中矿	2.22	0.84	0.0061	12.43	2.80	1.30	2.58
	粗精矿2	20.46	0.20	0.0025	36.24	6.15	4.91	69.30
	尾矿	65.98	0.096	0.0021	0.63	9.53	13.29	3.88
	原矿	100.00	0.66	0.010	10.70	100.00	100.00	100.00
75	粗精矿1	11.75	4.56	0.066	22.76	81.63	79.66	24.57
	中矿	2.32	0.72	0.0058	14.13	2.54	1.38	3.01
	粗精矿2	20.49	0.21	0.0023	36.81	6.56	4.84	69.29
	尾矿	65.44	0.093	0.0021	0.52	9.27	14.12	3.13
	原矿	100.00	0.66	0.0097	10.88	100.00	100.00	100.00
80	粗精矿1	11.44	4.76	0.072	23.76	82.70	81.79	24.74
	中矿	2.28	0.68	0.0059	14.13	2.35	1.34	2.93
	粗精矿2	20.09	0.20	0.0022	37.81	6.10	4.39	69.14
	尾矿	66.19	0.088	0.0019	0.53	8.85	12.48	3.19
	原矿	100.00	0.66	0.010	10.99	100.00	100.00	100.00

表 4-25 粗精矿再磨细度试验结果

再磨细度 (-0.045mm)/%	产品名称	作业产率/%	品位/%		作业回收率/%	
			Cu	Mo	Cu	Mo
63 (未磨)	铜精矿	26.99	13.34	0.21	80.48	85.57
	中矿1	18.82	3.43	0.041	14.43	11.65
	中矿2	54.19	0.42	0.0034	5.09	2.78
	给矿	100.00	4.47	0.066	100.00	100.00
75	铜精矿	18.27	18.46	0.25	80.20	84.48
	中矿1	9.72	3.16	0.033	7.30	5.93
	中矿2	72.01	0.73	0.0072	12.50	9.59
	给矿	100.00	4.21	0.054	100.00	100.00
85	铜精矿	17.37	19.54	0.26	80.23	83.37
	中矿1	8.57	3.02	0.042	6.12	6.64
	中矿2	74.06	0.78	0.0073	13.65	9.99
	给矿	100.00	4.23	0.054	100.00	100.00

再磨细度 (−0.045mm)/%	产品名称	作业产率/%	品位/%		作业回收率/%	
			Cu	Mo	Cu	Mo
92	铜精矿	14.79	21.32	0.31	78.05	80.21
	中矿1	8.06	2.96	0.059	5.91	8.32
	中矿2	77.15	0.84	0.0085	16.04	11.47
	给矿	100.00	4.04	0.057	100.00	100.00

表4-24试验结果表明，随着磨矿细度的增加，铜粗精矿铜回收率增加、硫粗精矿硫回收率先增加，之后变化不明显，结合工艺矿物学关于矿物解离度研究的结果，粗选磨矿细度定为−0.074mm占70%。

表4-25试验结果表明，随着再磨细度的增加，铜、钼品位增加，回收率均降低。综合考虑，确定再磨细度为−0.045mm占85%。

同时，为了获得选硫作业最佳的矿浆pH值，对优先浮选流程中铜硫分离扫选后的尾矿进行选硫硫酸用量试验，结果见表4-26。

表4-26 优先浮选铜精扫尾矿选硫试验结果

硫酸用量/g·t⁻¹	产品名称	作业产率/%	S品位/%	S作业回收率/%
0 (pH=12.4)	硫粗精矿	11.76	38.27	39.78
	尾矿2	88.24	7.72	60.22
	给矿	100.00	11.31	100.00
300 (pH=10.5)	硫粗精矿	16.67	39.65	71.13
	尾矿2	83.33	3.22	28.87
	给矿	100.00	9.29	100.00
500 (pH=9.2)	硫粗精矿	22.68	39.66	81.45
	尾矿2	77.32	2.65	18.55
	给矿	100.00	11.04	100.00
1000 (pH=8.1)	硫粗精矿	22.58	41.61	82.58
	尾矿2	77.42	2.56	17.42
	给矿	100.00	11.38	100.00

试验结果表明，随着硫酸用量的增加，硫回收率增加。综合考虑，确定精扫尾矿选硫作业硫酸用量为500g/t。

综合各项条件试验研究结果，优先浮选闭路试验流程如图4-12所示，混合浮选闭路试验流程如图4-13所示，试验结果见表4-27、表4-28。

从表4-27和表4-28可见，优先浮选流程的工艺指标明显优于混合浮选工艺流程。同时，考虑到采用混合浮选工艺流程将导致有较多已经在一段磨矿单体解离的黄铁矿再次进入再磨作业，增加再磨机负荷。因此，试验推荐采用优先浮选流程。

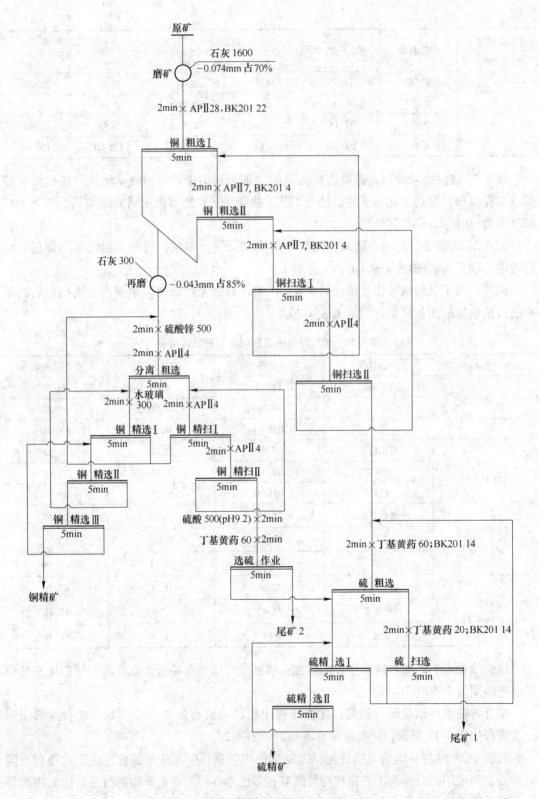

图 4-12 优先浮选流程

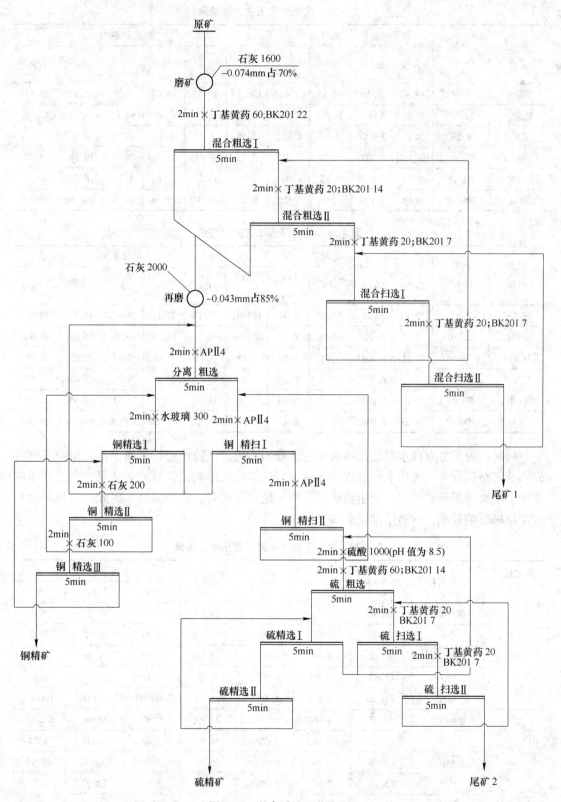

图 4-13　混合浮选工艺流程

表 4-27　优先浮选工艺试验结果

产品名称	产率/%	品位					回收率/%				
		Cu/%	Mo/%	S/%	Au /g·t⁻¹	Ag /g·t⁻¹	Cu	Mo	S	Au	Ag
铜精矿	2.74	19.42	0.30	32.33	1.42	130.83	80.53	78.67	8.69	33.93	38.88
硫精矿	17.17	0.24	0.0021	50.36	0.33	22.71	6.24	3.45	84.81	49.42	42.29
尾矿 2	8.69	0.25	0.0026	3.27	0.080	2.56	3.29	2.16	2.79	6.06	2.41
尾矿 1	71.40	0.092	0.0023	0.53	0.017	2.12	9.94	15.72	3.71	10.59	16.42
尾矿	80.09	0.11	0.0023	0.83	0.024	2.17	13.23	17.88	6.50	16.65	18.83
原矿	100.00	0.66	0.010	10.20	0.11	9.22	100.00	100.00	100.00	100.00	100.00

表 4-28　混合浮选工艺试验结果

产品名称	产率/%	品位					回收率/%				
		Cu/%	Mo/%	S/%	Au /g·t⁻¹	Ag /g·t⁻¹	Cu	Mo	S	Au	Ag
铜精矿	2.85	17.52	0.12	33.67	1.44	124.46	75.17	37.26	9.46	33.79	38.01
硫精矿	16.16	0.27	0.019	50.88	0.35	23.86	6.57	33.45	81.02	46.57	41.32
尾矿 2	8.89	0.31	0.0043	3.01	0.080	2.88	4.15	4.16	2.64	6.59	2.74
尾矿 1	72.10	0.13	0.0032	0.97	0.02	2.32	14.11	25.13	6.88	13.05	17.93
尾矿	80.99	0.15	0.0033	1.19	0.03	2.38	18.26	29.29	9.52	19.64	20.67
原矿	100.00	0.66	0.0092	10.15	0.12	9.33	100.00	100.00	100.00	100.00	100.00

　　同时，为了考查回水对优先浮选工艺流程的影响，试验还进行了回水试验研究。将优先浮选闭路流程产生的回水，静置 24h 后进行选矿回水影响试验研究。结果表明，回水的添加，增大铜粗精矿产率，铜粗精矿铜、钼、硫回收率有一定的提高。因此，可见回水对选矿指标影响较小，试验结果见表 4-29。

表 4-29　优先浮选工艺流程回水试验结果

回水比例/%	产品名称	产率/%	品位/%			回收率/%		
			Cu	Mo	S	Cu	Mo	S
0	粗精矿 1	11.65	4.74	0.072	23.69	82.34	81.12	25.00
	中矿	2.42	0.78	0.0063	13.34	2.81	1.47	2.92
	粗精矿 2	20.26	0.19	0.0024	37.14	5.74	4.70	68.15
	尾矿	65.67	0.093	0.0020	0.66	9.11	12.71	3.93
	原矿	100.00	0.67	0.010	11.04	100.00	100.00	100.00
30	粗精矿 1	12.05	4.66	0.071	24.93	82.06	81.06	26.72
	中矿	2.73	0.64	0.0062	14.57	2.55	1.60	3.54
	粗精矿 2	20.06	0.20	0.0023	36.97	5.86	4.37	65.97
	尾矿	65.16	0.10	0.0021	0.65	9.53	12.97	3.77
	原矿	100.00	0.68	0.011	11.24	100.00	100.00	100.00

回水比例/%	产品名称	产率/%	品位/%			回收率/%		
			Cu	Mo	S	Cu	Mo	S
60	粗精矿 1	12.76	4.35	0.066	26.63	83.34	81.70	29.78
	中矿	2.45	0.65	0.0062	14.58	2.39	1.47	3.13
	粗精矿 2	19.35	0.18	0.0022	37.32	5.23	4.13	63.30
	尾矿	65.44	0.092	0.0020	0.66	9.04	12.70	3.79
	原矿	100.00	0.67	0.010	11.41	100.00	100.00	100.00
100	粗精矿 1	13.77	4.06	0.060	26.16	83.85	82.27	30.23
	中矿	2.32	0.62	0.0054	16.33	2.16	1.25	3.18
	粗精矿 2	20.49	0.18	0.0022	36.81	5.53	4.49	63.29
	尾矿	63.42	0.089	0.0019	0.62	8.46	11.99	3.30
	原矿	100.00	0.67	0.010	11.92	100.00	100.00	100.00

试验对优先浮选工艺流程的选矿产品也进行了分析研究，多元素分析结果分别见表4-30、表4-31。

表 4-30　优先浮选工艺流程选矿产品多元素分析结果（铜精矿）

化学成分	Cu	Mo	S	Pb	Zn	TFe	Mn
含量/%	19.42	0.30	32.33	0.12	10.82	32.86	0.01
化学成分	As	SiO$_2$	Al$_2$O$_3$	CaO	MgO	K$_2$O	Na$_2$O
含量/%	0.20	6.63	0.87	1.56	0.42	0.02	0.01
化学成分	Au	Ag	WO$_3$	Bi	Sb	—	—
含量/%	1.42	130.83	0.01	0.21	0.017	—	—

表 4-31　优先浮选工艺流程选矿产品多元素分析结果（硫精矿）

化学成分	Cu	Mo	S	Pb	Zn	TFe	Mn
含量/%	0.24	0.0021	50.36	0.045	0.34	42.35	0.02
化学成分	As	SiO$_2$	Al$_2$O$_3$	CaO	MgO	K$_2$O	Na$_2$O
含量/%	0.091	1.32	0.85	0.34	0.20	0.03	0.02
化学成分	Au	Ag	WO$_3$	Bi	Sb	—	—
含量/%	0.33	22.71	0.02	<0.005	<0.005	—	—

4.2.3.2　选矿试验评价

（1）××矿冶研究院对该铜矿采取的具有代表性的矿样进行了翔实的小型试验，试验内容齐全，试验深度满足要求，推荐的优先浮选流程方案获得的选矿指标较好，推荐的浮选药剂制度经济、高效。此外，还进行了产品分析化验、回水试验等试验研究工作。试验矿样与远期选厂生产矿样矿石性质基本一致，因此该试验报告可作为该设计选矿工艺流程、产品指标确定的依据。

（2）混合样采用目前的生产流程及药剂制度进行验证试验得到的选矿工艺指标较差，

证明现有工艺流程已不适应未来需要处理的矿石。对混合矿样进行的优先浮选流程及优化了现场药剂制度的混合浮选流程试验研究表明，采用混合浮选工艺处理后续开采的矿石是有一定局限性的，其获得的指标要低于优先浮选工艺流程。因此采用优先浮选工艺流程是更合理的。

（3）优先浮选流程完成的磨矿细度条件试验确定一段磨矿细度为-0.074mm占70%，粗精矿再磨细度为-0.045mm占85%。

（4）试验报告推荐的工艺流程存在一些不足：1）铜粗选—粗精矿进入再磨流程，导致已单体解离的铜矿物过粉碎；2）浮选流程中有两次选硫作业，铜精扫尾矿选硫作业精矿品位为43.24%，铜扫选尾矿选硫作业粗选精矿品位为45.09%，两者相近，为简化流程，可以考虑将铜精扫尾矿与铜扫选尾矿合并一同进入硫粗选作业；3）铜精选—尾矿与铜精扫—精矿仍有部分连生体未解离，影响铜精矿品位及回收率，需要返回再磨。

（5）根据原矿工艺矿物学研究结果，该矿还含有3.57%的磁铁矿（铁品位为2.59%），试验未开展对其进行回收利用的研究工作。

4.2.3.3 选厂生产现状

该铜矿目前拥有两座选矿厂，一、二期选厂碎磨工艺均采用"粗碎+半自磨+球磨"流程，一段磨矿细度为-0.074mm占65%，再磨细度为-0.045mm占85%。一期选厂于2015年12月根据××矿冶研究院完成的《该铜矿远期选矿工艺技术研究报告》，对原浮选工艺流程进行了改造，采用试验推荐的优先浮选流程，处理能力为2000t/d，生产指标见表4-32。

表4-32 一期选厂现场生产指标

产品	产率/%	品位/%		回收率/%	
		Cu	S	Cu	S
铜精矿	2.80	19.31	36.44	79.52	11.95
硫精矿	13.84	0.34	45.97	6.92	74.51
尾矿	83.36	0.11	1.39	13.56	13.54
原矿	100.00	0.68	8.54	100.00	100.00

二期选厂于2010年11月建成投产，采用优先—混合分步浮选工艺流程，处理能力为5000t/d，生产指标见表4-33。

表4-33 二期选厂现场生产指标

产品	产率/%	品位/%		回收率/%	
		Cu	S	Cu	S
铜精矿	2.54	19.28	39.84	77.86	12.51
硫精矿	12.89	0.24	41.38	4.91	65.87
尾矿	84.56	0.13	2.07	17.23	21.62
原矿	100.00	0.63	8.10	100.00	100.00

从目前一期、二期选厂现场实际生产指标数据可见，一期选厂各项指标都要优于二期

选厂，特别是硫精矿指标，而且一期选厂能生产出高硫精矿，且回收率要高出二期选厂近10%左右，并还有一定的提升空间。

此外，一期选厂改造后经过几个月的实际生产，发现改造后选硫作业浮选时间偏短，硫未得到充分的回收，导致尾矿中含硫品位较高，损失了硫的回收率。

4.2.4　设计工艺流程及指标

4.2.4.1　设计的碎磨工艺流程

考虑到该矿埋藏较浅，远期选厂处理的矿石性质复杂，矿石风化严重、含泥多、含水高、矿石黏性大，采用常规三段一闭路工艺易出现破碎流程堵塞的问题，从现有的一、二期选厂的建设和生产实践来看，适合该铜矿的碎磨工艺流程为"半自磨+球磨流程（即SAB 流程）"，采用该流程具有流程简单、建设周期短、减少生产环节和环境污染、易于生产管理及自动化、降低工人劳动强度等优点，并便于后期管理及人员调配。因此，本次设计的碎磨工艺流程仍采用"半自磨+球磨流程"，一段磨矿产品细度 -0.074mm 占 70%，再磨产品细度 -0.045mm 占 85%。

4.2.4.2　设计的选别工艺流程

随着采场开采台阶的下降，远期选厂处理的矿石含铜黄铁矿类型矿石增多，硫的品位也逐年增高，采用原优先—混合浮选工艺流程生产，硫精矿的回收率和品位以及尾矿中含硫高的问题得不到解决，达不到集团公司对尾矿的资源化、减量化要求。同时，由于未来原矿中含铜黄铁矿增多，会影响铜精矿品位和回收率指标。因此，根据××矿冶研究院提供的试验研究报告以及一期选厂的生产实践，采用优先浮选工艺流程处理远期矿石更有优势。

根据一期选厂浮选工艺流程改造的生产实践，对推荐的优先浮选工艺流程中存在的一些不足进行优化：

（1）铜粗选—粗精矿的铜品位较高，并且已单体解离，设计考虑直接进入铜精选作业，避免已单体解离的铜矿物过粉碎，同时减少进入再磨及粗扫选的矿量，提高设备利用率。

（2）试验报告中有两次选硫作业，各选硫作业粗精矿含硫品位相近，因此为简化流程，将铜精扫尾矿与铜扫选尾矿合并一同进入硫粗选作业。在硫粗选作业前增加一搅拌桶添加浓硫酸，调节矿浆 pH 值后再进入另一搅拌桶进行加药搅拌，使设备配置集中紧凑，便于生产管理。

（3）铜精选—尾矿与铜精扫—精矿仍有部分连生体未解离，影响铜精矿品位及回收率，本设计考虑将这两部分中矿返回至再磨，以保证有用矿物得到充分解离，再进入分选作业。

（4）根据一期选厂优先流程改造经验，并参考德兴铜矿、永平铜矿、洛阳铜业公司、河南栾川钼业等选厂的应用实践，浮选柱应用在精选作业可减少精选次数，在保证精矿品位的同时能提高精矿回收率。因此，在铜精选作业中采用浮选柱设备。

（5）针对一期选厂改造后实际生产中发现的选硫作业时间偏短问题，同时参考类似矿山，比如永平铜矿，适当延长选硫作业时间，对提高选硫的回收率和降低尾矿中含硫品位均有益处。此外，考虑到将来随着采矿台阶的下降，原矿中含硫品位越来越高。因此，在远期选厂选硫作业设计浮选时间时，考虑了富余，以便将来可根据生产实际情况进行调整。

4.2.4.3　设计的精矿脱水工艺流程

考虑到现有一期、二期选厂铜精矿脱水已经在二期选厂精矿脱水车间集中处理，本次设计仍采用浓密+压滤的两段脱水工艺流程，不再新建铜精矿浓密设施和压滤车间，利用现有二期选厂的硫精矿浓密机，将现有硫精矿陶瓷过滤机拆除，新增铜精矿压滤设备，现有的铜精矿压滤设备作为备用。

硫精矿脱水工艺采用浓密+过滤的两段脱水工艺流程，在距离进矿公路较近的位置新建硫精矿脱水车间，将一、二、远期选厂的硫精矿集中处理，利于生产集中管理和销售运输。

4.2.4.4　设计的选矿工艺指标

根据目前一、二期选厂的生产实践，并参考××矿冶研究院的试验结果，设计的选矿产品方案为浮选铜精矿和高硫精矿，金、银富集在铜精矿中。设计远期选厂的选矿工艺指标，主要原则如下：

（1）铜精矿指标。铜精矿的品位和回收率略低于目前生产指标，是因为远期的原矿品位比目前生产低，目前选厂主要处理 10 号矿体，该矿体以含铜斑岩型矿石为主，属相对易选矿石，而远期选厂处理矿石含铜黄铁矿矿石比例逐渐增大，硫含量较高，矿石可选性难度有所增加，铜硫分离相对较难。

（2）硫精矿指标。根据现有一、二期选厂生产实际指标，选硫回收率设计为 75%。设计的选矿工艺指标见表 4-34。

表 4-34　设计的选矿工艺指标

产品	产率/%	品　　位				回　收　率			
		Cu/%	S/%	Au/g·t⁻¹	Ag/g·t⁻¹	Cu/%	S/%	Au/%	Ag/%
铜精矿	2.48	20.00	35.00	3.63	190.95	80.00	6.48	30.00	55.00
硫精矿	21.85	0.24	46.00	0.62	7.88	8.46	75.00	45.00	20.00
尾矿	75.67	0.09	3.28	0.10	2.84	11.54	18.52	25.00	25.00
原矿	100.00	0.62	13.40	0.30	8.61	100.00	100.00	100.00	100.00

4.2.4.5　选矿工艺生产过程简述

原矿经粗碎后，其排矿矿石（粒度 250~0mm）经胶带输送机卸入 3 号中间矿堆，再经地下通廊内的皮带给矿机卸至新 1 号胶带输送机，给入半自磨机，半自磨机的排矿进入振动筛，筛上物料通过新 2 号、新 3 号、新 4 号胶带输送机返回至半自磨机给矿皮带，再进入半自磨机给矿端。筛下物料进入泵池，经水力旋流器分级后底流进入溢流型球磨机，球磨机排矿进入同一泵池，水力旋流器与球磨机构成磨矿闭路，水力旋流器溢流（-0.074mm 占 70%）经加药搅拌后进行两粗两扫浮选作业，其中粗一精矿进入柱精选作业，粗二精矿进入再磨泵池，经泵送至再磨水力旋流器进行分级，沉砂进立磨机，溢流（-0.045mm 占 85%）经加药搅拌后进入一粗两扫分离作业，分离粗选精矿与粗一精矿合并经两次柱精选作业获得铜精矿，柱精选一尾矿和分离扫选一的精矿合并返回再磨泵池；分离尾矿与选铜尾矿合并进入选硫作业，经一粗一扫两精获得高硫精矿和最终尾矿。铜精矿和高硫精矿经浓缩、过滤两段脱水获得最终铜精矿及高硫精矿产品，尾矿进入尾矿浓密机，浓密后泵送至尾矿库。

4.2.5 工作制度及生产能力

选厂主要生产车间有中间矿堆、磨浮车间、铜精矿脱水车间和硫精矿脱水车间。选厂采用连续工作制，工作制度见表 4-35。

表 4-35 选厂工作制度和生产能力

车间名称	年工作日/d	每天工作班数	每班作业时间/h	生产能力/t·h⁻¹	备注
中间矿堆	330	2	12	416.67	
磨浮车间	330	2	12	416.67	
铜精矿脱水车间	330	2	12	17.56	按一、二、远期选厂铜精矿计
硫精矿脱水车间	330	2	12	158.20	按一、二、远期选厂硫精矿计

4.2.6 主要工艺设备选择与计算

4.2.6.1 主要设备选择的原则

（1）设备类型、规格、台数应满足选厂建设规模及矿石的物理、化学性质，同时满足用户对产品质量的要求。

（2）选用的设备应工作可靠、操作方便、维修简单、耗电少、生产费用低，易于解决备品备件供货的国内定型产品或经过实践检验可以推广使用的新产品。

（3）设计时应采用与所建厂规模相适应的大型设备，力争减少生产设备数量，以便降低投资和经营费，便于自动控制和管理。

（4）由于生产中矿量、品位等指标有一定的波动性，为保证选厂的作业率，上下工序所选用的设备负荷率应比较协调、均衡性，且设备能力具有适当的富余量。

（5）考虑到将来采场出矿矿石性质差异较大，将来有部分粗选一的粗精矿可能品位较低，需要进入分离粗选作业进行粗选，因此预留分离粗选、精扫选设备能力，以便后续生产有调整的余地。

（6）根据现场生产实践及采矿排产表，矿山开采矿体及矿石种类均较多，原矿的含铜品位波动最大可达到145%，因此，考虑在铜精选浮选柱选择时考虑2.0波动系数，以保证铜精矿的选别指标。

（7）为了避免浮选机槽体的磨损，对其内部应进行衬胶处理。另外，为了避免添加硫酸后对浮选机、搅拌槽槽体的腐蚀，对硫粗选搅拌槽以及选硫作业浮选机进行防腐衬胶处理。

4.2.6.2 主要设备的选择

A 再磨设备选择方案比较

在铜粗精矿再磨工艺流程中,考虑立磨机和球磨机两种设备选型方案比较。立磨机的开发初衷是作为细磨设备使用的,相比常规球磨机,在再磨作业中除了节能、降耗、安装方便、土建投资少等特点外,还具有磨矿产品粒度均匀等优势,但设备投资较球磨机高,两方案的技术指标比较见表4-36。

表4-36 再磨设备选型方案的技术指标比较

对比方案	单位	立磨机方案①	球磨机方案②	①-②
设备型号	—	VTM1250	φ3.6×7.2	—
设备台数	台	1	1	—
设备性能				
设备功率	kW/台	1000	1500	−500
辅助设备功率	kW/台	0	80	−80
设备总安装功率	kW	1000	1580	−580
设备重量	t/台	125	232	−107
主要易损件及耗材		钢球、衬板	钢球、衬板	
钢球消耗	kg/t 粗精矿	0.45	0.7	−0.25
衬板消耗	kg/t 粗精矿	0.05	0.15	−0.10
投资				
设备费	万元/台	1300	400	900
土建投资	万元	50	100	−50
总投资	万元	1350	500	850
生产成本				
电费	万元/a	554	877	−323
钢球消耗	万元/a	177	275	−98
衬板消耗	万元/a	12	36	−24
可比生产成本小计	万元/a	743	1188	−445

从表4-36中的数据可见,采用立磨机,前期设备投资较大,高出球磨机850万元,但是其经营成本较球磨机少445万元/a,仅2年就可回收前期的投入。另外,根据类似矿山生产实践,采用立磨机磨矿粒度均匀,不易过磨,有利于后续的浮选作业,因此本次初步设计考虑采用立磨机作为再磨设备。

B 粗扫选作业浮选机规格选择方案比较

由于本项目规模较大,浮选粗扫选作业宜选用大规格浮选机以降低设备数量。可供选择的浮选机规格有:(1)130m³ 浮选机,(2)100m³ 浮选机。两种规格浮选机技术指标比较见表4-37、表4-38。

表 4-37 粗扫选作业浮选机规格选型方案比较

序号	作业名称	方案一			方案二			备注
		规格/m³	实际安装槽数	实际浮选时间/min	规格/m³	实际安装槽数	实际浮选时间/min	设计选定浮选时间/min
1	粗选一	130	3	15.81	100	4	16.21	15
2	粗选二	130	3	15.76	100	4	16.16	15
3	扫选一	130	3	16.06	100	4	16.47	15
4	扫选二	130	3	16.48	100	4	16.91	15
5	硫粗选	130	6	14.68	100	8	15.06	14
6	硫扫选	130	6	17.93	100	7	16.09	16
	小计		24	96.72		31	96.90	90

表 4-38 粗扫选作业浮选机规格选型方案的技术指标比较

对比方案	单位	方案一	方案二	方案一-方案二
设备型号	m³	130	100	—
设备台数	台	24	31	-7
总容积	m³	3120	3100	20
设备性能				
设备功率	kW/台	160	132	—
设备总安装功率	kW	3840	4092	-252
设备重量	t/台	40	35	—
设备总重	t	960	1085	-125
投资				
设备费	万元/台	80	70	—
设备总价	万元	1920	2170	-250
土建投资	万元	320	360	-40
总投资	万元	2240	2530	-290
生产成本				
电费	万元/年	2129	2269	-140

从表 4-37、表 4-38 中数据可见,在相同浮选时间的前提下,采用 130m³ 浮选机台数较 100m³ 浮选机少 7 台,总投资少 290 万元,每年节约电费 140 万元,经济效益明显。因此,本次设计推荐选择 130m³ 浮选机作为粗扫选作业浮选设备。

C 硫精矿过滤设备的选择比较

本着成熟可靠、经济实用、备品备件易解决的原则,对硫精矿过滤设备选用陶瓷过滤机和卧式压滤机进行了比较，两种设备技术指标比较见表 4-39。

表 4-39 硫精矿过滤设备选型方案的技术指标比较

对比方案	单位	陶瓷过滤机方案①		卧式压滤机方案②	①-②
设备型号	m²	80		600	-520
设备台数	台	8（6用2备）		4（3用1备）	4
配套给料渣浆泵	台	2		2+4	4
设备性能					
过滤设备功率	kW/台	40		30	10
给料渣浆泵功率	kW/台	45		30+55	-40
设备总安装功率	kW	410		400	10
设备重量	t/台	16		48	-32
设备总重	t	128		192	-64
主要易损件及耗材		陶瓷板 m²/t 矿	硝酸 kg/t 矿	滤布 m²/t 矿	—
单耗		0.0001	0.04	0.0045	—
总消耗	m²/a	561		25245	-24684
投资					
过滤设备费	万元/台	75		240	-165
给料渣浆泵	万元/台	10		12	-2
设备总价	万元	620		1008	-388
土建投资	万元	100		180	-80
总投资	万元	805		1440	-468
生产成本					
电费	万元/年	227		222	5
耗材	万元/年	138		212	-74
可比生产成本小计	万元/年	365		434	-69

从表 4-39 中数据可见，采用陶瓷过滤机总投资较卧式压滤机少 468 万元，而且每年生产成本少 69 万元，优势明显。因此，本次设计推荐采用陶瓷过滤机作为硫精矿过滤设备。

D 主要设备的选择与计算

主要设备选择与计算结果见表 4-40～表 4-51。

表 4-40 半自磨机的选择与计算

序号	作业名称	设备名称及规格	台数	给矿粒度/mm	产品粒度/mm	计算的给矿量/t·h⁻¹	选择的磨机最大处理量/t·h⁻¹	负荷率/%
1	磨矿	半自磨机 φ8.0×4.0	1	-150mm 占80%	-1.50mm 占80%	416.67	460	90.58

表 4-41 球磨机的选择与计算

序号	作业名称	设备名称及规格	台数	给矿粒度/mm	产品粒度/mm	计算的给矿量/t·h⁻¹	选择的磨机最大处理量/t·h⁻¹	负荷率/%
1	磨矿	球磨机 φ6.2×8.2	1	-1.50mm 占80%	-0.074mm 占70%	500	550	90.91

注：考虑到半自磨机磨矿效率波动较大，表中计算的给矿量已考虑1.2倍的波动系数。

表 4-42 立磨机的选择与计算

序号	作业名称	设备名称及规格	台数	给矿粒度/mm	产品粒度/mm	计算的给矿量/t·h⁻¹	选择的磨机最大处理量/t·h⁻¹	负荷率/%
1	再磨	立磨机 VTM1250	1	-0.074mm 占70%	-0.045mm 占85%	92.36	95	97.22

注：考虑到矿山矿石性质复杂，铜粗精矿产率波动较大，表中计算的给矿量已考虑1.5倍的波动系数。

表 4-43 水力旋流器的选择与计算

序号	作业名称	设备名称及规格	组数	溢流粒度/mm	矿石比重/t·m⁻³	设备处理能力/m³·h⁻¹	计算的给矿矿浆体积流量/m³·h⁻¹	备注
1	一段磨矿分级	φ660×8	2	-0.074mm 占70%	3.02	3200	2329	6用2备
2	铜粗精矿再磨分级	φ350×12	1	-0.045mm 占85%	3.02	780	570	4用2备

注：表中计算的一段磨矿分级给矿矿浆体积流量已考虑1.2倍的波动系数；考虑到矿山矿石性质复杂，铜粗精矿产率波动较大，铜粗精矿再磨分级给矿矿浆体积流量已考虑1.5倍的波动系数。

表 4-44 浮选机的选择与计算

序号	作业名称	给矿矿浆 浓度/%	给矿矿浆 总体积/m³·min⁻¹	浮选时间/min 设计	浮选时间/min 实际	浮选机 设计 规格/m³	浮选机 设计 槽数/台	浮选机 实际安装槽数
1	粗选Ⅰ	30.00	22.20	15	15.81	130	2.85	3
2	粗选Ⅱ	29.77	22.28	15	15.76	130	2.86	3
3	扫选Ⅰ	29.50	21.86	15	16.06	130	2.80	3
4	扫选Ⅱ	29.34	21.29	15	16.48	130	2.73	3
5	分离粗选	26.00	4.89	25	27.60	50	2.72	3
6	精扫选Ⅰ	22.84	4.06	25	33.23	50	2.26	3
7	精扫选Ⅱ	20.94	3.57	25	25.22	50	1.74	2
8	硫粗选	27.56	28.68	24	24.47	130	5.88	3+3
9	硫扫选	25.79	23.49	28	29.88	130	5.62	3+3
10	硫精选Ⅰ	25.96	8.37	16	16.13	50	2.98	3
11	硫精选Ⅱ	24.00	7.27	18	18.58	50	2.91	3

注：考虑到矿山矿石性质复杂，波动较大，表中分离粗选、精扫选一和精扫选二的矿浆总体积考虑1.5倍的波动系数；吸取一期选厂改造选硫作业经验和参考永平铜矿选硫作业生产实践，硫粗扫选和精选的浮选时间考虑了富余，其余作业的矿浆总体积考虑1.2倍的波动系数。

表 4-45 浮选柱的选择与计算

序号	作业名称	给矿矿浆		浮选时间/min		浮选柱		台数
		浓度/%	总体积/m³·min⁻¹	设计	实际	计算规格/m	实际规格/m	
1	铜精选 I	26.54	3.60	45	49.93	φ3.58×10	φ4.0×10	2
2	铜精选 II	25.00	1.29	50	54.73	φ2.62×10	φ3.0×10	2

注：考虑到矿山原矿性质复杂，含铜品位波动较大，会导致粗选—精矿含铜品位波动较大，表中总体积已考虑 1.5 倍的波动系数。

表 4-46 搅拌槽的选择与计算

序号	作业名称	设备名称及规格	台数	矿浆体积/m³·min⁻¹	搅拌时间/min	
					计算	实际
1	粗选 I 前	φ5×5 搅拌槽	1	22.20	4.00	4.28
2	铜硫分离前	φ3×3 搅拌槽	1	3.91	4.00	5.15
3	硫粗选前	φ5×5 搅拌槽	2	28.68	3.00	3.31

注：表中矿浆体积已考虑 1.2 倍的波动系数。

表 4-47 鼓风机的选择与计算

序号	形式	设备台数	型号规格	设计技术要求		设备的技术性能		备注
				风压/kPa	流量/m³·min⁻¹	风压/kPa	流量/m³·min⁻¹	
1	鼓风机	3	CF800-1.53	42	1502.4	53	800	2 用 1 备

表 4-48 浓密机的选择与计算

序号	产品名称	固体处理量/t·d⁻¹	给料粒度/%	规格与数量			单位定额		备注
				直径/m	面积/m²	台数	设计的/t·(m²·d)⁻¹	实际的/t·(m²·d)⁻¹	
1	铜精矿	632	-0.045mm 占 85%	45	1590	1	0.40	0.398	利旧
2	硫精矿	4457	-0.074mm 占 70%	53	2205	1	2.00	2.02	

注：表中固体处理量为一期、二期、远期选厂总和，其中由于原矿中含铜品位波动较大，铜精矿总量考虑了 1.5 倍的波动系数，硫精矿考虑了 1.2 倍的波动系数。

表 4-49 铜精矿压滤机的选择与计算

序号	产品名称	固体处理量/t·h⁻¹	给料粒度/mm	规格与数量			单位定额/t·(m²·h)⁻¹		备注
				形式	面积/m²	台数	设计的	实际的	
1	铜精矿	26.35	-0.045mm 占 85%	卧式	120	2	0.10	0.098	考虑进口

注：表中固体处理量为一期、二期、远期选厂总和，由于原矿中含铜品位波动较大，铜精矿总量考虑了 1.5 倍的波动系数。

表 4-50 硫精矿陶瓷过滤机的选择与计算

| 序号 | 产品名称 | 固体处理量/t·h⁻¹ | 给料粒度/mm | 规格与数量 | | 单位定额/t·(m²·h)⁻¹ | | 备注 |
				面积/m²	台数	设计的	实际的	
1	硫精矿	185.71	-0.074mm占70%	80	8	0.40	0.39	6用2备

注：表中固体处理量为一期、二期、远期选厂总和，并考虑了1.2倍的波动系数。

表 4-51 渣浆泵的选择与计算

| 序号 | 作业名称 | 设备名称及规格 | 台数 | 给矿 | | 扬程/m | 备注 |
				矿浆流量/m³·h⁻¹	浓度/%		
1	球磨机水力旋流器给料	550/500	2	2330	54.55	48	1用1备
2	再磨球磨机水力旋流器给料	300/250	2	442	60.00	60	1用1备
3	扫选Ⅰ精矿输送	150/100	2	90	28.00	18	1用1备
4	扫选Ⅱ精矿输送	150/100	2	63	28.00	19	1用1备
5	精扫Ⅱ精矿输送	150/100	2	70	23.43	20	1用1备
6	柱精选Ⅰ给料输送	250/200	2	350	26.54	23	1用1备
7	柱精选Ⅱ给料输送	150/125	2	125	26.54	22	1用1备
8	硫精选Ⅰ精矿输送	350/300	2	872	24.00	18	1用1备
9	硫扫选精矿+硫精选Ⅰ尾矿输送	300/250	2	630	26.00	18	1用1备
10	一、二期选厂硫精矿输送	250/200	2	535	24.00	67	1用1备
11	远期选厂铜精矿输送	150/100	2	110	20.00	77	1用1备
12	铜精矿浓密机底流输送	200/150	2	154	50.00	48	1用1备
13	硫精矿浓密机底流输送	250/200	2	272	50.00	30	1用1备

注：表中矿浆流量已考虑1.2倍的波动系数，精矿输送渣浆泵泡沫系数已考虑2.0。

4.2.7 厂房布置与设备配置

4.2.7.1 选厂车间组成

选厂主要建构筑物有中间矿堆、磨浮车间、药剂制备与药剂储存间、硫酸储存间、石灰乳化间、铜精矿脱水车间和硫精矿脱水车间，其中铜精矿脱水车间厂房利用现有二期选厂铜精矿脱水车间。厂房布置尽量利用现有地形的坡度，呈阶梯形布置，尽可能减少土石方。

4.2.7.2 厂房布置及设备配置的主要原则

（1）各车间之间联系方便，车间场地与外部公路畅通；

（2）设备配置尽可能紧凑集中且兼顾生产操作方便，利于检修；

（3）车间配置尽量利用山坡地形并充分考虑安全和环保要求。

4.2.7.3 中间矿堆与中间矿仓方案比较

针对磨矿作业前采取哪种储矿方式，本次初步设计进行了矿堆和矿仓的方案比较，储矿方式如图4-14、图4-15所示，技术指标详见表4-52。

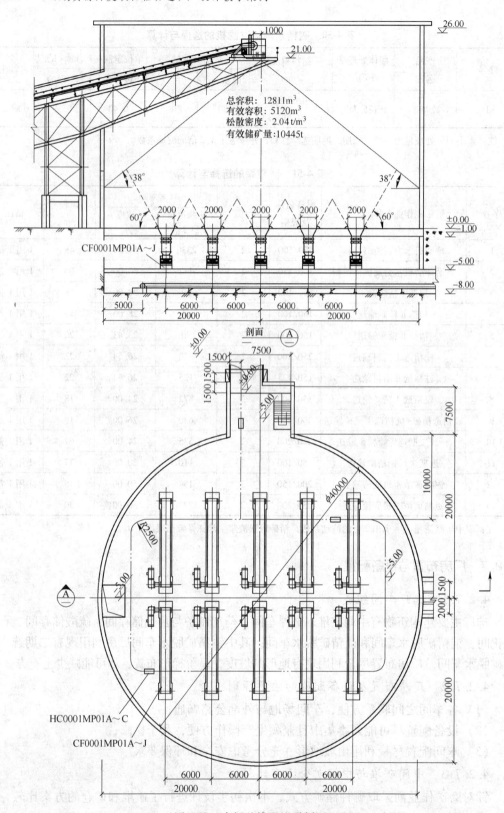

图 4-14 中间矿堆配置平剖面

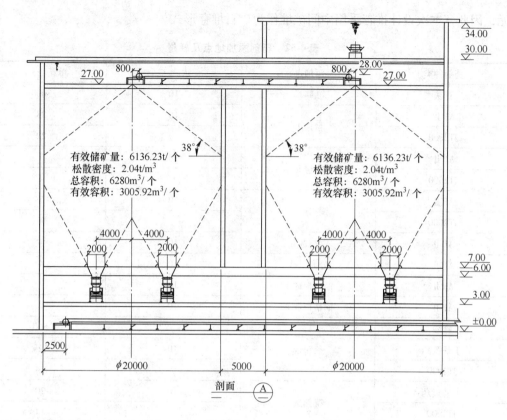

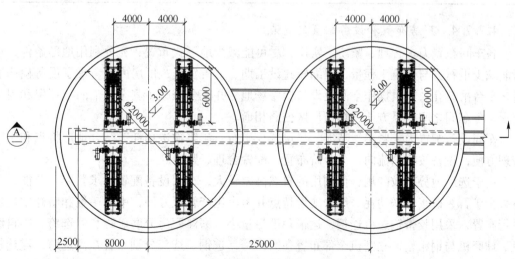

图 4-15 中间矿仓配置平剖面

从图 4-14、图 4-15 可见，矿仓比矿堆有效容积更高，占地面积更小，但是由于该铜矿矿石含泥含水较多，容易堵塞放矿口，一旦放矿口发生堵塞，只能采取爆破的方式进行疏通，对矿仓壁有较大的冲击，影响矿仓整体结构；而中间矿堆则较灵活，一旦放矿口发生堵塞，可将前装机开进矿堆，疏通放矿口。

另外，从表 4-52 中数据可见，采用中间矿堆总投资与中间矿仓相差不大，少 132.6 万元，因此，本次设计推荐采用中间矿堆作为矿石堆存形式。

表 4-52 药剂添加地点及耗量

药剂种类	添加点	浓度/%	单耗/g·t^{-1}
石灰	磨矿	10	3000
APⅡ	粗选Ⅰ	10	28
JT2000			22
APⅡ	粗选Ⅱ	10	7
JT2000			4
APⅡ	铜扫选Ⅰ	10	7
JT2000			4
APⅡ	铜扫选Ⅱ	10	4
APⅡ	分离粗选	10	4
APⅡ	铜精扫选Ⅰ	10	4
APⅡ	铜精扫选Ⅱ	10	4
硫酸			500
丁基黄药	硫粗选	10	120
JT2000			14
丁基黄药	硫扫选	10	20
JT2000			14

4.2.7.4 厂房布置和设备配置的特点

各车间布置力求合理、紧凑、实用，尽可能减少地下式布置，充分利用地形条件，尽可能减少土石方与建筑工程量，以缩短建设工期、节省资金；厂房内均考虑了设备检修通道、平台吊装孔、人员操作空间及设备检修场地，并充分兼顾了安全、消防、环保和卫生要求。各车间之间联系方便，均与厂区公路相通。

车间设备配置力求紧凑、节能，尽量减少矿石、矿浆输送功耗，结合地形特点和生产管理方便，设备按物料流向，分台阶布置，配置合理、紧凑。

由于选厂地势比较陡峭，可利用的自然高差较大，车间设备配置力求紧凑、节能，尽量减少矿石、矿浆输送功耗。结合地形特点并考虑生产管理方便，中间矿堆和磨浮主厂房平行布置，采用胶带输送机连接，运输角度尽量小，磨浮厂房分磨矿跨和浮选跨，半自磨机、球磨机与铜粗精矿立磨机全部布置在磨矿跨，选铜、选硫分别布置在浮选跨，浮选机走向与矿浆走向一致。药剂制备间布置在中间矿堆同一平台，可利用高差自流；尾矿浓密机和事故浓密机布置在同一标高位置，尽量靠近主厂房，使得矿浆自流，管路输送距离最短；铜精矿脱水车间利用原二期选厂精矿脱水车间，将原二期选厂硫精矿浓密池改造成铜精矿浓密池，并在精矿脱水车间改造压滤设备；硫精矿脱水车间布置在进矿公路附近，利于车辆运输和外销。

其次，在远期选厂磨浮车间北侧留有空地，如后期矿石性质变化较大，顽石增多时，可在该区域增加顽石破碎系统。另外，考虑到随着开采深度的下降，未来原矿中钼含量升高，在远期选厂北侧考虑预留选钼车间场地。

此外，现浮选尾矿中的硫含量无法满足后续的尾矿综合利用要求，目前无法根据已有的尾矿脱硫研究结果确定尾矿脱硫工艺，因此在厂房布置时需考虑尾矿脱泥设施的布置场地，并在选硫作业浮选设备选择时考虑适当的浮选时间富余，为今后尾矿资源化、减量化提供有利条件。

4.2.8 药剂制备及添加

4.2.8.1 药剂工作制度

药剂的工作制度与选厂一致，年工作330天，每天2班，每班12h。

4.2.8.2 药剂的储存及运输

选厂使用的药剂全部外购，用汽车运至选厂药剂仓库，在药剂制备和储存间内亦设置小规模的储存场地。

4.2.8.3 药剂的种类、添加及用量

优先浮选流程用药剂有石灰、APⅡ、JT2000、丁基黄药、硫酸。石灰采用粉末状高品质石灰，选厂设有单独的石灰乳化制备间，并配有石灰储存仓，储存仓内的石灰采用螺旋输送机送至搅拌桶，加水搅制成石灰乳后泵送至位于选厂磨浮车间的石灰乳储槽，再自流至各石灰乳加药点。

硫酸直接添加进粗选前搅拌槽，其他药剂在药剂制备和储存间采用搅拌槽制备，制备好的药剂自流至储药槽，再由程控式自动给药机自流至各加药点，每个加药点的药剂用量都可在控制室进行显示和调整。这样布置不仅可保证生产过程中药剂添加准确、及时，还可大大改善劳动条件，而且便于实现自动化控制，从而提高选矿指标。在实际生产中，应根据物料的性质和操作条件的变化，对设计的药剂添加量和添加地点进行调整，以获得更好的选矿指标。

在现场硫酸加药点处设置酸雾处理器和硫化氢气体检测装置，以保证现场操作环境安全、良好。硫酸储存间采用铁丝网封闭，并设置防护报警设施，防止非相关操作人员进入，保证生产安全，杜绝安全事故的发生。

考虑到采场含有大量的酸性水，而选硫作业又需要用酸来调节矿浆pH值，因此，可将采场酸性水作为pH调整剂添加至硫粗选作业前搅拌槽，或者作为硫粗、扫选和硫精选一精矿泡沫的冲洗水，替代部分回水，减少回水用量。选厂所需浮选药剂种类、添加地点及耗量见表4-52。

陶瓷过滤机陶瓷板的冲洗采用硝酸，本项目采用自动配酸系统集中配酸，制备好的酸利用连通器原理分配到每台单机，其工作制度为每日2班，每班冲洗一次，每次用量约20kg/台。硝酸属强酸，系危险物品，其运输、储存及添加应严格遵守安全操作规程，即指定专用车辆进行运输、单独储存并有明显标签，在使用时必须穿戴好劳动保护用品等。

4.2.9 自动控制系统

根据生产工艺要求，为了提高选厂生产效率和管理水平，对磨矿、浮选、脱水等工艺

过程实现自动化检测和过程控制，并设置专门的集中控制室。生产检测与控制的主要内容如下：

（1）监测中间矿堆的料位；

（2）皮带给料机设变频调速控制；

（3）进半自磨机前设自动计量装置，检测矿石量；

（4）半自磨机恒定给矿量和补加水控制；

（5）磨机（含半自磨、球磨和立磨）功率、油温、油压检测；

（6）水力旋流器给矿浓度、给矿压力，溢流浓度、粒度的检测和控制，水力旋流器给矿泵采用变频控制；

（7）浮选矿浆 pH 值检测和调节；

（8）对浮选机、浮选柱的空气量及空气压力实行自动检测和控制；

（9）对浮选机、浮选柱和泵池液位进行调节控制；

（10）对浮选作业过程进行在线品位分析、自动取样并化验；

（11）浮选药剂采用自动加药机定量给药；

（12）硫化氢气体的检查及报警装置；

（13）浓密机底流浓度检测及控制；

（14）脱水作业压滤机、过滤机工作自动控制。

4.2.10 试（化）验室及技术检查站

本项目为改扩建项目，矿山已有试验室、化验室及技术检查站，已能满足整个选厂试样加工、制备、化验和技术检查的需要，因此本次设计不新建试验室、化验室及技术检查站。

4.2.10.1 取样、计量的方式和设施

技术检查站应根据工艺流程的特点，满足日常生产控制检测和化验的要求，选用的设备以节能、先进、快速、准确为原则。原矿计量用皮带秤在线计量；浮选原矿、精矿、尾矿等均采用管道取样机在合适的取样点进行取样；精矿计量由汽车通过地磅房时称重计量。

4.2.10.2 试验室、化验室

本次设计根据矿山的规模和装备水平选择试化验室设备及器具。试验室、化验室的工作制度为年工作 330 天，每天 2 班，每班 12h。

试验室主要任务为：

（1）根据生产过程中矿石性质的变化，进行磨矿细度、浮选浓度、浮选时间等条件试验，及时研究矿石的可选性，为生产提供合理的技术操作条件。

（2）调查分析矿石中伴生元素的赋存状态，开展综合利用研究。

（3）定期和不定期考查生产工艺流程，积累生产资料，统计、分析各项生产技术经济指标，提出改进生产工艺的措施，使各项生产指标达到最佳水平。

（4）及时掌握选矿技术新信息，探讨、研究适合本矿矿石加工的新工艺、新药剂、新材料，必要时改善选矿流程。

（5）开展环境保护和"三废"治理、利用的试验研究。

化验室的主要任务：

（1）负责定期进行生产矿样的分析，如原矿、精矿和尾矿的化学分析，进行不定期内检样的分析工作和某些快速分析。

（2）承担生产勘探和采矿的样品分析。

（3）承担流程考查和试验研究的样品分析。

（4）不定期进行水质、药剂、粉尘及有害气体等化验分析。

4.2.10.3　技术检查站

技术检查站的任务是对选厂日常生产的各项工艺条件及参数、指标进行检查和监督，包括原矿、精矿、尾矿取样、计量，原矿品位、精矿品位、尾矿品位的检验，磨矿分级浓度和细度、各段浮选指标的检测等。

技术检查站使用试验室的样品加工设备和化验室的设备、器具。工作制度是年工作330 天，每天 2 班，每班 12h。

4.2.11　辅助设施

4.2.11.1　中间矿堆和精矿仓储存时间

为保证选矿厂与外部运输及内部各工序之间生产环节的连续性，在磨矿之前设有中间矿堆，起缓冲调节作用；对铜精矿、硫精矿设产品矿仓，计算结果见表 4-53；对各选别作业矿浆输送设泵池，计算结果见表 4-54。

表 4-53　中间矿堆及精矿仓储存时间

矿仓名称	形式	数量	容积/m³		储矿	
			几何	有效	储量/t	时间/d
中间矿堆	圆形	1	12811	5120	10445	1
铜精矿	矩形	1	—	4884	8205	16
硫精矿	矩形	1	—	23512	42322	10

表 4-54　泵池容积计算

序号	泵池名称	泵池形式	泵池容积/m³		储矿		泵池参数/m		矿石性质			备注	实际储矿时间/min
			几何	有效	储量/m³	设计时间/min	直径	高	矿浆密度/t·m⁻³	波动系数	矿浆量/m³·min⁻¹	利用率	
1	扫选Ⅰ精矿	圆形	6.28	3.14	2.25	3.00	2.0	2.0	1.23	1.20	0.75	0.50	4.19
2	扫选Ⅱ精矿	圆形	6.28	3.14	1.57	3.00	2.0	2.0	1.24	1.20	0.52	0.50	5.99
3	精扫Ⅱ精矿	圆形	6.28	3.14	1.41	3.00	2.0	2.0	1.23	1.20	0.47	0.50	6.70

续表 4-54

序号	泵池名称	泵池形式	泵池容积/m³		储矿		泵池参数/m			矿石性质			备注	实际储矿时间/min
			几何	有效	储量/m³	设计时间/min	直径	高		矿浆密度/t·m⁻³	波动系数	矿浆量/m³·min⁻¹	利用率	
4	铜精矿	圆形	6.28	3.14	3.10	3.00	2.0	2.0		1.15	1.20	0.90	0.50	3.51
5	柱选铜精I给矿	圆形	21.21	10.60	8.64	3.00	3.0	3.0		1.22	1.20	2.88	0.50	3.68
6	柱选铜精II给矿	圆形	6.28	3.14	3.10	3.00	2.0	2.0		1.20	1.20	1.03	0.50	3.04
7	硫扫选精矿+硫精选I尾矿	圆形	43.98	21.99	15.86	3.00	4.0	3.5		1.23	1.20	5.29	0.50	4.16
8	硫精选I给矿	圆形	50.27	25.13	21.80	3.00	4.0	4.0		1.19	1.20	7.27	0.50	3.46
9	一、二期选厂硫精矿	圆形	50.27	25.13	13.37	3.00	4.0	4.0		1.12	1.20	4.46	0.50	5.64
							长	宽	高					
10	磨机排矿	方形	240.00	168.00	116.45	3.00	8.0	6.0	5.0	1.57	1.20	38.82	0.70	4.33
11	粗精矿再磨	方形	64.00	38.40	22.80	3.00	4.0	4.0	4.0	1.43	1.20	7.60	0.60	5.05

4.2.11.2 检修设施

根据设备的品种、规格和数量，选厂各车间配置了相应的检修场地、检修用起重设备和常用检修工器具，并设机修班组，专门负责日常设备的维护与检修，定期更换配件，以维护选厂的正常生产。各车间均设有相应的检修用起吊设备，胶带运输机均配有电动葫芦以方便检修，选矿厂内备有各种检修工具。通常情况下，选厂设备采用就地检修，不单独设机修站，少量需加工制作的零部件由矿山机修车间承担，起重机选型见表4-55。

表 4-55 起重机选型

序号	车间名称	最大件名称	最大件质量/t	规格型号	台数
1	中间矿堆	皮带给料机头轮	2.5	电动葫芦 $Q=3t$	2
2	磨浮车间（磨矿跨）	磨机端盖	45	电动双梁桥式起重机 $Q=50/10t$, $L_k=28.5m$, $H=18.5m$	1
3	磨浮车间（浮选跨）	浮选机槽体	12	电动单梁起重机 $Q=16t$, $L_k=22.5m$, $H=23m$	4

序号	车间名称	最大件名称	最大件质量/t	规格型号	台数
4	鼓风机房	鼓风机壳体	8	电动单梁起重机 $Q=10t$, $L_k=7.5m$, $H=8.5m$	1
5	药剂制备与药剂储存间库	药剂槽槽体	3	悬挂电动单梁起重机 $Q=5t$, $L_k=7.5m$, $H=8.5m$	1
6	硫精矿脱水车间 （过滤跨）	陶瓷过滤机检修件	6	电动单梁起重机 $Q=10t$, $L_k=13.5m$, $H=20.00m$	1
7	硫精矿脱水车间 （精矿仓跨）	硫精矿		抓斗桥式起重机 $Q=10t$, $L_k=28.5m$, $H=15.50m$	3

4.2.11.3 钢球储存及添加

在磨矿跨设有钢球储槽，半自磨、球磨机的钢球添加采用电磁吸盘，由起重机运至球磨机给矿端的钢球自动添加箱内定时添加。

4.2.11.4 磁力弧

为减少大颗粒的废钢球排至水力旋流器给矿泵池，延长给矿泵的寿命，在半自磨机和球磨机出口端配备有磁力弧。

4.2.11.5 换衬机械手

为便于半自磨机和球磨机更换衬板，选厂配备了相应的换衬机械手，减轻换衬时劳动强度，提高磨机换衬效率。

4.2.11.6 事故浓密池

为便于现场生产管理，在远期选厂设置一个事故浓密池，供选厂事故和检修时放矿用。

4.2.11.7 卫生防护及安全技术

（1）各车间均设置有集水池，污水集中就近返回工艺流程，各浓密机溢流水自流至回水池，供选矿厂生产循环使用。选矿厂各车间内部污水不出厂，以免污染环境。

（2）凡有产生粉尘的作业点，均有除尘设施，进行强制除尘；药剂制备及给药室设有强制通风机，使选矿厂各工作场地的含尘量及有害气体含量满足卫生要求；必要时，操作人员需戴防尘口罩。

（3）对于噪声较大的磨矿工段，设隔音操作室，或操作工人戴防噪耳塞。

（4）除各操作台设置栏杆，各梯子设置扶手，各机械设备运转处设置安全罩，各车间除设置电话联系外，还设置警铃，开停车及遇突发事故时能及时发出警示，保证操作人员及设备安全。

4.2.11.8 选厂压缩空气设施

选厂所有设备用气（除浮选机用气外），均采用空压机站集中供气。厂区压缩空气主要用于磨矿车间和硫精矿脱水车间。每个车间或工段对压缩空气的需求量及使用制度都不同，而且在所需的压缩空气中，对压缩空气的品质要求也存在不同，所以空压站不仅要适应由于各用户对压缩空气使用制度不同带来的用气量变化，而且要满足对使用压缩空气品质有各类要求的用户。

A 压缩空气负荷及设计负荷

根据各专业提供的条件，各类用户用气量汇总见表4-56。

表4-56 压缩空气用气量汇总

用户分类		用气压力/MPa	用气量（标态）	使用制度	使用时间及其他要求
磨矿车间	半自磨机用气设备	0.6~0.8	30m³/h	间断	干燥压缩空气
		0.8~1.0	3m³/h	间断	干燥压缩空气
		0.2~0.3	3m³/h	间断	干燥压缩空气
	球磨机用气设备	0.6~0.8	30m³/h	间断	干燥压缩空气
		0.8~1.0	15m³/h	间断	干燥压缩空气
		0.2~0.3	3m³/h	间断	干燥压缩空气
	水力旋流器阀门	0.6~0.8	1m³/min	间断	干燥压缩空气
	浮选机锥阀	0.6~0.8	1.5m³/min	连续	干燥压缩空气
	浮选柱用气	0.6~1.0	64m³/min	连续	杂用气
硫精矿脱水车间	陶瓷过滤机设备阀门	0.6~0.8	4m³/min	间断	干燥压缩空气

（1）压缩空气负荷。

（2）负荷特性。在所有负荷中，只有浮选柱浮和选机锥阀用气为连续性负荷，其他均为不连续间断负荷，其中有设备启动时用气及运行中的气动阀门用气，这些负荷出现时间短，而且同时出现的概率低。

（3）不同用气品质负荷厂区压缩空气使用有杂用压缩空气和无油干燥压缩空气两种，杂用压缩空气负荷主要是浮选柱用气，其他为无油干燥压缩空气。对于气动阀门等脉冲负荷考虑设储气罐应对，不考虑负荷叠加。

依据上述原则，确定用气负荷：

杂用压缩空气（标态）负荷：64m³/min。

无油干燥压缩空气（标态）负荷：6.5m³/min。

（4）压缩空气计算负荷。

1）杂用压缩空气计算负荷：

$$Q = \sum Q_0 \times K_1 \times (1 + \Phi_1)$$

式中 Q——压缩空气计算负荷，m³/min；

Q_0——压缩空气消耗量（标态），m^3/min；

Φ_1——管道漏损系数，0.08；

K_1——温度修正系数，1.2。

故 $Q = \sum Q_0 \times K_1 \times (1 + \Phi_1) = 64 \times 1.1 \times (1 + 0.08) = 83m^3/min$。

2）杂用压缩空气计算负荷：

$$Q = \sum Q_0 \times K_1 \times K_2 \times (1 + \Phi_1)$$

式中　Q——压缩空气计算负荷，m^3/min；

Q_0——压缩空气消耗量（标态），m^3/min；

Φ_1——管道漏损系数，0.08；

K_1——温度修正系数，1.1；

K_2——自用气系数，1.07。

故 $Q = \sum Q_0 \times K_1 \times K_2 \times (1 + \Phi_1) = 6.5 \times 1.1 \times 1.07 \times (1 + 0.08) = 8.5m^3/min$。

3）压缩空气计算总负荷：

$$Q = 83 + 8.5 = 91.5m^3/min$$

B　设备选择

选用 3 台 $45m^3/min$ 螺杆式空气压缩机。机组 2 用 1 备运行，其中选用 1 台变频机组，以适应负荷波动降低能耗。

根据压缩空气计算负荷，主要设备造型如下：

（1）螺杆空气压缩机：3 台（2 用 1 备，其中 1 台变频机组）。

产气量：$Q = 42m^3/min$；

排气压力：$P = 1.0MPa$；

型式：水冷式；

主电机功率：280kW/380V。

（2）组合式微热再生干燥器：2 套（1 用 1 备）。

配套带除尘过滤器和高效除油过滤器。

处理空气量：Q（标态）$= 10m^3/min$；

工作压力：$P = 1.0MPa$；

电机功率：4.2kW/380V。

（3）压缩空气储罐：2 台。

容量：$V = 10m^3$；

设计压力：$P = 1.0MPa$。

C　设备布置

空压机房设置在选矿车间辅助用房内，这不仅有利于生产管理，而且能显著减少管网的工程投资。配置及其流程详见热工专业图纸。

4.2.12　选矿厂设计图纸

本铜硫矿选矿厂设计图纸如图 4-16~图 4-26 所示。

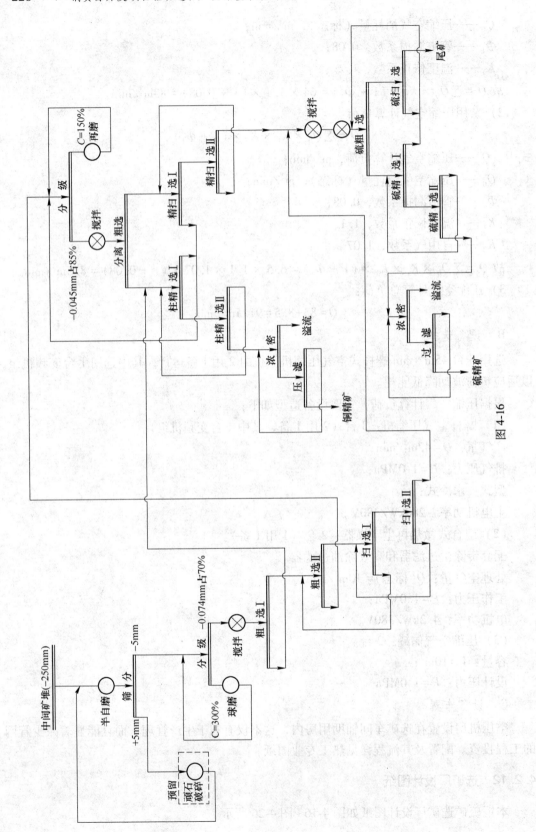

图 4-16

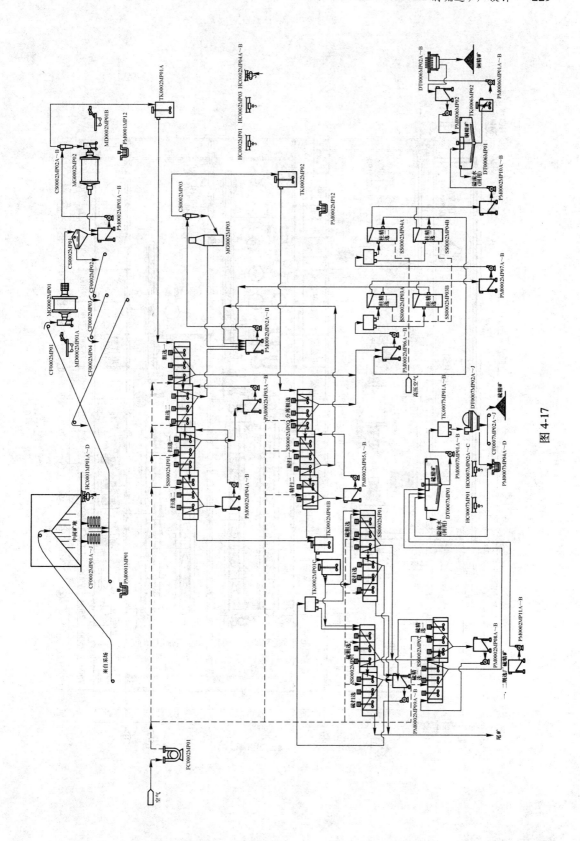

图 4-17

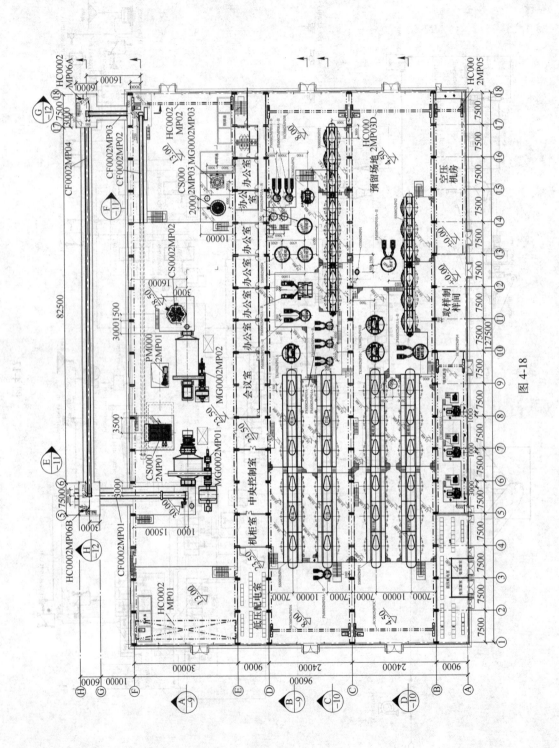

图 4-18

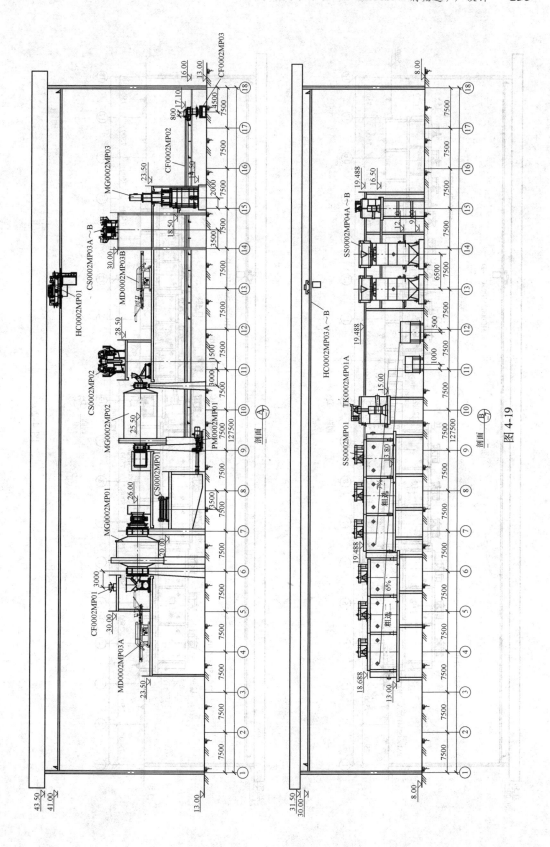

图 4-19

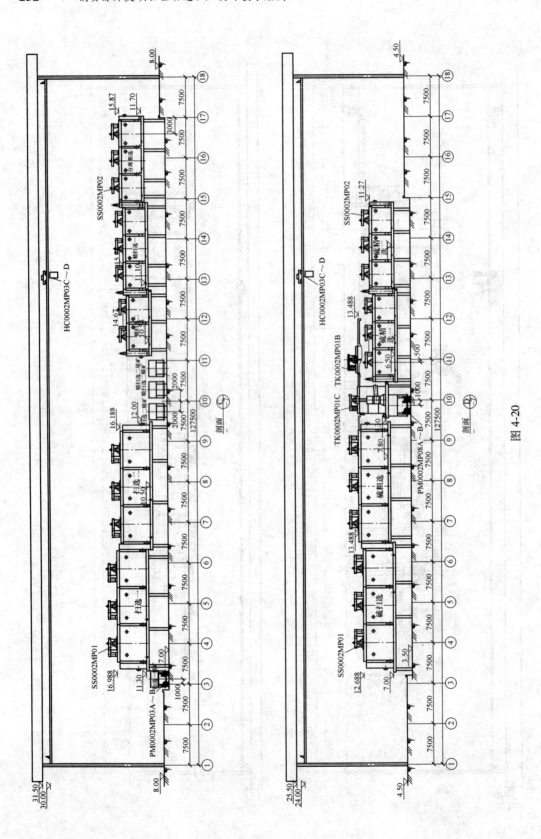

图 4-20

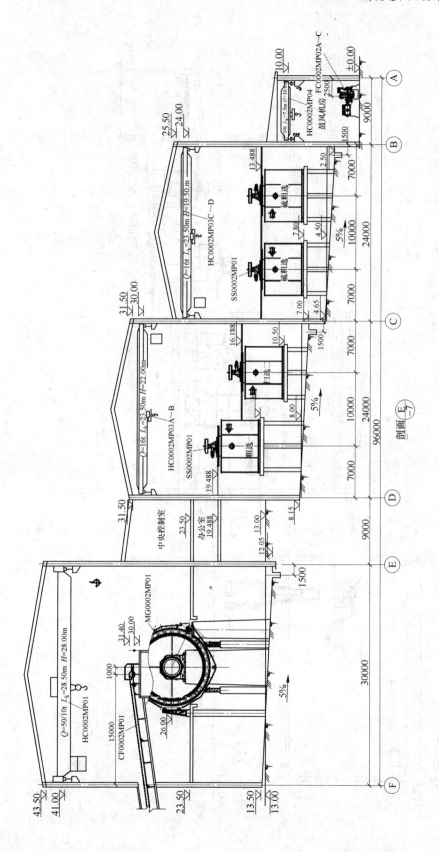

剖面 $\dfrac{E}{-7}$

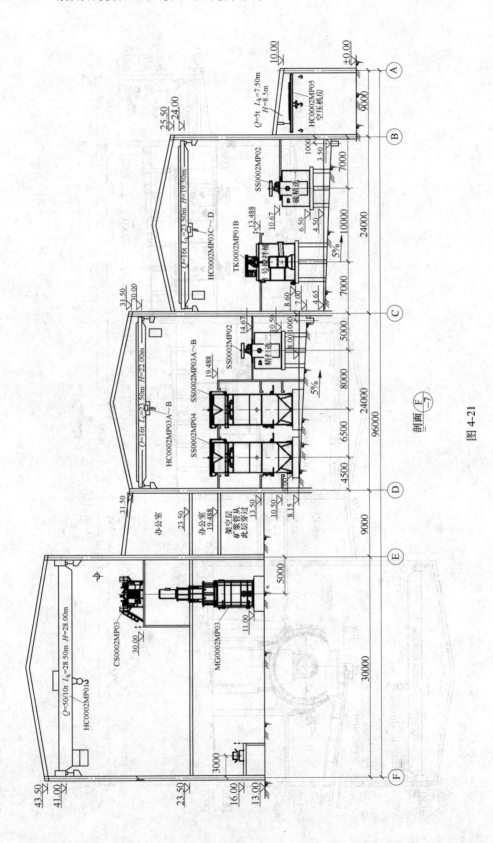

剖面 $\left(\dfrac{F}{-7}\right)$

图 4-21

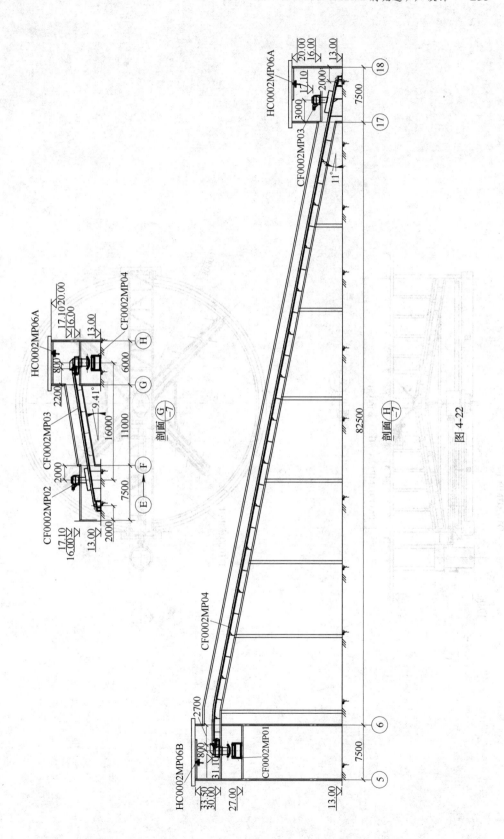

图 4-22

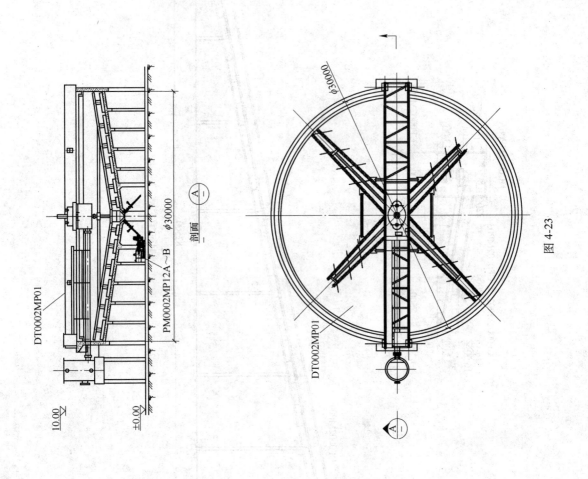

图 4-23

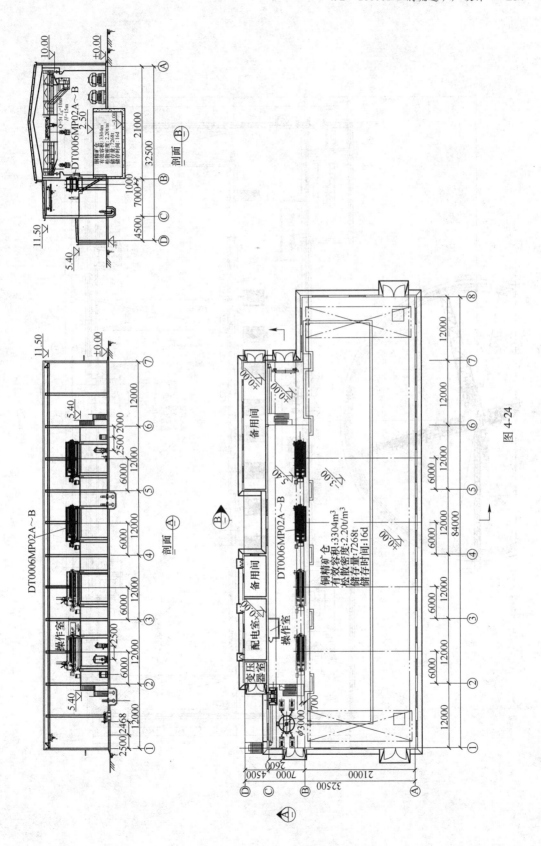

图 4-24

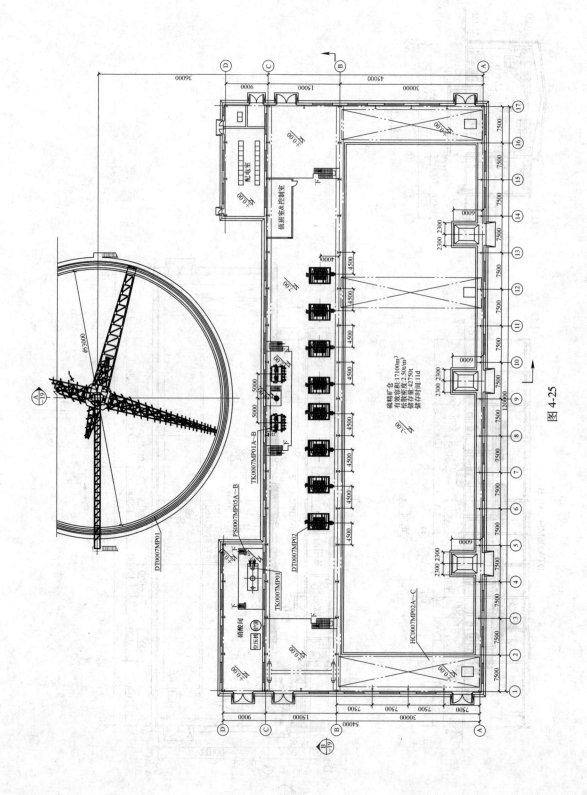

图 4-25

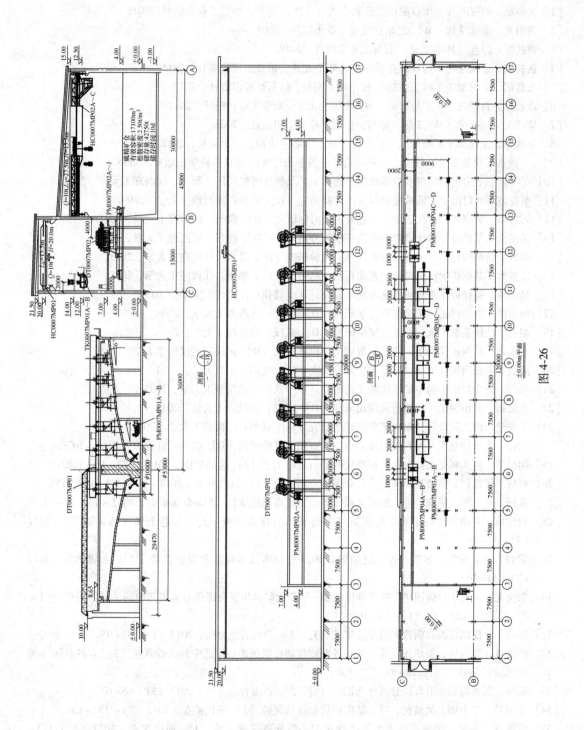

图 4-26

参 考 文 献

[1] 吴彩斌. 钨资源开发项目驱动实践教学教程 [M]. 北京：冶金工业出版社，2016.

[2] 龚明光. 泡沫浮选 [M]. 北京：冶金工业出版社，2007.

[3] 黄礼煌. 浮选 [M]. 北京：冶金工业出版社，2018.

[4] 黄礼煌. 金属硫化矿物低碱介质浮选 [M]. 北京：冶金工业出版社，2015.

[5] 余新阳. 矿物加工工程实验指导书 [M]. 南昌：江西高校出版社，2012.

[6] 段希祥，肖庆飞. 碎矿与磨矿 [M]. 3 版. 北京：冶金工业出版社，2012.

[7] 谢广元. 选矿学 [M]. 2 版. 徐州：中国矿业大学出版社，2005.

[8] 王毓华，王化军. 矿物加工工程设计 [M]. 长沙：中南大学出版社，2012.

[9] 《中国选矿设备手册》编委会. 中国选矿设备手册 [M]. 北京：科学出版社，2006.

[10] 王笑蕾. 七宝山铜铅锌多金属硫化矿选矿工艺及机理研究 [D]. 赣州：江西理工大学，2012.

[11] 彭俊波. 城门山铜矿低碱度铜硫分离试验研究 [D]. 赣州：江西理工大学，2009.

[12] 郑雪华. 黄铜矿、黄铁矿快速浮选分离动力学研究 [D]. 赣州：江西理工大学，2015.

[13] 吴双桥. 某低品位难选斑岩型铜钼矿铜钼分离研究 [D]. 赣州：江西理工大学，2011.

[14] 胡城. 新型抑制剂对难选铜锌矿浮选的试验研究 [D]. 赣州：江西理工大学，2013.

[15] 王世辉. 某铜矿铜锌分离新工艺和新药剂的研究 [D]. 赣州：江西理工大学，2008.

[16] 韩统坤. 铜镍硫化矿表面氧化电化学研究 [D]. 赣州：江西理工大学，2015.

[17] 何丽萍. 铜铅锌硫化矿浮选动力学研究 [D]. 赣州：江西理工大学，2008.

[18] 胡森. 江西某铜矿选铜新工艺试验研究 [D]. 武汉：武汉理工大学，2013.

[19] 曹永丹. 某铜矿浮选新工艺新药剂应用及机理研究 [D]. 武汉：武汉理工大学，2010.

[20] 陈波. 索拉沟难选氧化铜矿石选矿试验研究 [D]. 沈阳：东北大学，2014.

[21] 韩伟. 铜山口铜矿铜中矿浮选新工艺研究 [D]. 武汉：武汉理工大学，2007.

[22] 李思拓. 武山铜矿浮选新药剂应用研究 [D]. 武汉：武汉理工大学，2013.

[23] 王群迎. 印尼某难选矿铜硫矿分选试验研究 [D]. 赣州：江西理工大学，2015.

[24] 刘亮. 组合抑制剂在无石灰铜硫分离中的应用与机理研究 [D]. 赣州：江西理工大学，2008.

[25] 胡根华. 澳大利亚某富含自然铜硫化铜矿石选矿工艺 [J]. 金属矿山，2014 (12)：99~102.

[26] 张应，代献仁. 安徽某铜矿矿石混合浮选分离试验 [J]. 现代矿业，2017 (3)：145~148，152.

[27] 曹杨，刘三军，岳琦，等. 东川某铜锌多金属矿石浮选试验 [J]. 金属矿山，2017 (1)：77~81.

[28] 刘建华，刘述忠. 福建某难选铜铅锌多金属矿石浮选研究 [J]. 有色金属（选矿部分），2017 (4)：11~16.

[29] 罗丽芳，艾光华，方浩，等. 复杂铜硫矿浮选分离技术现状及发展趋势 [J]. 金属矿山，2017 (7)：13~16.

[30] 朱文龙，覃文庆，康国华. 磨矿细度在铜~钼硫化矿异步混合浮选分离工艺中的关键作用研究 [J]. 矿冶工程，2017，37 (1)：34~38.

[31] 杨伟. 某低品位混合铜镍矿石浮选工艺研究 [J]. 新疆有色金属，2017 (1)：92~95.

[32] 杨俊彦，叶雪均，秦华伟，等. 某高效铜捕收剂在铜硫矿石浮选中的试验研究 [J]. 有色金属（选矿部分），2013 (5)：78~81.

[33] 张伟. 某难选铜钼混合矿分离浮选试验研究 [J]. 新疆有色金属，2017 (3)：65~67.

[34] 杨招君，王丰雨，吴城材，等. 某铜矿优先浮选试验 [J]. 现代矿业，2017 (3)：133~136.

[35] 廖德华，陈向. 某铜铅锌多金属硫化矿铜、铅分离浮选试验 [J]. 现代矿业，2017 (4)：113~116.

[36] 吴娜娜，李世男. 浅谈安庆铜矿选铜段的浮选工艺 [J]. 中国金属通报，2017 (6)：100~101.

[37] 顾晓薇, 胥孝川, 王青, 等. 世界铜资源格局 [J]. 金属矿山, 2015 (3): 8~13.

[38] 刘赣华. 提高银山铜矿石选矿回收率的生产实践 [J]. 有色金属 (选矿部分), 2005 (3): 6~8.

[39] 赵毕文. 新疆某低品位铜镍矿石工艺特征研究 [J]. 甘肃科技, 2014, 30 (15): 30~32.

[40] 周平, 唐金荣, 施俊法, 等. 铜资源现状与发展态势分析 [J]. 岩石矿物学杂志, 2012, 31 (5): 750~756.

[41] 马苗卉. 中国铜资源形势分析与政策调整研究 [J]. 中国矿业, 2017, 26 (增刊1): 15~18.

[42] 马克西莫夫 ИИ, 林森, 雨田. 在萨费亚诺夫斯克矿床铜~锌矿石浮选工艺制定时应用有效的药剂 [J]. 国外金属矿选矿, 2006 (2): 24, 25~28.

[43] 陈萍, 刘俊波, 王绍彬. 泥质氧硫混合铜矿铜浮选技术研究 [J]. 有色金属 (选矿部分), 2014 (5): 43~45.

[44] 崔荣国, 郭娟, 徐桂芬, 等. 全球铜的生产与消费及其未来需求预测 [J]. 资源科学, 2015, 37 (5): 944~950.

[45] 高喜潮. 提高金川矿床铜选别指标的探讨 [J]. 中国矿山工程, 2006 (3): 6~9.

[46] 耿连胜. 控制矿浆电位提高铜浮选回收率的研究 [J]. 矿业快报, 2001 (9): 13~15.

[47] 韩兆元, 高玉德, 王国生, 等. 某铜浮选尾矿中回收白钨矿的选矿试验研究 [J]. 中国钨业, 2013, 28 (5): 23~27.

[48] 加锴锴, 李莉莉. 某铜锌硫多金属硫化矿铜浮选工艺试验研究 [J]. 有色金属 (选矿部分), 2015 (1): 11~15.

[49] 李娟. 白银小铁山铜铅锌硫多金属矿提高铜回收率浮选工艺研究 [J]. 有色金属 (选矿部分), 2012 (4): 28~32.

[50] 李娟, 廖雪珍, 姜永智. 我国氧化铜浮选现状及分段硫化强化浮选工艺研究 [J]. 甘肃冶金, 2012, 34 (2): 48~50.

[51] 李新星, 李红松, 杨阳. 某难选氧化铜矿石浮选试验 [J]. 现代矿业, 2015, 31 (7): 73~75.

[52] 李长顺, 刘洋. 某铜选厂优化铜浮选药剂的研究与应用 [J]. 云南冶金, 2017, 46 (6): 14~17.

[53] 刘耀青. 有机抑制剂在铜浮选中的应用研究 [J]. 有色金属 (选矿部分), 1999 (3): 18~19.

[54] 罗仙平, 高莉, 马鹏飞, 等. 安徽某铜铅锌多金属硫化矿选矿工艺研究 [J]. 有色金属 (选矿部分), 2014 (5): 11~16, 34.

[55] 孙明生. 高铜锌精矿抑锌浮铜浮选分离铜的技术研究 [J]. 中国资源综合利用, 2015, 33 (5): 23~25.

[56] 谭欣, 刘亚辉, 李军. 新型浮选剂 TF~3 浮选铜钴矿石的试验研究 [J]. 有色金属 (选矿部分), 1999 (6): 22~25.

[57] 谭欣, 王中明, 刘书杰, 等. 提高某高硫铜矿石伴生金银指标的试验研究 [J]. 有色金属 (选矿部分), 2018 (2): 20~26, 30.

[58] 唐顺昌, 朱雅卓, 胡波, 等. 高硫难选低品位铜铅锌矿铜铅硫分离浮选新工艺研究 [J]. 湖南有色金属, 2015, 31 (2): 20~24.

[59] 佟立永, 肖骏, 李剑鹭. 国外某炭质页岩铜钴镍矿选矿工艺研究 [J]. 矿产综合利用, 2017 (5): 45~51.

[60] 王荣生, 师建忠, 唐顺华, 等. 某银铜铅锌多金属矿选矿工艺试验研究 [J]. 矿冶, 2004 (3): 38~41.

[61] 王晓慧, 梁友伟, 张丽军, 等. 矿泥分散抑制剂 EMLT~1 在铜浮选中的应用 [J]. 中国矿业, 2013, 22 (9): 122~124.

[62] 肖庆飞, 沈传刚, 康怀斌, 等. 优化大山选矿厂磨矿粒度组成提高铜浮选指标 [J]. 有色金属 (选矿部分), 2016 (4): 21~23, 32.

[63] 叶富兴，李沛伦，王成行，等．某复杂氧化铜矿浮选工艺研究［J］．矿山机械，2014，42（5）：109~113.

[64] 袁帅，刘杰，李艳军，等．内蒙古某铜锡硫化矿石选矿试验［J］．金属矿山，2016（2）：87~90.

[65] 詹信顺，钟宏，刘广义．提高德兴铜矿铜浮选回收率的新型捕收剂研究［J］．金属矿山，2008（12）：70~73.

[66] 张心平，罗琳，王淑秋，等．冬瓜山铜矿石浮选新工艺流程研究［J］．有色金属（选矿部分），1999（2）：1~6.

[67] 赵春艳．红透山选矿厂选铜技术改造与研究［J］．有色冶金，2007（5）：21~23.

[68] 周贺鹏，雷梅芬，罗礼英，等．广西某铜铋硫化矿选矿新工艺研究［J］．矿业研究与开发，2013，33（1）：52~55.

[69] 周贺鹏，李运强，雷梅芬，等．某难选微细粒铜镍硫化矿选矿新工艺研究［J］．矿冶工程，2015，35（1）：35~38.

[70] 周晓文，罗仙平．江西某含铜多金属矿选矿工艺流程试验研究［J］．矿冶工程，2014，34（1）：32~36.

[71] 徐其红．某氧化铜矿联合选矿工艺研究［J］．有色金属（选矿部分），2018（3）：11~16.

[72] 赵天平．难选铜铁矿选矿试验研究［J］．矿产资源综合利用，2016（1）：45~48.

[73] 肖军辉，樊珊萍，王振，等．云南铜、锡、铁多金属尾矿综合利用试验研究［J］．稀有金属，2013（6）：984~992.

[74] 印万忠，吴凯．难选氧化铜矿选冶技术现状与展望［J］．有色金属工程，2013（6）：66~70.

[75] 冯博，朱贤文，彭金秀，等．有色金属硫化矿中伴生金银资源回收研究进展［J］．贵金属，2016，37（2）：70~76.

[76] 柏帆，童雄，谢贤，等．我国硫化铜镍矿选矿工艺研究进展［J］．矿产综合利用，2018（3）：11~17.